Nervenkitzel

Jacques-Michel Robert

Nervenkitzel

Den grauen Zellen auf der Spur

Aus dem Französischen übersetzt von
Bettina Gleißenberger und Isabelle Jahraus

Spektrum Akademischer Verlag · Heidelberg · Berlin · Oxford

Originaltitel: L'Aventure des Neurones
Aus dem Französischen übersetzt von Bettina Gleißenberger und Isabelle Jahraus

Französische Originalausgabe bei Editions du Seuil
© 1994 Editions du Seuil

Die Deutsche Bibliothek – CIP-Einheitsaufnahme

Robert, Jacques-Michel:
Nervenkitzel : den grauen Zellen auf der Spur / Jacques-Michel Robert. Aus dem Franz.
übers. von Bettina Gleissenberger und Isabelle Jahraus. – Heidelberg : Spektrum, Akad.
Verl., 1995
   Einheitssacht.: L'aventure des neurones <dt.>
   ISBN 3-86025-345-X

© 1995 Spektrum Akademischer Verlag GmbH Heidelberg · Berlin · Oxford

Autor und Verlag haben sich bemüht, alle Inhaber der Bildrechte ausfindig zu machen
und um Abdruckgenehmigung zu bitten. Einige wenige Inhaber der Bildrechte konnten
trotz intensiver Recherchen nicht gefunden werden. Der Verlag bittet alle Betroffenen
um Kontaktaufnahme.

Lektorat: Markus Pohlmann, Merlet Behncke-Braunbeck
Redaktion: J. Peter Prinz, Eva-Maria Horn-Teka
Produktion: Susanne Tochtermann
Einbandgestaltung: Zembsch' Werkstatt, München
Satz: Clausen & Bosse, Leck
Druck und Verarbeitung: Franz Spiegel Buch GmbH, Ulm

Spektrum Akademischer Verlag Heidelberg · Berlin · Oxford

EIN VERLAG DER SPEKTRUM FACHVERLAGE GMBH

Meinem Enkel David

Auch gewährt es ein inniges Vergnügen (und was sollte
wissenschaftliche Bemühung schließlich anderes gewähren?),
wenn man sich das Rätsel der Entstehung des menschlichen
Geistes erklärt, indem man eine sinnenfrohe Pause im
Wachstum der übrigen Natur annimmt, eine Ruhe und Muße,
die erst die Bildung des *Homo poeticus* erlaubte – ohne den der
sapiens niemals entstanden wäre... Die alten Bücher sind im
Irrtum. An einem Sonntag wurde die Welt geschaffen.

Vladimir Nabokov: *Erinnerung, sprich:*
Wiedersehen mit einer Autobiographie.

Inhalt

**Zweites Abenteuer
Eine Geschichte der Moleküle**

Vorwort

Die Neurowissenschaften befinden sich in einem Prozeß anhaltenden Wachstums und zunehmender Spezialisierung. Fraglos erregt das Neuron, also die Nervenzelle, heute allenthalben großes Interesse. Doch nicht immer bringt man ihm gebührende Aufmerksamkeit und angemessenen Respekt entgegen. Der aktuelle Stand der Forschungen läßt sich in groben Zügen skizzieren, aber es wäre naiv, ja vermessen, hier eine detaillierte Momentaufnahme präsentieren zu wollen.

Die einzelnen Teilgebiete der Neurowissenschaften entwikkeln sich in unterschiedlichem Maße. Ihre jeweiligen Fortschritte zu würdigen ist schwierig, aber faszinierend. Ich habe mich 1982 schon einmal mit dem Buch *Comprendre notre cerveau* darin versucht. Nun stelle ich mich erneut dieser Herausforderung.

Um verständlich zu bleiben, habe ich den Inhalt möglichst einfach aufgebaut:

Das Neuron ist eine Zelle: Struktur und Funktionsweise dieser Zelle zu erforschen ist Sache der medizinischen Grundwissenschaften, nämlich der Anatomie, Histologie, Cytologie und Physiologie. Der erste Teil des Buches ist daher eine *Geschichte der Zellen.*

Das Neuron ist ein Komplex von Molekülen: Eigenschaften und Veränderbarkeit dieser Moleküle beschäftigen Forscher anderer Disziplinen, nämlich Neurogenetiker, Neurochemiker und Neuropharmakologen. Der zweite Teil des Buches ist daher eine *Geschichte der Moleküle.*

Das Neuron entsteht, lebt und stirbt in einer Umgebung: Aus dieser Umgebung wirkten und wirken Einflüsse auf das Neuron ein, die mit der Zeit und von Lebewesen zu Lebewesen variieren. Mit diesem Bereich befassen sich Anthropologie, Verhaltensforschung an Mensch und Tier, Psychologie, Toxikologie und Soziologie. Der dritte Teil des Buches ist daher die *Geschichte des Neurons und seiner Welt* – ein prachtvolles und gefährliches Abenteuer, das von der fernen Vergangenheit bis in die mutmaßliche, "präsumtive" Zukunft reicht (von lateinisch *praesumptio*, was "Vermutung", aber auch "Vorurteil" und "Vermessenheit" bedeutet).

Einführung

Wenn Sie einem Autofahrer die Vorfahrt nehmen und ihn dadurch behindern, wird er sich vielleicht mit dem Finger an die Schläfe oder Stirn tippen und Ihnen auf diese Weise zeigen, was er von Ihrer unüberlegten Fahrweise hält. Diese simple Geste ist universell verständlich und wahrscheinlich schon Jahrtausende alt. Schläfen- und Stirnbein schützen jenes Organ von unersetzlichem Wert, in dem Gedächtnis, Wille, Urteilsvermögen, Vernunft und Entscheidungsfähigkeit ihren Sitz haben. Tiere, die von Natur aus kein Gehirn haben, gehören zu den sehr einfachen Lebensformen. Menschen, deren Gehirn durch Krankheit zerstört wird, verfallen geistig und werden dement.

Das Neuron selbst, dem der deutsche Anatom Wilhelm Waldeyer vor hundert Jahren seinen Namen gab (nach dem griechischen Wort für "Faser" oder "Nerv"), ist eine Zelle, die sich nicht grundsätzlich von der allerersten Nervenzelle auf Erden unterscheiden dürfte, sieht man einmal von der Vielfalt seiner Formen und der Vielzahl seiner Fortsätze und Kontaktzonen ab. Die Stammutter der Nervenzellen entstand womöglich aus der gallertartigen Grundsubstanz eines Schwammes. Wahrscheinlicher ist jedoch, daß sie aus der Furchung einer Qualleneizelle hervorging. Bevor es Neuronen gab, standen Zellen über Poren miteinander in Kontakt und tauschten ab und zu ein paar Moleküle aus. Dann traten die Neuronen auf den Plan und empfingen, verglichen und registrierten Informationen, reagierten, befahlen und knüpften Netze untereinander, deren Knoten und

Zentren sie steuerten. Auf diese Weise waren sie in der Lage, ein bestimmtes Verhalten in Gang zu setzen und, viel später, auch geistige Bilder, Gedanken und Phantasien zu erzeugen.

Wie sahen die einzelnen Schritte dieser Entwicklung aus? Dieser Frage gehen wir im Ersten Abenteuer nach.

Virtus formativa (die "formende Kraft") – dieser wundervolle Ausdruck, der so gut die Unwissenheit der antiken Gelehrten zu verbergen vermochte, verliert von Tag zu Tag mehr an Rätselhaftigkeit. Die Desoxyribonukleinsäure, abgekürzt DNA, ein vererbbares, also potentiell unsterbliches genetisches Riesenmolekül, das in den Chromosomen jedes Zellkerns wendeltreppenartige Doppelstränge oder Doppelhelices bildet, steuert den Lebenslauf der Neuronen, wie sie auch das Schicksal aller anderen Zellen seit Urzeiten gesteuert hat. Die DNA herrscht über das Neuronenballett, über Entstehung und Vermehrung, über merkwürdig anmutende, doch ausgesprochen effektiv arbeitende Nervenknospen, über Nervenbahnen, die sich zu einem bestimmten Ziel hin winden, über Rendezvous und Kontakte mit anderen Zellen und Fasern, die unbedingt zustande kommen oder vermieden werden müssen, über die Anpassung an die unmittelbare Umgebung, über die strukturelle Gliederung in Nerven, Nervenknoten und Zellschichten, über das Altern und – zu gegebener Zeit – über den Tod der Zelle. Eiweißmoleküle, also Proteine und Enzyme, ermöglichen diese Vorgänge. Ohne DNA gäbe es aber weder Proteine noch Enzyme, da sie allein, wenn auch im Zusammenspiel mit der Umwelt, deren Herstellung steuert und reguliert.

Erst kürzlich hat man die DNA-Feinstruktur der Abschnitte (oder Gene) aufgeklärt, die bei einem Embryo bestimmen, wo sich Rücken und Bauch, Kopf und Hinterteil entwickeln sollen, und die die präzise Zahl der Segmente vorgeben, die erforderlich sind, um Gliedmaßen mit ihren Gelenken und Nerven hervorzubringen. Die befriedigendste Erkenntnis besteht allerdings darin, daß die Abfolge der Aminosäurebausteine bestimmter Proteine bei ganz verschiedenen Tierarten, deren DNA-Stränge man Stück für Stück miteinander vergleicht, streckenweise völlig oder annähernd identisch sind, egal, ob es sich um einen Wurm, eine Fliege, eine Kröte, eine Maus oder einen Menschen handelt. »*La vie est une*« ("Es gibt nur eine Erscheinungsform des Lebens"), schrieb der französische Physiologe Claude Bernard (1813 bis 1878) – welch weise Einsicht!

Aber wie haben DNA, Proteine und Neuronen bei der Entwicklung tierischen Lebens zusammengewirkt? Davon handelt unser Zweites Abenteuer.

Der moderne Mensch, *Homo sapiens sapiens*, ist sehr jung. Vermutlich stand seine Wiege vor mehr als 100000 Jahren in Afrika. In Frankreich tauchte er vor rund 40000 Jahren auf, und die Forscher bezeichnen ihn nach dem Fundort einiger Skelette als den Menschen von Cro-Magnon. Würde man einen neugeborenen Cro-Magnon-Säugling auf eine moderne Wöchnerinnenstation schmuggeln und heimlich in eines der Kinderbettchen legen, so würde er sich im Schutze einer Familie genauso entwickeln und dieselben Kindergärten und Schulen besuchen wie seine kleinen Bettnachbarn, ohne daß er irgend jemandem besonders auffiele. Umgekehrt hätte ein Neugeborenes unserer Tage, das in eine jungsteinzeitliche Familie unter einen Felsvorsprung an den Ufern der Dordogne versetzt würde und dort seine Kindheit und Jugend verbrächte, fischen, jagen, zeichnen und malen gelernt.

Seit mehr als 100000 Jahren ist – zumindest hinter Stirn und Schläfen – eine neue Maschinerie am Werk, eine äußerst komplexe Zusammenstellung grauer Zellen. Die Großhirnrinde (Cortex cerebri) brauchte Jahrtausende, um sprechen, lesen und schreiben zu lernen. Ein paar Jahrhunderte später konnte sie zählen und rechnen. Und nun ist es kaum ein paar Jahre her, daß die "corticalen" Neuronen begonnen haben, mit den von ihnen erfundenen Mikroprozessoren zu kommunizieren.

Daher lautet die Kernfrage: Schaffen es die "anderen" Neuronen, das heißt die sehr alten, subcorticalen Neuronen, mit dieser Entwicklung Schritt zu halten? Sie existieren seit mehreren hundert Millionen Jahren, haben sich bewährt und enorme Leistungen vollbracht; sie sind jedoch unfähig, neue Techniken und Methoden zu erlernen, und damit auch unfähig zur Kreativität. Übersteigen die vernetzten Kommunikationssysteme der modernen Großhirnrinde nicht ihren Horizont? Fallen die subcorticalen Neuronen letztendlich – mit Aufputschmitteln, Psychopharmaka, Tranquilizern, Schlafmitteln, Drogen und Alkohol vollgepumpt – der hoffnungslosesten aller Sklavereien, der Sucht, zum Opfer?

Unser Drittes und letztes Abenteuer, das des Neurons zwischen Blüte und Verfall, hat gerade erst begonnen, und niemand kann vorhersagen, was die Zukunft wohl bringen mag.

Erstes Abenteuer

Eine Geschichte der Zellen

Eine Welt ohne Neuronen

Protozoen sind Einzeller. Als solche haben sie sich niemals in mehrere Zellen untergliedert und somit auch keine Nervenzellen ausgebildet.

Einige dieser "Urtierchen" wurden, ob aus Trägheit oder Gefräßigkeit, zu gefährlichen Krankheitserregern, *Plasmodium*, der Blutparasit der Malaria, oder die Ruhramöben.

Andere Einzeller sind in fossilierter oder mineralisierter Form insbesondere durch die riesigen geologischen Formationen bekannt, die ihre Gehäuse und Skelette aufgebaut haben: Der feste weiße Kalkschlamm der Kliffs von Dover besteht aus den Schalen von Kammerlingen (Foraminiferen), eleganten Urtierchen, von denen manche mit bloßem Auge erkennbar sind. Die kieselsäurehaltigen Skelette ausgestorbener Strahlentierchen (Radiolarien) bedecken als Radiolarienschlamm Teile des pazifischen Meeresbodens.

Die heute lebende Auswahl von Protozoen stellt die Forschung immer noch vor Rätsel. Heutige Einzeller haben nämlich, ohne sich zu teilen (mit anderen Worten, ohne "vielzellig" zu werden), Systeme zur Fortbewegung, Sinneswahrnehmung, Verdauung und Fortpflanzung ausgebildet, die in sich geschlossen und perfekt durchstrukturiert sind. Ein Beispiel hierfür sind die Pantoffeltierchen, die zu den Wimpertierchen (Ciliaten) zählen. Wie der Name besagt, sind sie am ganzen Zellkörper mit Tausenden von Wimpern (Cilien) versehen, die gleichmäßig in Längsreihen angeordnet sind. Die Wimpernreihen werden von

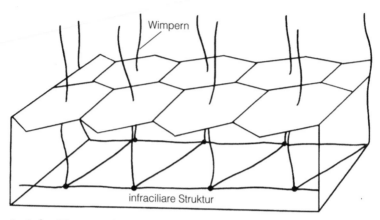

1 Infraciliare Struktur eines Pantoffeltierchens. So oder ähnlich sahen vielleicht die urweltlichen Vorläufer der ersten synergetisch arbeitenden Nervennetze zur Fortbewegung aus, die sich im Laufe der Jahrhundertmillionen entwickelten. (Nach M. P. de Ceccatty: *La Vie, de la cellule à l'homme.* Paris (Seuil) 1962. S. 20.)

rhythmischen, fein und geschmeidig wirkenden Bewegungen durchzogen, ohne daß sich irgendein Hinweis auf Sinnes- oder Nervenstrukturen fände. Unter der äußeren Membran dieser Tierchen ist jede Wimper an ihrer Basis durch einen Basalkörper verankert, der seinerseits mit den Basalkörpern der anderen Wimpern verbunden ist. So entsteht ein engmaschiges Netz, wobei es hie und da Verbundelemente gibt, die die Motorien dieser infraciliaren (unterhalb der Wimpern befindlichen) Struktur bilden (Abbildung 1). Legt man ein Motorium durch einen künstlichen Eingriff still, wird das Tier augenblicklich manövrierunfähig wie ein Segelschiff, dessen Segel man einholt. Mit Sicherheit handelt es sich hierbei um ein System zur Koordination von Bewegungen, vielleicht um die Andeutung eines autonom arbeitenden Netzes, keinesfalls aber um die Geburtsstunde des Neurons: Dafür ist die Zeit noch nicht reif.

Mitte der siebziger Jahre gelang es, aus Säugerhirnen bis dahin unbekannte Peptide zu isolieren, die man Endorphine taufte und von denen später noch die Rede sein wird. Diese Wortneuschöpfung setzt sich aus den beiden Begriffen "endogen" und "Morphin" zusammen, was bedeutet, daß es sich um körpereigene morphiumähnliche und damit schmerzstillende Substanzen handelt. Jeder von uns verfügt also über sein eigenes prompt verfügbares Opiat, mit dessen Hilfe er nach Streß, emotionaler Erregung oder bei körperlichen Schmerzen wieder zu Ruhe und Gelassenheit zurückfinden kann. Nun hat man solche Neuropeptide aber ein paar Jahre später – zum Erstaunen vieler Wissenschaftler – neben anderen Substanzen auch in dem Wimpertierchen *Tetrahymena pyriformis* gefunden (D. T. Krieger, 1983). Sein Name rührt von den vier undulierenden (sich wellenförmig bewegenden) Membranen her, die seinem Mund Nahrungspartikel zuführen. Während das Neuron an sich also noch längst nicht in Entstehung begriffen war, gab es vermutlich bereits bestimmte proteinartige Moleküle, die für das Überleben der Einzeller notwendig waren und die auch das Neuron eines Tages absondern sollte.

Schwämme (Porifera) sind röhren- bis trichterförmige Tiere, die vorwiegend im Meer leben und dort unter Wasser an Felsen haften. Sie sind die am einfachsten organisierten Vielzeller (Metazoen). Trotz ihres schlichten Aufbaus verdienen Schwämme die Aufmerksamkeit der Wissenschaftler: Sie haben keine echten Organe, sondern stellen sich als eine seltsame Mischung aus Geweben mit unterschiedlichen, sich bisweilen ändernden Funktionen dar.

Eine französische Schule von Biologen, die sich bei den Pionierarbeiten auf dem Gebiet der Elektronenmikroskopie besonders hervorgetan hat, formulierte seinerzeit eine erste Hypothese. Es gebe in den Schwämmen, so schrieben sie, »ein diffuses Netz von Zellen, die die interne Kommunikation verbessern.

Dieses Nervensystem ist in seinen Merkmalen noch weit entfernt von jenen Nervensystemen, die wir von den Wirbeltieren her kennen... Es wäre absurd, eine vollkommene Übereinstimmung seiner Zellen mit den Neuronen eines Säugetiers zu erwarten, genauso absurd, wie es wäre, im Gehirn eines Regenwurmes Schizophrenie oder Paranoia zu vermuten. Nichtsdestotrotz sind diese neuronenartigen Zellen der Schwämme aufgrund bestimmter Eigenschaften die Vorläufer der weiterentwickelten Nervensysteme, die in diesem Stadium noch in den Anfängen stecken.» (M. P. de Ceccatty, 1962) In klassischen Abhandlungen lehnten deutsche beziehungsweise angelsächsische Wissenschaftler diese Hypothese ab. Ein Artikel, der bereits vor geraumer Zeit erschien, warf schon im Titel die entscheidende Frage auf: »*Is there a nervous system in sponges?*« ("Haben Schwämme ein Nervensystem?"). Sicher ist, daß es in Schwämmen weder Synapsen noch neuronale Netzwerke gibt. Die Diskussionen darüber sind so gut wie verstummt. Vielleicht seit dem Tag, an dem angeregt wurde, diese Zellen als neuronoid, als nervenzellähnlich, zu bezeichnen. Die von ihnen gesteuerten Geißeln erzeugen einen Strom, der Wasser in den Innenraum des Schwammes einströmen und durch andere Öffnungen wieder ausströmen läßt. Die vom Wasser mitgeführten Kleinstlebewesen, Plankton und Bakterien, bleiben an den Geißelzellen haften und werden dem Körper als Nahrung zugeführt.

Eine Welt ohne Wirbel

Die ersten Neuronen und Nervennetze

Polypen (Hydren) und Quallen (Medusen) sind die stammesgeschichtlich ältesten Tiere, die über ein Nervensystem mit echten Ganglien (Nervenknoten) sowie echten Neuronen mit Fortsätzen und Synapsen verfügen. Hier geht es um mehr als nur einfach um die kriechenden Bewegungen eines Geißeltierchens, die rhythmischen Bewegungen von Wimpernreihen oder die undulierenden Bewegungen von Membranellen (Wimperplättchen). Hier werden die Muskeln der Fangarme ganz und gar über Nerven gesteuert: Zunächst durchlaufen die Qualle nur leichte pulsierende Bewegungen, doch dann – urplötzlich – kontrahiert sich ihr kräftiger Ringmuskel, der Schirmrand zieht sich zusammen, stößt schlagartig Wasser aus dem Magenraum aus, und das Tier schießt durch den Rückstoß mit der Oberseite des glockenförmigen Schirmes voran vorwärts. Die Quallen haben, wie M. Pavans de Ceccatty (a. a. O.) es formulierte, auf der Ebene des vielzelligen Organismus die »Freiheit zur Ruhelosigkeit« wiederentdeckt, die die Einzeller auf Zellebene bereits erreicht hatten.

Aristoteles nannte Quallen und Polypen *knidē*, "Meernesseln". Aus diesem Wort wurde der wissenschaftliche Name der Nesseltiere, nämlich Cnidaria, abgeleitet. Jeder weiß, wie unliebsam Begegnungen mit Quallen im Meer sein können. Auf deren Fangarmen sitzen Tausende kleiner Wimperhärchen, die

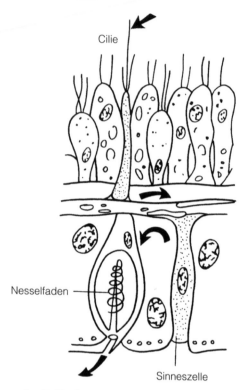

Cilie

Nesselfaden

Sinneszelle

2 Der erste Reflexbogen – am Beispiel der Nesselkapsel einer Qualle von heute. Wird die Cilie – und damit die mit ihr verbundene Sinneszelle – von außen gereizt, so aktiviert dies eine spezialisierte motorische Zelle, die den Nesselfaden aus der Nesselkapsel herauskatapultiert. Das Gift, das durch den Faden injiziert wird, lähmt Angreifer wie Beute. (Nach A. Tetry: *Cnidaires*. In: *Encyclopædia Universalis* 1990. Bd. 6, S. 26.)

aus Sinneszellen hervorwachsen. Sobald die Härchen mit einem Angreifer oder einer Beute in Kontakt geraten, melden sie dies den motorischen Zellen. Diese lassen sodann Nesselkapseln explodieren und schleudern darin aufgerollte, mit Haken bewehrte Nesselfäden heraus (Abbildung 2). Die Haken setzen sich wie Harpunen fest, und die Fäden injizieren ein brennendes Gift in den Körper des Opfers. Der allererste Reflexbogen im Tierreich, dessen Ursprung mehrere Hundertmillionen Jahre zurückliegt, war also ein Akt des Angriffs oder der Verteidigung, zum Zwecke des Überlebens.

Die meisten Nesseltiere haben sehr einfach gebaute Augen, sogenannte Ocellen. Das sind kleine rosa Pigmentpunkte, die sich am Ansatz der Fangarme und in der Umgebung des Quallenschirmes befinden. Wie steht es mit dem Gleichgewichtssinn dieser Tiere? Kleine sackförmige Zellen enthalten winzige Kalkablagerungen, die Statolithen. Diese winzigen Schwerekörperchen berühren benachbarte Härchen von Gleichgewichtssinneszellen, die diese Botschaft wiederum speziellen Neuronen übermitteln. Bei einer gesunden, ruhenden Qualle befindet sich der Schirm in der Waagrechten, während Mundöffnung und Fangarme nach unten gerichtet sind. Sind die gerade erwähnten Neuronen zerstört, gerät das Tier aus dem Gleichgewicht, verliert die Orientierung und wird schließlich an Land gespült.

Zwei Nervenringe (Abbildung 3) aus ausnehmend "klassischen" Neuronen analysieren die Wahrnehmungen der Sinnesorgane und rufen entsprechende Reaktionen hervor:

— der obere Ring innerviert Tentakeln und Ocellen,
— der untere Ring innerviert das Gleichgewichts- oder Statolithenorgan und die Ringmuskeln.

Doch handelt es sich lediglich um rudimentäre Nervennetze und nicht um ein echtes "zentrales" Nervensystem. Ein solches tritt erst später bei den Würmern auf, während die Seeigel stammesgeschichtlich "den Anschluß verpaßt" haben.

Die heutigen Seeigel entwickeln sich aus einer Larve, deren Mundöffnung nach oben gerichtet ist; der After liegt ihr gegenüber. Bei der Metamorphose wächst die linke Seite rascher als die rechte, dadurch kommt es zu Verdrehungen und Umdrehungen. Schließlich stimmt die Symmetrieebene des erwachsenen Tieres, das bekanntlich weder Kopf noch Schwanz hat, nicht mehr mit der der Larve überein. Im Zuge ziemlich undurchsichtiger Umstrukturierungen hat die Kugelsymmetrie die bilaterale, also die Links-rechts-Symmetrie, zerstört.

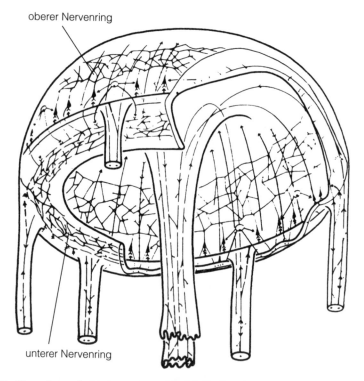

3   Das doppelte Nervennetz der Meduse *Geryona*. Der obere Ring innerviert Fangarme und Sehorgane, der untere Statolithenorgane und Ringmuskeln. (Nach Horridge, 1955.)

Ein Nervennetz umgibt den Mund, ein weiteres den After. Genau zwei Netze haben die Seeigel, nicht mehr und nicht weniger als die Quallen. Ein Abenteuer besonderer Art ohne Zukunft, das sich in ähnlicher Form bereits bei Seesternen und Seegurken abspielte. Die Evolution drehte sich im Kreise.

»Kümmerliches Gewürm«*

Die Würmer gingen nicht derart eigenwillige Wege. Sie waren vielleicht "kümmerlich", aber sie hatten – Blaise Pascal möge uns verzeihen – Zukunft! Sie verdienen mehr Wertschätzung als das einschlägige Interesse, das ihnen Angler und Gärtner entgegenbringen. Denn sie haben einen – wenn auch bescheiden ausgebildeten – Kopf, in dem sich die "Zentrale" des Nervensystems befindet. Als diese erst einmal an genannter Stelle und damit in unmittelbarer Nähe der wichtigsten Sinnesorgane untergebracht war, begannen die Würmer ein echtes Verhalten der "Nahrungssuche" an den Tag zu legen. Je nach Information, die das Tier empfängt, kriecht es bald hierhin, bald dorthin. Seine Muskeln werden weitgehend von einem sich baumartig verzweigenden Hautnervengeflecht (Abbildung 4A) oder von einem sogenannten Orthogon innerviert (Abbildung 4B). Letzteres besteht aus vier Paaren von Längsnervenstämmen, die durch Ringkommissuren (Querstränge) verbunden sind. Einige Arten von Würmern (die Turbellarien oder Strudelwürmer) verfügen über ein ausgeklügeltes Sehorgan, das Pigmentbecherauge: Das Licht

---

* Das Zitat stammt aus dem Werk *Les Pensées* des französischen Philosophen, Mathematikers und Physikers Blaise Pascal (1623 bis 1662), bezieht sich auf die Menschen und lautet vollständig: »Schlagt die Augen nieder zur Erde, kümmerliches Gewürm, das ihr seid, schaut die Tiere, die eure Genossen sind!«

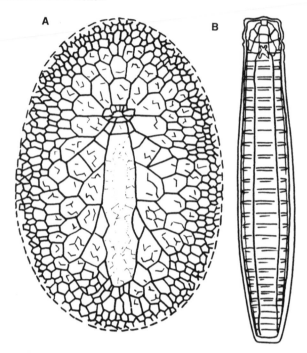

4 Nervensysteme zweier Würmer. (A) Das Hautnervengeflecht des Strudelwurmes *Turbellaria*. (Nach Bütschli und Lang, 1921, und Hanström, 1928.) (B) Das Orthogon des Wurmes *Bothrioplana*. (Nach Reisenger, 1925, und Hanström, 1928.) Bei den Platt- oder Rundwürmern vermittelt die – mehr oder weniger deutliche – Segmentierung des Nervensystems ein sternförmiges oder orthogonales Bild, das von Spezies zu Spezies variiert.

fällt auf eine becherförmig angeordnete Schicht von Pigmentzellen. Diese stehen mit lichtempfindlichen, invers angeordneten Sehzellen in Kontakt, die zwar (wie der Begriff invers besagt) vom Licht abgewandt sind, aber dennoch auf Photonen reagieren. Das Eingangssignal gelangt von dort zu optischen Zwischen- oder Interneuronen und über einen Sehnerv schließlich zu einem Sehganglion (Abbildung 5). Das Tier "sieht" durch eine transparente Hornhaut hindurch. Nur die Linse fehlt. Wie viele Millionen von Tierarten, die in der Stammesgeschichte zwischen uns und diesen Würmern stehen, haben sich mit primitiveren Sehsystemen begnügen müssen?

Im Kopf sind sensorische und motorische Ganglien dicht gepackt. Man nennt diesen hirnartigen Komplex Gehirnganglion (Cerebralganglion). Diese Bezeichnung paßt genau, obgleich es

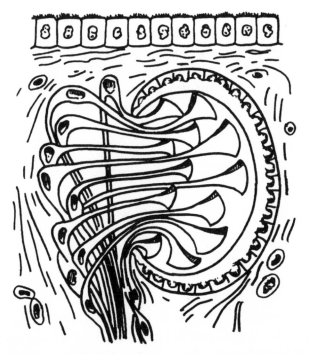

5 Pigmentbecherauge mit inverser Netzhaut beim Strudelwurm *Turbellaria.* Querschnitt. Rechts sieht man die Schicht von Netzhautpigmentzellen, links die Sehzellen und unten den Ursprung des Sehnerven.

widersinnig erscheinen mag, bei einem Wirbellosen von Gehirn zu sprechen. Das echte Gehirn wird sich erst später in der Evolution aus der Hirnblase des Neuralrohres entwickeln, einer Struktur, über die allein Wirbeltiere verfügen.

Wie sind nun die beiden Nervensysteme, das unten längs verlaufende Bauchmark und das vorn oben liegende Cerebralganglion, miteinander verbunden? Über Nervenverbindungen, die den Schlund (die Speiseröhre des Wurmes) wie ein Halsband umfassen. Von diesen sogenannten Schlundkonnektiven lassen sich ununterbrochen Erregungen ableiten, die zeigen, daß der Wurm sieht, tastet, riecht und vielleicht sogar schmeckt. Er hört auch, allerdings auf seine Weise, denn Wirbellose haben keine Ohren. Statt dessen nehmen sie Vibrationen des Wassers oder der Luft über Druckrezeptoren wahr. Je mehr Zellen die Cerebralganglien besitzen, desto schwerer werden die Schlundkonnektive. Verglichen mit den Zentralneuronen eines Blutegels sind die eines Regenwurmes äußerst einfach ausgebildet (Abbildung 6).

Zwei seltsame Geschöpfe

Zwei recht merkwürdige Tiere erregen aus jeweils unterschiedlichen Gründen das Interesse der Neurowissenschaftler: *Caenorhabditis elegans* und *Eunice viridis*.

Caenorhabditis elegans

A well-rounded worm, "ein wohlgeformter Wurm", zierte seinerzeit – neben anderen Bioformen – das Titelblatt der amerikanischen Zeitschrift *Science* (C. Kenyon, 1988). Der betreffende Fadenwurm oder Nematode ist zweifellos der Vielzeller unserer Tage, dessen Nervenzellen am besten, nämlich Neuron für Neu-

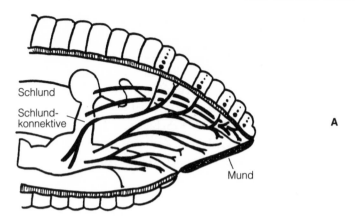

Schlund

Schlund-
konnektive

A

Mund

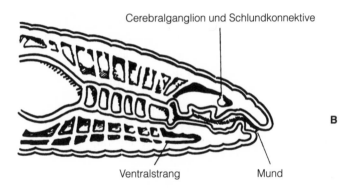

Cerebralganglion und Schlundkonnektive

B

Ventralstrang   Mund

6 Schlundkonnektive von Blutegel und Regenwurm. (A) Die Schlundkonnektive des Blutegels *Haemopis*. Blutegel verfügen über recht umfangreiche Cerebralganglien, die mit den Ventralsträngen Schlundkonnektive verbunden sind. Letztere enthalten zahlreiche assoziative Nervenfasern. (Nach Bullock, 1958.) (B) Der Kopf des Regenwurmes *Lumbricus terrestris* im Längsschnitt. Der Regenwurm, der kaum Cerebralganglien besitzt, also wahrscheinlich weder sehen noch riechen kann, verfügt nur über rudimentär vorhandene Schlundkonnektive, die hier kaum erkennbar sind. (Nach N. N.: *Annélidés*. In: *Encyclopædia Universalis* 1990. Bd. 2, S. 463.) Blutegel und Regenwurm gehören zu den Ringelwürmern.

ron, bekannt sind. Die *Worm People*, etwa fünfhundert Forscher, treffen sich alljährlich ihm zu Ehren. Was ist an diesem Wurm Besonderes, daß er die Wissenschaftler derart fasziniert?

Caenorhabditis ist einen Millimeter lang, durchsichtig und lebt in der Erde. Der erwachsene Wurm ist ein Zwitter und besteht aus genau 959 Zellen. Jede erleidet ein stets gleiches, genetisch festgelegtes individuelles Schicksal: Die Zelle ist programmgemäß zur angegebenen Zeit am angegebenen Ort zur Stelle. Die Eizelle teilt sich nach der Befruchtung mehrmals asymmetrisch, so daß sechs Stammzellen entstehen. Eine von ihnen ist der Ursprung aller künftigen Neuronen des Tieres: Es sind ganz genau 302 Nervenzellen, wobei 118 verschiedene Typen auftreten. Um die Neurogenese und das Verhalten des Tieres besser untersuchen zu können, hat man den Wurm anhand von 20 000 elektronenmikroskopischen Schnittbildern völlig rekonstruiert. Auf diese Weise ließ sich verfolgen, welchen Weg die Axone zu ihrem Endpunkt nehmen und wie sich die speziellen Kontaktzonen zwischen den Neuronen, die Synapsen, bilden. Im Inneren der Synapsen fanden Neurochemiker die wichtigsten im Tierreich verbreiteten chemischen Überträgersubstanzen: die Neurotransmitter Acetylcholin, Serotonin, Dopamin und Gamma-Aminobuttersäure.

Eunice viridis

Das Paarungstreiben dieses Borstenwurmes (Polychaeten) ist berühmt. Jedes Jahr im November oder Anfang Dezember fahren die Polynesier am siebten, achten und neunten Tag nach Vollmond auf See hinaus, um die von ihnen als Delikatesse sehr geschätzten Palolowürmer zu fangen. Dann ist nämlich deren Fortpflanzungszeit gekommen. Die Würmer verlassen die Ruhe des Meeresbodens und färben die Oberfläche der See bis ins Unendliche weiß. Ihre riesige Zahl (vielmehr die ihrer mit Eiern oder Spermien gefüllten Hinterenden) verleiht dem Ozean jene milchige Farbe. Die Tiere stoßen ihr Vorderende ab, das langsam, den Kopf voran, nach unten sinkt. In dem Körperteil, der nach oben treibt, werden zwei Augen sichtbar. Dann zerplatzen diese Hinterenden und entleeren Eizellen beziehungsweise Samenfäden zur Zufallsbefruchtung ins Wasser. Verwandte Arten treiben es bei dieser Hochzeitstragödie noch grotesker: Männchen und Weibchen fallen übereinander her, das Männchen wird von den Kiefern des Weibchens umschlossen und zerquetscht, bevor das Weibchen die Spermien zur Befruchtung aufnimmt. Sie legt die Eier jedoch nicht ab, sondern zerplatzt und entläßt sie so ins Wasser.

Offenbar wirken einige Nervenzellen im vordersten Abschnitt des Wurmes zyklisch hemmend auf die Reifung der Geschlechtsorgane. Das Tier besitzt jedoch weder Epiphyse, Hypophyse noch Hypothalamus – Hirnstrukturen, von denen wir später erfahren werden, daß sie eben diese Vorgänge bei Wirbeltieren steuern. Sie bringen dies durch Neurosekretion zustande: Nervenzellen bilden Substanzen, sogenannte Neurohormone (von griechisch *horman*, "antreiben") und setzen diese unmittelbar frei. Die Neurohormone treten in der Evolution viel früher auf als die endokrinen Drüsen, die ihre Hormonprodukte in die Blutbahn freisetzen, wie zum Beispiel die Schilddrüse. Wollte man einen Familienstammbaum der medizinischen Fachgebiete aufstellen, so wäre die Neurologie die Urgroßmutter der ein Jahrhundert jüngeren Endokrinologie.

Verblüffende Variationen über ein Thema

Zoologen und Paläontologen mußten schon all ihren Mut zusammennehmen, um Muschel und Riesenkrake definitiv ein und demselben Stamm, nämlich dem der Weichtiere oder Mollusken, zuzuordnen. Diese "Paella der Evolution" zieht heute niemand mehr in Zweifel. Großer gemeinsamer Nenner ist das Nervensystem, dessen fundamentaler Urtyp in mehr oder minder abgewandelter Form bei allen Weichtieren anzutreffen ist:

— ein Paar Pedal- oder Fußganglien,
— ein Paar Cerebral- oder Oberschlundganglien und
— ein Paar Visceralganglien.

Bei manchen Tieren finden sich auf dem Weg von einem Körperende zum anderen noch jeweils ein Paar Pleuralganglien und ein Paar Parietalganglien (Abbildung 7). In diesen Fällen nennt man den Komplex aus Cerebralganglion, Pleuralganglion und Pedalganglion das "Nervendreieck der Weichtiere". Vom Körperbau her gesehen, lassen sich drei Grundformen von Mollusken unterscheiden: Muscheln (Miesmuscheln, Austern, Herzmuscheln) sind ein Fuß ohne Kopf, Schnecken (Weinbergschnecken, Nacktschnecken, Seehasen) ein Fuß *und* ein Kopf und Kopffüßer (Kraken, Sepien, Kalmaren) ein Kopf, der in Fangarme übergeht.

Ein Fuß ohne Kopf

Der französische Naturforscher George Baron de Cuvier nannte sie Acephala, "Kopflose". Zwar besitzen sie noch einen Mund, der von paarigen Palpen (Tastern) umgeben ist, doch einen eigentlichen Kopf haben sie nicht. Austern weisen keine Augen auf, ja nicht einmal Ocellen. Bei den Kammuscheln befindet sich am Mantelrand eine Vielzahl echter Augen mit inverser, vom Licht abgewandter Netzhaut. Sie sind noch weiter entwickelt als die der Turbellarien (Abbildung 5). Klappen die beiden Muschelschalen auseinander, blicken uns hundert Augen an.

Durchwandert man Landschaften mit schroffen Kalkstein-hängen, wie es sie im südostfranzösischen Departement Var nördlich von Toulon nahe bei Le Beausset gibt, kann man sich kaum vorstellen, daß diese Landschaftsform nur aus Muscheln, das heißt aus deren Kalkschalen, besteht, die sich hier ablagerten und im Laufe der wechselvollen Erdgeschichte versteinerten. Jeder weiß vom Aussterben riesiger Gruppen wehrhafter Tiere, denen eigentlich nichts hätte geschehen sollen, da sie anderen Lebewesen (scheinbar) überlegen waren. Die Muscheln hingegen, diese Muster an Bescheidenheit und passivem Widerstand,

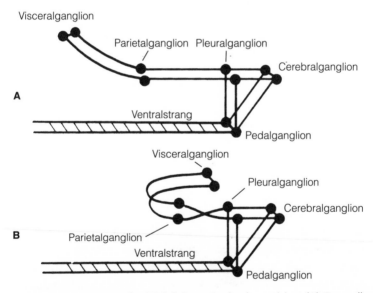

7 Das Nervensystem der Weichtiere. Stark schematisiert. (A) Generelle Struktur des Nervensystems vor der Verdrehung. (Nach Meglitsch, 1972.) (B) Die Eingeweide drehen sich um 180 Grad nach links (Linksdreher) oder rechts (Rechtsdreher). Die Kalkschale bildet sich erst später aus, das Nervensystem auch.

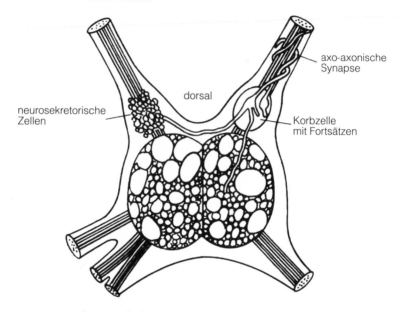

8 Neurosekretion beim Seehasen *Aplysia*. Unter dem Einfluß der Korbzellen schwemmen Gruppen neurosekretorischer Zellen hormonartig wirkende Substanzen ins Blut aus. (Nach P. Laget: *Intégration Nerveuse et Neuro-Humorale*. In: *Encyclopædia Universalis* 1990. Bd. 12, S. 412.)

die Hunderte von Millionen Jahre lang die Beute von Freßfeinden waren, diese Kalkpfeiler geologischer Ablagerungen, ohne Kopf und daher ohne ein Verhalten, das diesen Namen verdiente – diese Muscheln sind immer noch vorhanden. Sie ernähren sich von Plankton, die meisten von ihnen sind unfähig zu fliehen, allenfalls dazu in der Lage, sich mit einem kurzen "Tritt" ihres muskulösen Fußes, der sich zwischen den beiden Schalenklappen befindet, im sandigen Meeresboden zu verbergen. Die Geschichte dieser Weichtiere beweist nicht den Erfolg des Stärkeren, sondern den des Fruchtbareren und Anpassungsfähigeren, und sei es durch eine Entwicklung hin zur Trägheit.

Ein Fuß und ein Kopf

Nach ihrem Erscheinen zu Beginn des Kambriums (vor rund 450 Millionen Jahren) eroberten die Schnecken oder Bauchfüßer zunächst die warmen und kalten Meere und danach das Festland, wobei sie ihre Kiemen gegen Lungen eintauschten (man nennt sie dann Lungenschnecken oder Pulmonata). Ihr Siegeszug ist beeindruckend, doch »ihr Weg zum Erfolg war kein Zuckerschlecken« (A. Franc, 1971).

Der kalifornische Seehase *Aplysia*, eine große Meeresnacktschnecke, fiel in den fünfziger Jahren der französischen Neurophysiologin A. Arvanitaki auf. Die Exemplare einiger Arten wiegen mehr als ein Pfund. In bestimmten Ganglien dieser Schnecke finden sich Riesenneuronen, die mit bloßem Auge sichtbar sind. In kurzer Zeit erstellten Forscher einen präzisen Plan des Nervensystems, das aus 20 000 Neuronen besteht, die in neun Ganglien zusammengefaßt sind. Die Hautbezirke, die sich um die Atemröhre (den Siphon) gruppieren, alarmieren bei Reizung 24 sensorische Neuronen, die wiederum 13 motorische Neuronen und drei Zwischenneuronen aktivieren. Die Erregung bewirkt, daß sich Siphon und Kiemen auf der Stelle zurückziehen. Erstmals ließen sich so alle Elemente eines Nervenschaltkreises, der Grundlage elementaren Verhaltens, entschlüsseln (E. R. Kandel, 1976).

Ein anderes Verhalten, das bei *Aplysia* untersucht wurde, ist der Eiablagereflex. Er ist bereits wesentlich komplexer als beim Vielborster *Eunice viridis*, denn er erfordert, daß neuroendokrine Zellen und "klassische" Neuronen zusammenspielen. Abbildung 8 zeigt schematisch eine Anhäufung von 200 bis 400 Zellen. Sie sorgen dafür, daß das erwachsene Tier während seines fünfmonatigen Lebens mehrere hundert Millionen Eier in etwa zwanzig Schüben ablegt: Jede dieser neuroendokrinen Zellen, Korbzellen genannt, ist über ein Netz von Nervenzellen mit einem Cerebralganglion verbunden. Zu gegebener Zeit sendet das Ganglion einen Nervenimpuls aus. Dann erzeugen die ansonsten ruhenden neuroendokrinen Zellen Aktionspotentiale, die sie erstaunlich synchron fortleiten. Die Nervenendigungen setzen daraufhin ein Neurohormon frei. Dies hat zur Folge, daß sich an einer entfernten Stelle im Körper die Keimdrüsen zusammenziehen und Eizellen ausstoßen (P. Laget, 1990).

Ein Kopf und mehrere Arme

Der Kampf Gilliats, eines schweigsamen Fischers, der in Victor Hugos Roman *Die Arbeiter des Meeres* mit dem Messer einem Kraken zu Leibe rückt; die verzweifelten Hiebe, zu denen Ned Land in Jules Vernes Roman *Die geheimnisvolle Insel* ausholt, um die Fangarme eines Riesenkraken abzutrennen, der die *Nautilus* gefangenhält – solche (nebenbei gesagt, sehr anmutige) Literatur macht deutlich, wie problematisch die Verschmelzung von ausklingender Romantik und aufstrebender Mechanisierung der Welt sein kann. Was Krakentiere angeht, schwelgt das kollektive Unbewußte der französischen Bücherfreunde seit der Jahrhundertwende in einer Atmosphäre des Grauens und der Abscheu. Erforscht man aber die neuronal vermittelten Leistungen dieser Tiere ganz ohne Emotionen, so läßt sich genau auseinanderhalten, welche Äußerungen nur Gerüchte, was Erinnerungen und was Eindrücke sind.

Der zu den Tintenfischen (Cephalopoda) gehörende Riesenkrake *Architeuthis* lebt heute noch, doch er hält sich nicht mehr, wie noch im oberen Kambrium, in allen Weltmeeren auf. Man hat nur selten Gelegenheit, solche Tiere zu untersuchen, etwa wenn sie tot oder sterbend an die Strände Skandinaviens oder Neuseelands gespült oder aber ihre Überreste im Magen eines Pottwales gefunden werden, dessen Lieblingsbeute sie sind.

Die Kraken (Octopoda) sind leichter zu beobachten, und Jean Painlevé, der sie liebt und gefilmt hat, wandte sich zu Recht gegen die haarsträubenden Schilderungen bei Victor Hugo, die ihnen bitter Unrecht tun. Kraken sind auch ohne ihren Ruf als Seeungeheuer beeindruckende Geschöpfe, allein schon hinsichtlich ihres einmaligen neuronalen Status. Die motorischen und sensorischen Leistungen der stammesgeschichtlich jüngeren Insekten sind bewundernswert – das werden wir später noch sehen. Verglichen mit den Hirnleistungen eines Kraken wirken sie jedoch fast zurückgeblieben.

Die Hirnmasse von *Octopus* ist in eine praktisch hermetisch abgeschlossene Knorpelkapsel eingebettet und mit dieser durch Bänder verbunden. Sie zählt nicht weniger als etwa dreißig verschiedene Lappen, die riesige, gut durchblutete Ganglien darstellen. Am Rand befindet sich eine Schale aus Nervenzellkörpern. Sie umgeben ein Zentrum, in dem sämtliche Nervenfasern zusammenlaufen (Abbildung 9). Einige stecken in einer isolierenden weißen Markscheide aus Lipiden und Proteinen, dem Myelin (siehe Seite 196). Die Markscheide erhöht die Geschwindigkeit, mit der sich die Nervenimpulse fortpflanzen. Während alle Wirbeltiere Markscheiden besitzen, kommen sie unter den Wirbellosen nur bei deren höchstentwickelten Vertretern vor.

Eine einfache Schale ist im übrigen noch keine Hirnrinde. Eine solche Bezeichnung verdient nur eine Struktur, die aus einer sehr großen Zahl von Neuronen besteht, die sich in regelmäßige, horizontal verlaufende Schichten gliedert, die – im Falle der Großhirnrinde von Säugetieren – von vertikal angeordneten Zellsäulen gekreuzt werden. In einer Hirnschale findet man weder regelmäßige horizontale Schichten noch Nervenzellsäulen noch erkennbare Assoziationsfelder.

Ein Krake läßt sich "konditionieren": Er vermag dann zwischen einer spitzen Form (einem Dreieck) und einer quadrati-

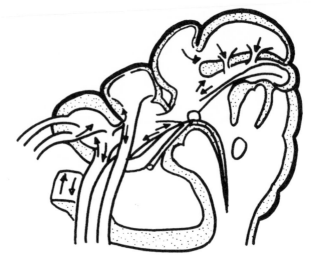

9 Das Gehirn des Kraken *Octopus* – unerreicht unter den Wirbel-losen. Die Verbindungen zwischen Cerebralganglien sind hier sehr weit entwickelt, aber eine Hirnrinde ist noch nicht vorhanden. Kein anderer Wirbelloser hat ein so komplexes Gehirn. (Nach Young, 1961.)

schen beziehungsweise rechteckigen Form, die man als ausge-schnittene Schablonen in sein Aquarium gibt, zu unterscheiden. Verknüpft man den Anblick der ersten Form mit einem elektri-schen Schlag, hält sich das Tier künftig vom Ort dieses Erlebnis-ses fern und zieht eine Umgebung vor, in der es keine "sicht-bare" Bedrohung gibt. Es handelt sich dabei eindeutig um einen Lernvorgang; er ist jedoch noch so begrenzt, daß man noch nicht von Gedächtnis sprechen kann. Dazu müssen komplexe Strukturen auf anderer Ebene vorhanden sein.

Gliedertiere

Neunzig Prozent der Tiere, die heute auf der Erde leben, sind Gliedertiere oder Gliederfüßer. Die Evolution hat bei jeder ihrer drei Hauptklassen ein oder mehrere Systeme von Sinnesorganen entstehen lassen. Bei der einen Gruppe sind einige Organe für immer verloren, bei der anderen dagegen sind sie dermaßen perfektioniert, daß man sie nur bewundern kann. Die Krebstiere sind auf die Nahrungsaufnahme spezialisiert, die Spinnentiere (Spinnen und Skorpione) und Insekten hingegen auf die Jagd.

Priorität: Fressen

Der Scherenapparat, mit dem Langusten, Hummer oder Krebse bewehrt sind, dient fast ausschließlich dazu, auszuwählen, zu ergreifen, zu kauen und zu verschlingen, eventuell auch zu kopulieren. Krebstiere sind getrenntgeschlechtlich, und jeder erfahrene Beobachter kann Männchen und Weibchen leicht auseinanderhalten. Mit Ausnahme von Kellerassel und Palmendieb, einem Einsiedlerkrebs, sind alle Krebstiere Wasserbewohner, die in allen Meeren und Ozeanen vorkommen – von den Küstengewässern bis hin zur Tiefsee (so hat man etwa riesige, blinde und entfärbte Krebstiere in 10500 Metern Meerestiefe entdeckt), im Brackwasser wie in fließenden Süßgewässern, im Eismeer wie in tropischen Gewässern; sogar in der Nähe heißer Quellen hat man sie gefunden (der Anpassungsrekord eines Vielzellers an hohe Umgebungstemperaturen wird mit 55 Grad von einem Krebs gehalten). 37000 Arten sind registriert, die fossilen Arten nicht eingerechnet, die bereits im Kambrium (vor rund 450 Millionen Jahren) die Erde bevölkerten, während die entwicklungsgeschichtlich jüngeren Krabben zuerst im Jura (vor etwa 150 Millionen Jahren) auftraten.

1758 nannte Linné sie (in seiner Abhandlung *Systema naturae*) *Insecta aptera* und schuf die Gruppe der Krebse, *Cancer* (Garnelen, Krabben, Panzerkrebse und Einsiedlerkrebse). Die Mehrdeutigkeit des Begriffs Krebs als Tierkreiszeichen und als Krankheit stammt aus jener Zeit.

Im Restaurant bleiben die Zangen der im Wasserbecken schwimmenden Krebse im allgemeinen zusammengebunden, damit es keine "Scherereien" gibt, bis daß sie im Kochtopf landen. Die beiden vordersten paarigen Körperteile bilden die Antennen, mit denen der Krebs seine Umgebung ertastet. Dahinter folgen die Mundwerkzeuge, die Mandibeln oder Kieferfüße, mit denen das Tier seine Beute ergreift und festhält. (Die Vertreter mancher Arten zerquetschen und zerschneiden ihre Opfer mit asymmetrischen Scheren, von denen die größere eine Vielzahl von kräftigen, runden und unregelmäßigen Zähnen trägt, während die andere leicht gezahnt ist.) Zwei Paar Kiefer kauen die Nahrung. Dann folgen die Schwimmfüße, danach die Schreitbeine, die für Laufen und Paarung unentbehrlich sind, und schließlich der Hinterleib, der beim Weibchen die Brut beherbergt.

Schon seit langem weiß man, daß ein Krebs ohne Kopf sich ohne Maßen immer weiter mit Nahrung vollstopft, bis daß er schließlich daran zugrunde geht.Erst vor kurzem haben Wissenschaftler aus Bordeaux, die sich mit Hummern beschäftigen (J. Meyrand et al., 1991), und ihre kalifornischen Kollegen, die sich mit Krabben befassen (B. Mulloney, 1987), diesen speziellen Forschungszweig der Neurophysiologie um ein experimentelles Kunststück bereichert: Sie entnahmen das Nervennetz der vier stomatogastrischen Ganglien zusammen mit dem oberen Abschnitt der Speiseröhre und beobachteten den Weg der Nahrung *in vitro* ("im Reagenzglas") – wie sie verschlungen wird, wie die Speiseröhre sie mit wellenförmigen Muskelbewegungen weitertransportiert, wie die Nahrung zuweilen (mittels eines

Ventilmechanismus) in eine Tasche nahe beim Mageneingang eingelagert wird, wie die Nahrung im Magen auf einer Schicht aus Mahlsteinchen zerkleinert und schließlich durch den Magenpförtner in den Darm weitergeleitet wird. Die meisten Erkenntnisse waren nicht neu, wohl aber folgende:

— Der Rhythmus, der die Bewegungen der verschiedenen Organe regelt, ist sehr unterschiedlich (von 0,5 Zyklen pro Sekunde beim Magenpförtner bis zu 120 pro Sekunde beim Ventil der Tasche).
— Ein langer und ein kurzer Schaltkreis mit erregenden beziehungsweise hemmenden Synapsen sorgen dafür, die verschiedenen Impulsgeber aufeinander abzustimmen.
— Interneuronen modulieren die Reaktionen, indem sie entweder das Neuropeptid RPCH (*red-pigment concentrating hormone*) freisetzen oder dies unterlassen.
— Um die Leistungen des einen oder anderen motorischen Schaltkreises zu verbessern, werden freie (genetisch nicht auf eine bestimmte Funktion festgelegte) Neuronen herangezogen oder *hijacked*, wie die Angelsachsen sagen, was eigentlich "Flugzeug entführen" heißt.

Krebstiere leben anscheinend in einem 24-Stunden-Rhythmus: Tagsüber jagen sie in der Tiefe, nachts an der Wasseroberfläche, und dieser Wechsel ist nicht unbedingt an die Gezeiten gebunden. Hat der Rhythmus vielleicht etwas mit der Verdauungsphase zu tun?

Priorität: Jagen

Tasten

Wie die Kraken und Tintenfische, so geben auch die Spinnentiere, zu denen auch die Skorpione gehören, in den Romanen der Science-fiction-Schriftsteller ein gruseliges, abscheuerregendes Bild ab. Die brasilianische Vogelspinne ist allerdings in der Tat ein sehr merkwürdiges Tier. Sie ist dicht behaart, zehn Zentimeter groß und kann bis zu 20 Jahre alt werden. Sie ernährt sich von anderen Gliederfüßern oder Insekten, angeblich aber auch von Kleinsäugern, Jungvögeln und sogar von jungen Klapperschlangen. Die zumeist harmlosen Spinnen unserer Breiten verfügen über die gleichen Mundwerkzeuge, nämlich Cheliceren (Kieferfühler) und Pedipalpen (Kiefertaster), wie ihre südamerikanischen Verwandten: Das erste Extremitätenpaar hat sich – je nach Art – in Klauen oder Scheren verwandelt, wobei eine Giftdrüse in eine Klaue mündet. Dieses Gift ist für eine ins Netz gegangene Fliege tödlich, bei einem Wirbeltier zeigt es jedoch kaum Wirkung.

Cerebrales und viscerales Nervensystem sind bei der Spinne zu einer einheitlichen, zentralen Masse verschmolzen. Ihre Neuronen stellen zwei erstaunliche, komplexe Verhaltensweisen sicher: das Spinnen eines originellen Fangnetzes und das anschließende Verschlingen der Beute nach einem Ritual, das den französischen Komponisten Albert Roussel zu dem zeitlosen Werk *Le Festin de l'Araignée*, ("Das Festmahl der Spinne", 1913) inspirierte.

Das Spinnennetz ist immer wieder ein phantastisches, gewaltiges Kunstwerk. Verabreicht man einer Spinne allerdings nichttödliche Dosen von Morphin, Koffein oder eines Nervenüberträgerstoffes (Neurotransmitters) wie Serotonin, webt sie das Netz völlig regel- und planlos. Vasarely ade, Boronali läßt grü-

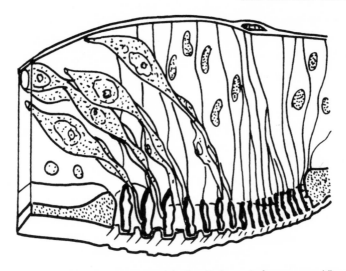

10 Das lyraförmige Sinnesorgan der Spinne _Achaenazoa._ Längsschnitt. Die Bezeichnung "lyraförmig" trifft hier haargenau. Unten sieht man die Rezeptorzellen. Sie sprechen auf Schwingungen an, die von der Beute im Netz ausgehen. Diese sensorische "Sohle" alarmiert über Nervenverbindungen die Cerebralganglien, die ihrerseits motorische Reaktionen des Beutefangs auslösen.

ßen. Ihr Meisterwerk des Fallenstellens bringen die Spinnen durch ein komplexes Sinnessystem aus Mechanorezeptoren zustande, die auf Druck, Zug und Vibrationen ansprechen. Dieses Sinnessystem, das mit einem sehr weit entwickelten Nervensystem verbunden ist, besteht aus langen Tasthaaren und spaltförmigen Sinnesorganen, den Sinnesspalten. Unter dem Mikroskop sieht es im Anschnitt wie eine Leier (Lyra) aus, und daher nennt man es auch lyraförmig (Abbildung 10). Typischerweise ist die Sinnesspalte genau am gelenkigen Übergang zwischen Fuß und Mittelfuß der Spinne plaziert. Ein Vibrationsorgan empfängt Impulse in der Größenordnung von 100 bis 5000 Schwingungen pro Sekunde. Der Angriff auf eine potentielle Beute wird erst bei 400 bis 700 Schwingungen pro Sekunde ausgelöst. Zu starke Vibrationen, sprich Erschütterungen, vertreiben den Jäger, zu schwache signalisieren ihm, daß eine Annäherung sich nicht lohnt.

Der Skorpion *Paranocturnus* wurde sehr ausgiebig von einem großen Freund der Wüste studiert: P. H. Brownell (1977) untersuchte, wie das Tier auf Wellen reagiert, die sich im Wüstensand ausbreiten. Zwischen Fuß und Mittelfuß des Skorpions führte er kleine Elektroden ein und maß dann die Aktionspotentiale, die sich entlang dem Fußnerv fortpflanzten. Wird der Sand in einer Entfernung von circa zehn Zentimetern vom Tier bewegt, treffen als erste Signale Druckwellen auf den Fuß auf, die die nächstgelegenen Fußunterseiten reizen und den Fuß minimal zusammendrücken. Einige Millisekunden später erreichen dann langsamere vertikale Wellenbewegungen die Sinnesspalten. Der Skorpion schätzt die Entfernung zur Reizquelle anhand der Zeit ab, die zwischen dem Empfang der ersten und der zweiten Form von Wellen durch die beiden unterschiedlichen Arten von Rezeptoren vergeht. Obgleich blind und taub, kann er sich auf diese Weise orientieren und seine Beute fangen.

Riechen

Insekten riechen mit ihren Fühlern. Die Riechorgane beherbergen Chemorezeptoren. Duftmoleküle in der umgebenden Luft führen das Tier zu seiner Beute, einem Sexualpartner oder warnen es vor einem herannahenden Feind. Staatenbildende Insekten, die in Gemeinschaft leben, orten auf diese Weise einen Artgenossen, erkennen seinen hierarchischen Rang, versichern sich seiner Unterstützung oder erspüren Erregung und Bedrohung. Angeblich soll eine ganz gewöhnliche Ameise dank ihrer Fühler fünfzig verschiedene Gerüche unterscheiden können. Diese

Fähigkeit scheint für das reibungslose Zusammenleben in einem Ameisenhaufen unabdingbar zu sein.

Der Echte oder Maulbeerseidenspinner, *Bombyx mori*, bildet keine Staaten. Der einzige Geruch, der das Männchen interessiert, ist der des Weibchens: *"Mi pare sentir odor di femmina"*, wie Mozarts Don Giovanni (1. Akt, 2. Auftritt) es zum Ausdruck bringt. Das Seidenspinnerweibchen riecht nach Bombykol, einem Sexuallockstoff, den es absondert. Ein Luftzug (von mindestens 60 Zentimeter pro Sekunde) kann die betörende Fracht von 10 000 Molekülen pro Milliliter erforderlichenfalls mehrere Kilometer weit tragen. Sie sprechen einige der 600 000 Riechzellen oder Sensillen des Männchens an und lösen bestimmte Nervenimpulse aus. Das Männchen begibt sich dann, so schnell es kann, zur Heimstatt des Weibchens, um sich mit ihm zu paaren. Den biologischen Hintergrund für diese romantische Liebesgeschichte stellen die Abbildungen 11 und 12 dar: ein Fühler und eine Entladung, die sich mittels Elektroantennogramm (EAG) messen läßt.

Sehen

Die Augen der Gliederfüßer sind sogenannte Komplexaugen. Sie setzen sich aus einzelnen Elementen zusammen, die Aristoteles "Ommatidien" nannte. Die Evolution derartiger Sehorgane ist ein äußerst erstaunliches und bereits sehr altes Phänomen. Im Laufe der Stammesgeschichte haben die Insekten die Krebs- und die Spinnentiere hinsichtlich der Sehleistungen übertroffen und das Komplexauge weiter vervollkommnet.

Je nachdem, welche Spezies man untersucht, zählt man zwischen 1000 und 10 000 Ommatidien (Augen- oder Sehkeile). Den Rekord hält eine Libellenart, Vertreter einer der stammesgeschichtlich ältesten Insektengruppen, deren Vorfahren schon in Fossilfunden aus dem Erdaltertum entdeckt wurden. Ein Om-

11 Fühler des Echten Seidenspinners (*Bombyx mori*). Schematische Darstellung des Fühlers (Antenne), aus dem Sinneshaare (Sensillen) hervorsprießen. (Nach Schneider und Kaissling, 1957.)

matidium allein kann nur die Bewegung, sagen wir, eines Lichtpunktes wahrnehmen. Die Information über das Gesamtbild der Punkte gelangt, nachdem es eine Nervenfaserkreuzung passiert hat, zum jeweils gegenüberliegenden Sehlappen. Die Sehschärfe hängt von der Zahl der Ommatidien ab. Bekanntlich kann die menschliche Netzhaut Bilder nicht mehr einzeln wahrnehmen, wenn mehr als 24 Bilder pro Sekunde aufeinanderfolgen. Mit all seinen Retinulen (den Sehzellengruppen eines Ommatidiums) vermag ein Insekt aber noch 300 Einzelbilder pro Sekunde voneinander zu unterscheiden. Filmt man den Hochzeitsflug eines

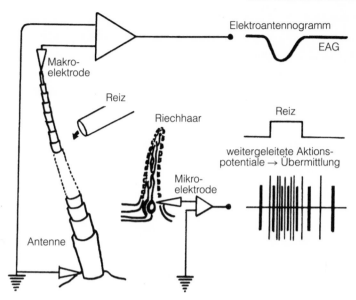

12 Die Duftstoffreaktion – Laborsimulation und Antwort auf Antennenebene. *Oben:* Das Elektroantennogramm (EAG) zeichnet über eine Makroelektrode die Summe der Rezeptorpotentiale aller Nervenzellen auf, die gleichzeitig stimuliert werden. Die Amplitude ist proportional zur Konzentration der stimulierenden, von der Luft herangetragenen Moleküle. *Unten:* Eine Mikroelektrode registriert die Einheitspotentiale eines stimulierten Neurons (Aktionspotential). (Nach *La Recherche* 121 [1981]. S. 413.)

Fliegenpaares, bei dem das Männchen dem Weibchen in Sichtweite folgt, so läßt sich klar erkennen, daß ihre Flugbahnen ständig parallel verlaufen; in gewisser Weise erinnern sie an die Fliegerduelle des Ersten Weltkrieges.

Jedes Ommatidium besteht aus insgesamt acht Sehzellen. Zwei von ihnen enthalten Rhodopsin, den sogenannten Sehpurpur. Rhodopsin ist ein Protein. Geht es – beispielsweise infolge eines genetischen Defekts – zugrunde, so verursacht dies beim

Menschen die Retinopathia pigmentosa: Die lichtempfindliche Schicht der Netzhaut degeneriert, die Sinneszellen zerfallen, und da diese Zellen auf eine Schicht von Pigmentzellen gebettet sind, verteilt sich deren brauner oder schwarzer Farbstoff am Augenhintergrund und lagert sich dort ab. Dieses Phänomen läßt sich durch eine Untersuchung mit dem Augenspiegel erkennen.

Zwischenspiel: Offenes oder geschlossenes Neuralrohr – das ist hier die Frage

Das Auftreten der großen Gruppen von wirbellosen Tieren ist ein Markstein in der Geschichte des Lebens auf der Erde. Allerdings ist das menschliche Nervensystem nicht aus dem eines wirbellosen Insekts hervorgegangen, das sich atypisch entwickelt hat. Dafür sind die Insekten stammesgeschichtlich zu jung. Um den Ursprung der ersten Wirbeltiere zu finden, muß man viel weiter in die Vergangenheit zurückgehen – bis zum Beginn des Paläozoikums vor etwa 540 Millionen Jahren, als sich das Schicksal des gesamten Tierreichs, wie wir es heute kennen, entschied.

Seit jener Zeit leben Wirbellose und Wirbeltiere zusammen. Beide Tiergruppen sind von jeher entweder Konkurrenten, Feinde, Komplizen oder Verbündete und entwickelten zu gegebenen Zeiten in gegebenen Umwelten unterschiedliche Lösungen für Probleme des täglichen Lebens, die zukunftsweisend waren, oder auch nicht. Stellen wir uns eine Ausstellung, eine Retrospektive fossiler Erfindungen, vor, in der das Dampfflugzeug des Franzosen Clément Ader, der Autogiro (Tragschrauber) des Spaniers Juan de la Cierva und das Luftschiff des Grafen Ferdinand von Zeppelin Seite an Seite stünden. Welche Strukturen, welche Modelle würden bei einem Leistungswettbewerb das "Rennen" machen? Der Propeller? Die Tragschraube? Das Luftschiff? Alle drei Möglichkeiten zugleich oder aber der Düsenjet, der (noch) nicht im Museum zu finden ist?

In seinem Buch *Précis de Zoologie* aus dem Jahr 1927 schlug der belgische Biologe Auguste Lemeere vor, die Tiere je nach Lage ihres Zentralnervensystems in zwei große Gruppen einzuteilen: Die eine Gruppe von Tieren, bei denen es sich auf der ventralen oder Bauchseite befindet und die somit dazu verdammt sind, für immer wirbellos zu bleiben, nannte er *hyponeurien*, "Hyponeuriker". Die andere Gruppe, bei deren Mitgliedern das Zentralnervensystem auf der dorsalen oder Rückenseite liegt und deren stammesgeschichtlich jüngster Vertreter der Mensch ist, bezeichnete er als *epineurien*, zu deutsch "Epineuriker".

Im Laufe der Evolution stießen die Neuronen der Hyponeuriker immer wieder an die Grenzen, die Riechorgane und Kauwerkzeuge ihnen setzten, da jene sich oftmals in beträchtlichem Ausmaß entwickelten. Häufig blieb den Hyponeurikern nur übrig, ihre Cerebralganglien in einem winzigen Kopf unterzubringen, wobei die Interneuronen der Schlundkonnektive (die bei den Wirbeltieren unbekannt sind) die Verbindung zwischen den Bauch- und Kopfganglien sicherstellten. Die Neuronen der Epineuriker hingegen, die über ein geschlossenes Neuralrohr verfügten, konnten sich ungehindert Schicht um Schicht vermehren und so ein echtes Rückenmark und ein echtes Gehirn ausbilden (Abbildung 13). Knorpelige oder knöcherne Hüllen in Form von Schädel und Wirbeln entstanden, um diese Wunder der Natur zu schützen.

Ob ein Tier zu den Epineurikern oder zu den Hyponeurikern zählt, hängt von dem Vorhandensein oder Fehlen einer ganz bestimmten Struktur ab, der Chorda dorsalis ("Rückensaite"; man bezeichnet sie auch als Notochord, was sich von griechisch *notos* für "Rücken" und *chordē* für "Darmsaite" ableitet). Die Wirbeltiere gehören zu den Chordatieren oder Chordata, die Wirbellosen hingegen nicht. Einige sehr einfache Lebewesen lassen Ansätze einer Chorda dorsalis erkennen; sie sind nicht mehr Wirbellose, sondern haben die unumkehrbare Entwicklung in

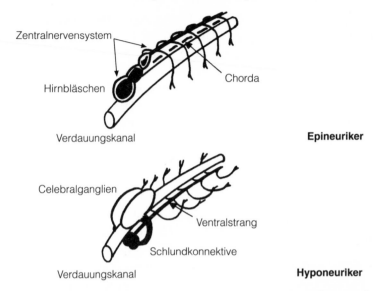

13   Lage und Entwicklung des Nervensystems bei Epineurikern und Hyponeurikern. Bei den Epineurikern (Wirbeltieren) formt sich die Neural-platte in der Kontaktzone mit der Chorda dorsalis zum Neuralrohr. Das Wachstum des Hirnbläschens nach vorn wird nicht behindert. Bei den Hypo-neurikern (Wirbellosen) blockieren die Kauwerkzeuge die Entwicklung des Ventralstranges nach vorn. Schlundkonnektive sind erforderlich, um ihn mit den Cerebralganglien zu verbinden.

Richtung Chordatiere eingeschlagen. Der russische Zoologe Alexander O. Kowalewskij führte für sie 1865 die Bezeichnung Prochordata ein. (Im selben Jahr wurden interessanterweise auch die Mendelschen Gesetze und die *Introduction à l'Étude de la Médecine Expérimentale* ["Einführung in das Studium der experimentellen Medizin"] des französischen Physiologen Claude Bernard veröffentlicht; dieser Jahrgang hat sich sowohl in der Biologie wie auch bei den Weinen verdient gemacht.)

Kowalewskij wurde deshalb umgehend von den altehrwürdi-

53

gen Gelehrten der Pariser Sorbonne angegriffen, insbesondere von dem französischen Naturforscher Henri de Lacaze-Duthiers, dem letzten unmittelbaren Schüler des bereits erwähnten Naturforschers Georges Baron de Cuvier. Albert Giard, ein Schüler Lacaze-Duthiers', ergriff in seiner Doktorarbeit Partei für die Theorien des Russen: Zwischen Doktorvater und Assistent entbrannte ein entscheidender wissenschaftlicher Streit, der allerhand Aufsehen erregte und der Bezeichnung Prochordata zum Durchbruch verhalf. (Welches Echo diese heftige Auseinandersetzung in der Fachwelt hervorrief, läßt sich in den *Archives de Zoologie Expérimentale* von 1872 nachlesen.)

Die Chorda dorsalis geht aus einer zunehmenden Verdickung im Dach des Verdauungskanals, aus der Neuralplatte, hervor. Die Chorda erstreckt sich praktisch über die gesamte Länge des Tieres und liegt über dem Verdauungskanal und unter der Rückenhaut. Sie besteht aus einem Bogen großer heller Chordazellen, die wie Münzen aufgestapelt und in eine biegsame Chordascheide aus Bindegewebsfasern, sogenannten kollagenen Fibrillen, gebettet sind. Im Kontaktbereich dieser Zellen sinkt das rückwärtige Gewebe eines der drei "Keimblätter" des Embryos, das dorsale Ektoderm, ein und bildet zunächst die Neuralplatte. Deren Ränder krümmen sich, und es entsteht eine Einbuchtung, die Neuralrinne, die sich schließlich zum Neuralrohr schließt. Das vordere Neuralrohr bildet die Vorstufe des künftigen Hirnbläschens.

Manchmal bleibt die Chorda dorsalis selbst beim erwachsenen Tier vollständig erhalten, oder sie zerfällt im Laufe der Entwicklung in kleine Stücke und tritt dann allenfalls als entwicklungsgeschichtliches Relikt in Erscheinung, das sich zuweilen nur schwer aufspüren läßt. Beim Menschen wird man auf derartige Relikte vor allem dann aufmerksam, wenn sie lästige oder sogar schmerzhafte Beschwerden verursachen. Nehmen wir zum Beispiel einen Bandscheibenvorfall, der das äußerst peinigende Ischiassyndrom verursacht. (Der paarige Nervus ischiadicus oder Ischiasnerv ist ein Ast des Plexus sacralis, des Kreuzbeingeflechts, der beidseits über das Gesäß ins Bein zieht und sowohl sensible als auch motorische Nervenfasern führt.) Wie kommt nun das Ischiassyndrom zustande?

Im Zentrum der faserigen Bandscheibe, die zwischen zwei Wirbelkörpern liegt, befindet sich als einziges Überbleibsel der mittlerweile rückgebildeten Chorda ein Gallertkern, der sogenannte Nucleus pulposus. Die Chorda ist beim menschlichen Embryo (aber auch – wie wir bald sehen werden – beim erwachsenen Lanzettfischchen) noch vollständig vorhanden, beginnt jedoch allmählich zu verfallen, wenn der Embryo eine Größe von 17,5 Millimetern erreicht hat. Beim Erwachsenen kann der gallertige Bandscheibenkern bei einer ungeschickten Bewegung aus seiner faserigen Umhüllung springen und sich vorwölben oder gar "vorfallen" – wie ein Kirschkern, den man zwischen den Fingern aus der Frucht quetscht. Tritt der Nucleus pulposus hierbei seitlich zwischen zwei Lendenwirbeln aus und drückt auf die sensiblen Ischiaswurzeln, die dort aus der Wirbelsäule austreten, dann ruft er heftige Schmerzen hervor. Häufig genügen in solchen Fällen schmerzstillende Medikamente und physikalische Maßnahmen, gelegentlich kann aber nur ein chirurgischer Eingriff Abhilfe schaffen, bei dem die vorgefallene Masse entfernt und der Patient so von dem anhaltenden quälenden Nervenschmerz befreit wird.

Zu noch schwerwiegenderen Folgen kann es kommen, wenn sich bei einem Kind liegengebliebene oder versprengte Chordareste nicht zurückgebildet haben. Dann können die verbliebenen Chordazellen zu Tumorzellen werden und Geschwulste, sogenannte Chordome, bilden. Diese sitzen bevorzugt am Hinterhauptloch (der Eintrittsstelle des Rückenmarks in den Schädel) und im Kreuzbeinbereich, also an jenen beiden Stellen, an denen die Chorda dorsalis des menschlichen Embryos endet.

Bei der Suche nach den Wirbeltiervorfahren hatten die Zoologen zunächst kein Glück, denn sie fahndeten nach der Chorda dorsalis bei ausgewachsenen Tieren und nicht bei deren Larven. So erging es ihnen beispielsweise bei den Manteltieren (Tunicata): Die erwachsene Seescheide sitzt fest auf felsigem Meeresgrund und ist in einen zähen ledrigen Mantel (der Tunica) aus celluloseähnlichem Tunicin gehüllt. Seziert man dieses Tier, das kaum größer als ein Brotkrümel ist, so findet man weder Chorda noch Neuralrohr. Nun ähnelt die Larve des Manteltiers sehr stark einer Kaulquappe. Sie schwimmt, nachdem sie aus dem Ei geschlüpft ist, eine Zeitlang frei umher, bis sie eine geeignete Stelle gefunden hat, an der sie sich niederläßt. Die Larve verfügt über Sinnesorgane, eine Chorda, ein Neuralrohr, das vorn in ein Hirnbläschen übergeht, und einen langen Schwanz. Bei der Metamorphose verschwindet all dies fast vollständig, seien es Sinnesorgane, Chorda, Neuralrohr oder Schwanz – was sollte auch die an einem Platz festsitzende Seescheide mit ihnen anfangen? Noch verblüffender ist aber, daß auch das Hirnbläschen, das die Vorstufe des Gehirns eines Epineurikers hätte sein können, beim erwachsenen Tier wieder zu einem "echten" Ganglion – wie bei den Wirbellosen – geworden ist. Allerdings befindet sich oberhalb des Ganglions die hyponeurale Drüse, die wahrscheinlich eine urtümliche Form des Hypophysenhinterlappens von Wirbeltiergehirnen darstellt.

Die obszön anmutenden Eichelwürmer der Gattung *Balanoglossus* (von griechisch *balanos*, "Eichel", und *glossa*, "Zunge") bestehen aus drei Teilen: der Eichel, dem Kragen und dem Rumpf (Abbildung 14 A und B). Eichelwürmer oder Enteropneusta gehören zum Stamm der Hemichordaten (Tiere mit einer "halben" Chorda), da nur ihr Kragen eine Chorda enthält. Von dieser ausgehend, entwickelt sich bei der Larve (mit dem hübschen Namen *Tornaria*) zunächst eine Neuralplatte und dann eine sich krümmende Neuralrinne, deren Ränder sich einrollen,

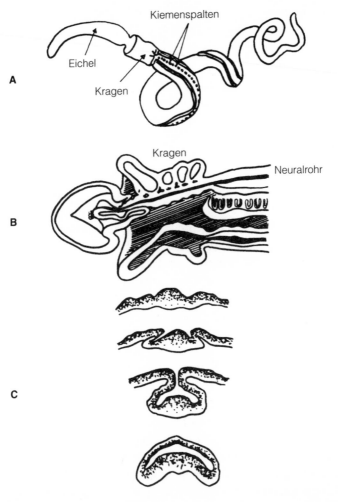

14 Eichelwürmer. (A) Allgemeiner Aufbau (nach Romer). (B) Schnitt durch Kopf und Kragen. Das Neuralrohr ist nur im Bereich von Kopf und Kragen völlig geschlossen. (C) Die hemichorde Eichelwurmlarve *Tornaria*. Die vier Querschnitte zeigen aufeinanderfolgende Stadien des Neuralrohrschlusses im Kragenbereich. In den restlichen Abschnitten bleibt das Neuralrohr offen. (Nach Van der Horst, Spengel sowie Grassé.)

57

aufeinander zubewegen und schließlich ein hohles Neuralrohr bilden. Das Neuralrohr bleibt jedoch an seinem vorderen und hinteren Ende offen (Abbildung 14C). Unbestritten handelt es sich hierbei um die einfachste und stammesgeschichtlich wohl älteste Form eines Rückenmarks überhaupt. Noch rudimentär ausgestattet, besteht es aus Zellen und riesigen Fasern, wie man sie bei Ringelwürmern und Krebstieren findet. Einige Forscher meinen sogar, daß dieses Mark bereits eine Dekussation aufweist, daß also die Nervenfasern jeweils zur Gegenseite kreuzen. (Weil bei den Wirbeltieren die motorischen Nervenfasern spiegelbildlich die Körperlängsachse überkreuzen, steuert die linke Gehirnhälfte die rechte Körperhälfte und umgekehrt.) Allerdings fällt es schwer, diese Behauptung zu beweisen. Zu diesem Zweck müßte man experimentell halbseitig gelähmte Würmer erzeugen ... Versuchstiere, sprich Eichelwürmer, gäbe es reichlich – im Flachwasser der Gezeitenzone an den Stränden Madagaskars.

Das Lanzettfischchen *Amphioxus* ist wohl das einzige Tier, das seit seiner Entdeckung jeder Generation von Biologiestudenten nahegebracht worden ist. 1836 wurde es von William Yarrel beschrieben, der dessen historische Bedeutung erahnte. *Amphioxus* ist ein kleines, drei bis fünf Zentimeter langes Tier, das "an beiden Enden zugespitzt" ist – so lautet die wörtliche Übersetzung seines griechischen Namens. Es ähnelt einer Elritze, an deren Kopf keine Augen zu erkennen sind. Dafür säumen über tausend Ocellen seine Mittellinie. Auf der linken Seite sind sie nach oben, auf der rechten Seite nach unten gerichtet; es wirkt wie ein seltsames Unterseeboot, das Jules Verne alle Ehre gemacht hätte und sich vorwärts wie rückwärts gleichermaßen gewandt bewegt. Das Lanzettfischchen liebt das nächtliche Dunkel, und grelles Licht verscheucht es aus den seichten Küstengewässern, die es gelegentlich durchstreift. Als Strudler bohrt es seinen durchscheinenden Körper in den Sand, so daß nur Maul

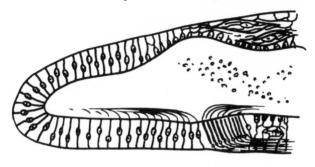

15 Der Kopf des Lanzettfischchens. Längsschnitt in schematischer Darstellung. Das Hirnbläschen besteht aus einer einzelligen Schicht, die teilweise bewimpert ist.

und Mund herausragen. Mit dem einströmenden Wasser nimmt es Diatomeen (Kieselalgen), seine Hauptnahrung, auf; sie bleiben im Strudelfilterapparat seiner Kiemenspalten hängen.

Die Chorda dorsalis ist beim Lanzettfischchen vollständig ausgebildet und verändert sich auch beim ausgewachsenen Tier nicht mehr. Sie ist stabil, gebogen, etwas flexibel und nützlich für die Fortbewegung, da sie von kleinen, sehr aktiven Muskeln umgeben ist. Der "Kopf" am Ende des Neuralrohres ist praktisch leer: Es gibt kein Gehirn, nur ein einfaches Cerebralvesikel, das mit einer einzigen Schicht bewimperter Zellen ausgekleidet ist (Abbildung 15). Die vulgäre französische Redewendung *en tenir une couche* (wörtlich "davon nur eine Schicht haben" und im übertragenen Sinne "saublöd sein") hat damit jedoch nichts zu tun.

Ein Querschnitt durch das gut ausgebildete Rückenmark des Lanzettfischchens (Abbildung 16) zeigt, daß es eine offene Verbindung zwischen dem Zentralkanal und der äußeren Oberfläche des Neuralrohres gibt. Das Rohr ist also nicht völlig geschlossen, wie es manchmal auch bei menschlichen Neugeborenen vorkommt, die unter einer bestimmten Mißbildung, der Spina bifida, leiden. Von diesem angeborenen dorsalen Offenbleiben des Wirbelkanals wird später noch die Rede sein.

Die Lanzettfischchen, die ihr Aussehen in den letzten rund 500 Millionen Jahren nicht verändert haben, lassen sich nicht als direkte Vorfahren der Wirbeltiere ansehen, aber als entfernte, nur wenig entwickelte Verwandte. Da es zwischen den Wirbeltieren und den bilateralsymmetrischen Larven der Seeigel (siehe Seite 25 unten) gewisse Ähnlichkeiten gibt, verlegte der russische Biologe Ilja Metschnikow im Jahr 1874 den Ursprung dieser Vetternschaft in eine noch weiter entfernte Vergangenheit. Diese Verwandschaftsfrage erhitzt im übrigen noch immer die Gemüter der Paläontologen: R. P. S. Jefferies vom Britischen Museum in London verwandte einen Großteil seines Berufslebens darauf, aus den Schichten des schottischen Ordoviziums (vor 500 bis 435 Millionen Jahren) jene fossilierten Tiere auszugraben, zu beschreiben und zu klassifizieren, denen er den Na-

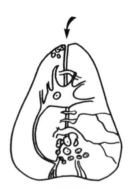

16 Das Neuralrohr des Lanzettfischchens – hinterer Abschnitt. Querschnitt. Man sieht, daß das Rohr in diesem Bereich nicht völlig geschlossen ist. Es steht über einen kleinen Kanal (*Pfeil*) mit der Umgebung in Verbindung. (Nach Franz, 1923, und Grassé.)

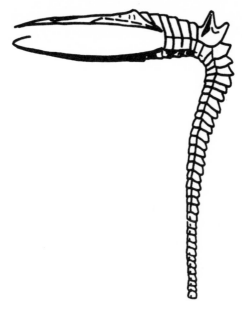

17   Calcichordata – sahen sie vielleicht so aus? (Nach R. P. S. Jefferies. *Nature* 340 (1989). S. 596.)

men Calcichordata gab. Seine Kollegen sehen in diesen Tieren die wahren Vorfahren der Wirbeltiere. Ihr Nervensystem blieb allerdings nicht erhalten. Beim Betrachten der hypothetischen Rekonstruktionen von Jefferies' Calcichordata gewinnt man fast den Eindruck, sie seien einem Science-fiction-Film entsprungen (Abbildung 17).

Unser Wissen von den frühen bedeutenden Ereignissen, die das Leben auf der Erde geprägt haben, von der Zweiteilung der Lebewesen in Pflanzen und Tiere, in Einzeller und Vielzeller, ist rein hypothetisch. Demgegenüber läßt sich der Zeitpunkt, zu dem sich das Tierreich in Wirbellose und Wirbeltiere aufgespalten hat, durch das Studium "lebender Fossilien" gut dokumentieren. In der nun folgenden Beschreibung der Welt der Wirbeltiere entwickelt sich die Nervenachse auf der Rückenseite zum Rückenmark, das durch einen verknöcherten Wirbelkanal ein für alle Mal geschützt wird und dabei jenes winzige Bläschen nach vorn treibt, das im Obdach des knöchernen Schädels zum Kopfhirn, zum Encephalon, wird.

Eine Welt mit Wirbeln

Der Fünfkampf der Sinne

Befassen wir uns zunächst mit den fünf Sinnen: Vielleicht wird es in Zukunft einzelne Nachfahren der heutigen Fische geben, die im evolutionären Wettbewerb der fünf Sinne hie und da bessere Ergebnisse erzielen werden. Was allerdings die durchschnittliche Leistungsfähigkeit des Sinnesapparates als Ganzes betrifft, ist das Sinnessystem der Fische unserer Tage an Schärfe und Ausgewogenheit kaum zu übertreffen. Ob Geruchssinn, Geschmackssinn, Gesichtssinn, Gehör- und Orientierungssinn oder Strömungssinn: Alle gemeinsam versorgen sie das Gedächtnis der Neuronen mit Informationen und verhelfen ihnen dazu, unmittelbar zu reagieren. Das Ziel ist hierbei klar vorgegeben: Beute aufspüren und fangen. In der Paarungszeit gilt es dann noch, einen Geschlechtspartner zu finden. Die Leistungsfähigkeit der Fühler des Echten Seidenspinners *Bombyx mori*, der Augen der Taufliege *Drosophila melanogaster* und der Tastsinnesorgane eines Skorpions nötigen uns zwar Respekt ab, sie stellen jedoch isolierte Spitzenleistungen dar.

Mit der Komplettausstattung aller fünf Sinne bot sich den Urfischen eine ganz einmalige, günstige Konstellation – mancher würde sagen, eine Chance. Sie nutzten sie dazu, Informationen zu sammeln, zu lernen, ihr Verhalten besser anzupassen und sich (so gut wie) überall auszubreiten, und bereiteten – mit Blick auf die evolutionäre Zukunft – so dem Nervensystem aller Wirbeltiere gewissermaßen den Weg. Im Ordovizium vor etwa 450 Millionen Jahren vermehrte sich ihre Formenvielfalt rapide: Innerhalb weniger Millionen Jahre, also in geologisch gesehen relativ kurzer Zeit, entstanden nach dem Modell "Fisch" viele Tausende neuer Arten, vom Haifisch bis zum Seepferdchen, die mit ganz unterschiedlichen Voraussetzungen "ins Rennen gingen".

Naturkatastrophen (ob Kometeneinschläge, Erdbeben oder Vulkanausbrüche, ist nicht bekannt) löschten ganze Populationen von Fischen wieder aus, deren Überreste man heute ausgräbt. Vor etwa zwei Jahrzehnten wurde in Bear Gulch in Montana (im Nordwesten der USA) ein riesiger Gesteinsgang entdeckt, der seit den Anfängen des Karbon (vor circa 300 Millionen Jahren) zwischen zwei Kalkplatten verborgen war: Er enthielt versteinerte Zeugnisse eine der schönsten und zugleich fremdartigsten Fischfaunen. Unter diesen alptraumhaften Fabelwesen, von deren Existenz niemand etwas geahnt hatte, fanden sich Vorfahren der äußerst bizarr anmutenden See- oder Meerkatzen (*Chimaera monstrosa*, Abbildung 18), die noch heutzutage norwegischen Fischern ins Netz gehen. An der Fundstelle entdeckte man auch quasi anatomisch moderne Flußneunaugen – "modern" deswegen, weil sie den heute in Flüssen lebenden Exemplaren gleichen. Außerdem fand man langgestreckte schlüpfrige Schleimfische, die wie Aale aussehen und mit diesen oft verwechselt werden. Die Neunaugen (in der Fachsprache Agnatha, "Kieferlose", genannt, weil sie keinen Kieferapparat besitzen) hält man für sehr ursprüngliche Formen von Fischen. Ihr rundes Maul (sie gehören zur Klasse der Rundmäuler) ist mit äußerst spitzen Hornzähnen bewehrt. Diese dienen dem Tier dazu, sich an seine Beute, beispielsweise einen Fisch, zu heften, Löcher in deren Körperwand zu fräsen und ihr Blut auszusaugen.

Fische sind frei, standortunabhängig und unablässig in Bewegung. Bis auf wenige Ausnahmen verfügen sie – gleichgültig, ob mit oder ohne Kiefer, ob Knochen- oder Knorpelfisch (zu letzteren zählen Haie, Rochen und Zitterrochen) – über die gleichen Sinnesorgane, die mit dem gleichen Nervensystem in Verbindung stehen. Welch großer "technologischer" Fortschritt, wenn man an das nahverwandte, im Meeresschlamm eingegrabene Lanzettfischchen *Amphioxus* denkt, das an seinen Standort gebunden ist und Plankton filtriert, oder an die Eichelwürmer, die sich durch ihre Metamorphose gewissermaßen selbst verstümmeln!

Die winzige Blase, die beim Lanzettfischchen mit einer einzigen Schicht aus bewimperten Zellen ausgekleidet ist und am vorderen Teil des Neuralrohres endet, ist bei den "echten" Fischen länglicher und unterteilt. Offenbar wurde aus dem einstigen Topmodell des Gehirns als Ganglienkomplex in der Evolution mit der Entstehung der Fische ein Auslaufmodell. Die Hirnentwicklung hatte sich, wie man im Fußball sagt, "freigespielt" und konnte nun, nachdem sie die Abwehrkette überwunden hatte, ihren Spielwitz harmonisch und systematisch entfalten.

18 Fossile Seekatzen aus dem Kambrium. Nachbildung. (Nach *La Recherche* 162 [1985]. S. 98.)

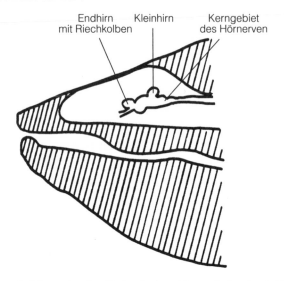

19 »Das Reiskorn in der Kathedrale«. Längsschnitt durch Kopf und Gehirn einer Schleie. Vom Endhirn (Telencephalon), dem vordersten Abschnitt des Vorderhirns, zieht der Riechkolben (hier angedeutet) nach vorne. Dahinter folgen unter anderem das Kleinhirn und das Kerngebiet des Hörnerven. (Nach Grassé.)

Allerdings nahm sich das Gehirn der ersten Fische recht bescheiden aus, einem Reiskorn in einer Kathedrale vergleichbar (Abbildung 19). Beim Hohlstachler *Coelacanthus* etwa, einem lebenden Fossil, das zu den Quastenflossern gehört und seine Glanzzeit bereits hinter sich hat, nimmt das Gehirn nur den hundertsten Teil der Schädelhöhle ein: Es wiegt drei Gramm, der ganze Fisch aber 40 Kilogramm! Doch hatten dessen stammesgeschichtlich jüngere Verwandte seit dem Devon (vor 410 bis 330 Millionen Jahren) alle Zeit und allen Raum der Welt, die Leere der Schädelkapsel mit Hirn zu füllen. Kurioserweise wurde dieses leerstehende "Haus" in einem Fall bereits "besetzt": Beim Nilhecht, einem Fisch mit elektrischem Organ, hat sich dort ein stark entwickelter Teil des Kleinhirns, der sogenannte Schrittmacher, breitgemacht – funktionell eine Art provisorisches Elektrizitätswerk ohne große evolutionäre Zukunft. Die Angler am Nil können von Glück reden! Allerdings könnte ein unerfahrener Beobachter diese Struktur durchaus mit dem Großhirn, dem zukünftigen Hauptbewohner dieser Stätte, verwechseln (Abbildung 20).

Das Gehirn der Fische gliedert sich in drei Teile:

– Vorderhirn oder Prosencephalon,
– Mittelhirn oder Mesencephalon,
– Rautenhirn oder Rhombencephalon.

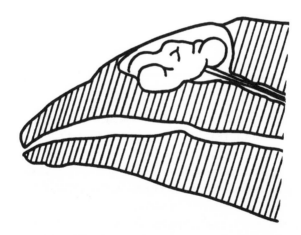

20 Der Kopf des Nilhechtes. Längsschnitt. Das Kleinhirn dieses elektrischen Fisches hat sich durch den Schrittmacher, sein elektrisches Kraftwerk, stark vergrößert und in die Schädelhöhle ausgebreitet. Das elektrische Organ des Nilhechtes kann Stromschläge von mehreren Volt erzeugen; andere elektrische Fische teilen gar Schläge von bis zu 600 Volt aus. (Nach Grassé.)

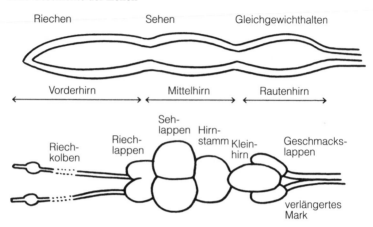

21   Das Zentralnervensystem der Fische. Stark schematisiert. Die drei Hauptabschnitte des Gehirns – Vorderhirn, Mittelhirn, Rautenhirn – empfangen Informationen aus den fünf Sinnesorganen: Das Vorderhirn beherbergt Riechkolben und Riechlappen, das Mittelhirn den Hirnstamm und (in seinem "optischen Dach" oder Tectum opticum) die Sehlappen. Im Rautenhirn schließlich befinden sich die Geschmackslappen. Die beiden letzteren umschließen das verlängerte Mark und sind teilweise vom Kleinhirn überlagert.

Insgesamt sind es also drei Hirnbläschen, man spricht vom Dreibläschenstadium. Bei den Amphibien und Reptilien steigt ihre Zahl auf fünf an. Das Neuralrohr ist mit einer Flüssigkeit gefüllt, die man als Gehirn-Rückenmark-Flüssigkeit, als Liquor cerebrospinalis, bezeichnet. Es ist mit einem Deckgewebe aus grauen Zellen, den Neuroblasten, ausgekleidet. Neuroblasten sind die "Basisneuronen" eines jeden Embryos. Indem sie sich unzählige Male teilen, lassen sie die Strukturen dieses jungen Gehirns wachsen, insbesondere jene Gebiete, die sensorische Informationen empfangen und die wie folgt hintereinander angeordnet sind (Abbildung 21):

— Riechhirn (im Vorderhirn)
— Sehlappen (im Mittelhirndach)
— Geschmackslappen (im Rautenhirn)
— Gleichgewichts- und Hörkerne (im Rautenhirn)
— Strömungssinn der Seitenlinienorgane (Dieser Sinn ist diffuser und speziell bei Fischen anzutreffen.)

Somit haben wir alles zusammen für den "Fünfkampf der Sinne".

Das Hirn fürs Riechen

Wasserlösliche Duftmoleküle gelangen mit dem einströmenden Wasser in die Riechorgane des Fisches: Zwei enge Nasenöffnungen beherbergen zwei Riechgruben, die sich vorn oberhalb des Maules befinden. Die beiden benachbarten Riechkolben analysieren den Geruch und leiten die Information dann über zwei Riechbündel (Abbildung 21), die bei größeren Fischen Dutzende von Zentimetern lang sein können, in den vorderen Bereich des Vorderhirns, ins sogenannte Endhirn (Telencephalon).

Im Laufe der Embryonalentwicklung wird das Gehirn immer dicker und nimmt an Umfang zu. Die Hirnränder stülpen sich im Zuge der sogenannten Eversion (Abbildung 22) nach außen um und rollen sich anschließend fast wieder nach innen ein, wodurch eine neue Struktur, das Riechhirn, entsteht. Es ist unter anderem mit dem Hypothalamus, dem Steuerungszentrum des gesamten endokrinen Systems, verbunden, dessen ortsständige Hormonquellen sich weiter vermehren werden, insbesondere um geschlechtliche Funktionen sicherzustellen. Das Auftreten des Riechhirns in der Evolution ist ein Ereignis von großer Tragweite: Im Umfeld dieses hochentwickelten, lebenswichtigen Sinnesorgans (bei den Fischen gibt es nur wenige Arten ohne Geruchssinn) entsteht ein erster Hirnlappen, der – mehr oder minder stark entwickelt – auch bei Amphibien, Reptilien und Säugetieren anzutreffen ist. An seiner Oberfläche bildet sich die erste Hirnrinde (Cortex). Mit ihrem Geruchssinnessystem können Fische ihre Beute riechen, lokalisieren und fangen wie auch ein paarungsbereites Weibchen in der Laichperiode aufspüren.

Im Winter kehren die Lachse zu den heimatlichen Laichplätzen zurück, wo sie geboren wurden und ihre erste Lebenszeit verbracht haben. Auf diesem Weg überwinden sie unter härtesten Bedingungen selbst unpassierbar erscheinende Hindernisse, wie Wasserfälle, Wasserkraftwerke und Stromschnellen. Jeder Fluß und jeder der zahlreichen Nebenflüsse eines so langen Flusses wie etwa des Sankt-Lorenz-Stromes hat seinen eigenen "Geruch". Heute vermag man diese spezifischen Gerüche zu konzentrieren und weiträumig in benachbarten Flüssen zu verteilen. Registrierte und markierte Lachse beiderlei Geschlechts, deren Geburtsgewässer bekannt waren, ließen sich auf diese Weise täuschen: Nachdem sie die Zeit bis zum Eintritt der Geschlechtsreife in den Meeren um Skandinavien verbracht hatten, kehrten sie nicht etwa an den Laichplatz zurück, an dem sie zur Welt gekommen waren, sondern wanderten "ihrer Erinnerung

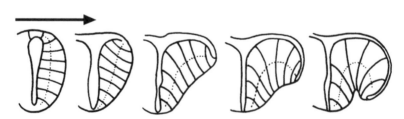

22 Die Eversion. Schematisiert. Infolge des neuronalen Wachstumsschubs, den das embryonale Knochenfischgehirn während seiner Entwicklung erfährt, klappen die Seitenränder nach außen um. Diesen Vorgang nennt man Eversion. (Nach Kuhlenbeck, 1952; Nieuwenhuys, 1960.)

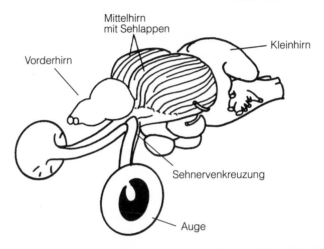

23 Das Lachsgehirn. Es fällt auf, daß das Vorderhirn – bis auf die Riechlappen – sehr klein ist. Das Mittelhirn mit seinem optischen Dach ragt unter den anderen Strukturen heraus, während das Kleinhirn verhältnismäßig bescheiden ausfällt. Im optischen System hat sich die Sehnervenkreuzung endgültig etabliert. (Nach Stroer, 1939.)

folgend" den Lauf eines anderen Flusses aufwärts. Es war der Fluß, der mit dem Konzentrat der charakteristischen Gerüche ihres Heimatgewässers präpariert worden war.

Das Hirn fürs Sehen

Bei den meisten der sogenannten Eigentlichen Knochenfische (Teleostei) kreuzen sich die Sehnerven vollständig in der Sehnervenkreuzung, dem Chiasma opticum (Abbildung 23). Der linke Sehnerv leitet die Informationen aus der linken Netzhaut zum rechten Sehlappen (Lobus opticus) und umgekehrt. Die beiden Sehlappen befinden sich im Mittelhirndach (Tectum opticum).

Die zentralnervösen Strukturen des Gesichtssinnes haben mannigfaltige Verbindungen zu anderen Sinnesstrukturen des Gehirns.

Ein Fisch, der schlecht sieht, ist ein toter Fisch. In dem gnadenlosen Überlebenskampf zwischen Jäger und Gejagtem rächt sich jeder Mangel im Bereich des Gesichtssinnes sofort: Der Räuber zehrt sich aus, das Beutetier erliegt, und beide sind praktisch unfruchtbar, da sie keinen Geschlechtspartner finden können. Der Geruchssinn mag zwar eine große Rolle spielen, wenn es darum, das Erbgut weiterzugeben (»Liebe geht durch die Nase«, schrieb 1724 der tibetische Dichter Lelung Chebaï Dorje), doch ist ein gutes Sehvermögen genauso wichtig. Unter bestimmten Bedingungen und bei bestimmten Fischarten stellt Rotgrünblindheit eine schwere Behinderung dar, etwa bei Stichlingen.

Das Stichlingsmännchen zieht, nachdem es ein Revier ausgesucht hat, seinen Hochzeitsanzug an: Sobald seine Bauchseite leuchtendrot glänzt, beginnt es sein Lockverhalten gegenüber den Weibchen. Das Männchen umwirbt das Stichlingsweibchen und baut ein Nest. Die leuchtendrote Signalfarbe ist aber auch ein Zeichen der Aggressivität: Das Männchen droht oder zeigt sich kampfbereit, sobald ein Rivale auftaucht. Einen roten Wachsklumpen beispielsweise, den man ihm vor die Nase hält, greift es sofort an, während es einen farblich unscheinbaren, künstlichen Artgenossen oder einen, dessen roter Bauch nach oben weist, links liegenläßt (K. Lorenz, 1992).

Untersuchungen jüngeren Datums (W. N. Mac Farland & F. N. Munz, 1971) zeigen, welch hohe Bildauflösung die Netzhautzellen der Eigentlichen Knochenfische ermöglichen. Die Forscher examinierten die Photorezeptoren Schicht für Schicht unter einem leistungsstarken Mikroskop, das in ein Mikrospektrophotometer integriert war. Das Licht aus einer Infrarotlampe wählten sie so, daß seine Wellenlänge nicht von den Sehfarbstoffen absorbiert wurde. Ihre Ergebnisse machen verständlich, warum die Männchen einiger Fischarten einen bestimmten Platz auswählen, um ihr Balzkleid "ins rechte Licht zu rücken". Die Netzhaut ihrer männlichen wie weiblichen Artgenossen ist nämlich äußerst funktionell strukturiert: Bereiche, die jeweils entweder aus der Tiefe oder von oben kommenden Photonen zugewandt sind, weisen jeweils mehr blau-grün-empfindliche beziehungsweise rotempfindliche Rezeptoren auf.

Zwischen der Dunkelheit in der Tiefe und der Helligkeit an der Wasseroberfläche gibt es eine Vielfalt an Farbtönen und Intensitätsgraden. Untersucht man die Netzhäute verschiedener Fischarten, so stößt man auf die gleiche Vielfalt, je nachdem, ob sie an das Leben in großer Tiefe oder eher in oberflächennahen Zonen angepaßt sind. Einige Tiefseearten sind monochromatisch, das heißt farbenblind, sehen die Welt also schwarzweiß, wobei sie im übrigen auf das Infrarotspektrum empfindlich reagieren. Bei Spezies hingegen, die sich vorzugsweise an der Wasseroberfläche aufhalten, sind die Photorezeptoren für Rot, Grün und Blau so stark entwickelt, wie man dies bei sonst keiner anderen heute lebenden Tierart antrifft.

Heutzutage gilt es als sicher, daß sich der Gesichtssinn der einzelnen Fischarten der jeweiligen Wassertiefe und der Tages- oder Nachtaktivität angepaßt hat, also losgelöst von der Evolution der übrigen Organe erfolgte.

Das Hirn fürs Schmecken

Geschmacksknospen sind in der Mundhöhle von Fischen in großer Zahl vorhanden. Die Zunge ist ansatzweise vorhanden, jedoch noch nicht so muskulös ausgebildet wie bei den Amphibien. Geschmäcke können Fische darüber hinaus noch über bestimmte Bereiche der Körperoberfläche wie Lippen und Barteln wahrnehmen. Bei einigen Arten (Welsen, Schmerlen) finden sich entsprechende Rezeptoren über die gesamte Körperoberfläche verteilt. Unter den Hirnnerven, die bei den Wirbeltieren in zwölf Paaren auftreten (der I. Hirnnerv ist der Riechnerv oder Nervus olfactorius, der II. der Sehnerv oder Nervus opticus und so weiter), sammelt der IX. Hirnnerv – der Zungen-Schlund-Nerv oder Nervus glossopharyngeus – die Informationen aus den Geschmacksknospen. Lippen und Barteln werden hingegen vom VII. Hirnnerven, dem Gesichtsnerven oder Nervus facialis, innerviert. Die beiden Geschmackslappen befinden sich rechts und links im Rautenhirn und sind relativ groß; sie umschließen das verlängerte Mark und werden teilweise vom Kleinhirn überlagert (Abbildung 21).

Um den Geschmackssinn der Fische reizen zu können, muß das auslösende Molekül, ebenso wie das Duftmolekül, wasserlöslich sein. Was beim Schmecken und beim Riechen genau vor sich geht, läßt sich daher nur schwer auseinanderhalten, und dieses Differenzierungsproblem ist auch beim Menschen nur zum Teil gelöst. Der Geruchssinn scheint ein Fernsinn zu sein, der es dem Fisch ermöglicht, eine relativ weit entfernte Beute wahrzunehmen, während der Geschmackssinn als Nahsinn eher dazu dient, die Beute näher "unter die Lupe zu nehmen": Ein Katzenhai, *Scyliorhinus*, spürt in einem Aquarium sehr rasch eine tote Sardine auf und frißt sie. Hat man die Beute zuvor mit Chinin getränkt, läßt er sofort wieder von ihr ab.

Das Hirn fürs Gleichgewichthalten und Hören

Um ihren Schirm aufrecht zu halten, bedienten sich vermutlich schon die ersten Quallen bestimmter Sinneszellen, die auf die Bewegungen eines Statolithen reagieren. Auch andere Wirbellose griffen im weiteren Verlauf der Evolution auf diese Möglichkeit zurück, um die Schwerkraft ausgleichen und sich ganz einfach "in Positur" bringen zu können.

(Das Lanzettfischchen Amphioxus schwimmt nur sehr schlecht. Soweit erkennbar, hat es kein Gleichgewichtsorgan.)

Alle Wirbeltiere besitzen im Innenohr höher entwickelte Organe, die sich schon bei den Prochordaten schwach andeuteten. Hierbei handelt es sich um eine echte Neuerung – ohne Bezug zu den Sinnesstrukturen, die die Wirbellosen zur Aufrechthaltung des Gleichgewichts entwickelt haben. Bei den Wirbeltieren reihen sich Höhlen und Gänge aneinander und bilden ein System, das "Labyrinth", in dem sich dünnhäutige flüssigkeitsgefüllte Schläuche mit Sinnesrezeptoren befinden. Zum knöchernen Teil des Labyrinths gehören die drei (jeweils im rechten Winkel aufeinander stehenden) halbkreisförmigen Bogengänge, die in einem Teil der knöchernen Schädelbasis, der sogenannten Felsenbeinpyramide, liegen.

Abbildung 24 gibt einen Überblick über verschiedene Formen von Gleichgewichts- und Hörorganen.

Der Schleimfisch, der zu den kieferlosen Rundmäulern (Cyclostomata oder Agnatha) gehört, besitzt den allereinfachsten Gleichgewichtsapparat dieser Art: einen einzigen, kaum bogenförmigen Gang, der an einen "platten Autoreifen" erinnert. Bei seinem Vetter, dem Meerneunauge *Petromyzon*, entstand ein zweiter Schlauch, als dieser sich im Zuge einer Einschnürung vom ersten nach ventral abtrennte: Zwei Bogengänge verlaufen nun im rechten Winkel zueinander. Das Labyrinth des Gemeinen Dornhaies *Squalus acanthias* besteht aus drei Bogengängen. Diese Struktur bleibt während der gesamten späteren Evolution der Wirbeltiere erhalten: Sie erfaßt die Informationen in den drei Ebenen des Raumes. Bei den Säugetieren gesellt sich zu den drei Bogengängen noch die Schnecke oder Cochlea hinzu, die das eigentliche Hörorgan mit den Gehörsinneszellen beherbergt.

Die Informationen aus dem Labyrinth gelangen über den

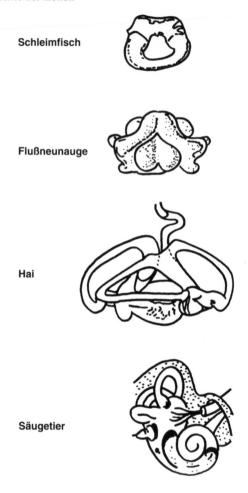

Schleimfisch

Flußneunauge

Hai

Säugetier

24 Gleichgewichts- und Hörorgane bei Fischen und Säugern. Schematische Darstellung. Der Schleimfisch besitzt einen Bogengang, das Flußneunauge zwei und der Hai drei. Säugetiere besitzen zusätzlich zu den drei Bogengängen noch eine Schnecke, das eigentliche Hörorgan. Das Innenohr der Säugetiere vereinigt so statische und akustische "Sinnesgänge" in einem einzigen statoakustischen Sinnesapparat.

VIII. Hirnnerven, den Hör- und Gleichgewichtsnerven oder Nervus vestibulocochlearis, in die Area statica des Rautenhirns, die mit dem Kleinhirn verbunden ist. Dank einer Vertiefung am Boden des Gehörsäckchens, der Lagena, können Eigentliche Knochenfische Schwingungen, die in ihrer Umgebung auftreten, in einem Bereich von 100 bis 10 000 Hertz gut wahrnehmen. Einige von ihnen, insbesondere Karpfen und Welse, haben ihr Hörvermögen weiter verbessert, indem sie eine Kette kleiner Knochen, die sogenannten Weberschen Knöchelchen, ausbildeten (aus deren Vorläufern zu einem späteren Zeitpunkt die Gehörknöchelchen Hammer, Amboß und Steigbügel der Säuger entstanden sind). Die genannten Fische benutzen ihre Schwimmblase als Resonanzkörper, leiten Schwingungen über die Weberschen Knöchelchen weiter und verbessern so ihr Hörvermögen. Ähnlich kann es auch bei Menschen funktionieren: Beethoven beispielsweise nahm, nachdem er bereits taub geworden war, nach Aussagen seines Schülers Carl Czerny immer noch Tonschwingungen wahr, wenn er einen knöchernen Stab, den er mit den Zähnen festhielt, an das Holz des Klaviers hielt.

Der Sinn fürs Schwimmen

Fliegergeschwader, die Flügel an Flügel vorbeidonnern, versetzen manchen von uns gleichermaßen in Erstaunen wie ein riesiger Schwarm Fische, die in synchronen Bewegungen dicht an dicht schwimmen, so wie man dies gelegentlich in populären Unterwasserfilmen zu sehen bekommt. Werden die Schwarmmitglieder jedoch durch irgend etwas, beispielsweise durch einen herannahenden Feind, aufgescheucht, stieben sie blitzartig auseinander und sammeln sich sofort wieder, um ihren gemeinsamen Kurs fortzusetzen. Als Springbrunneneffekt bezeichnet

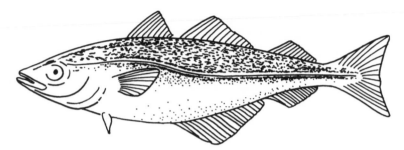

25 Das Seitenlinienorgan der Knochenfische (beispielsweise der Forellen und Lachse) besteht aus Sinneszellen, die sich in einem linienförmigen Kanal an den Flanken des Fisches befinden und auf seitlichen Druck reagieren.

man ein besonders elegantes Ausweichmanöver, mit dem kleine langsame Fische einen Angreifer überlisten, dem sie nicht davonschwimmen können. Schießt beispielsweise ein Barrakuda von hinten auf einen Schwarm von Zwergheringen zu, teilt sich dieser zunächst in zwei Gruppen; diese schwimmen im Bogen um den Angreifer herum, der nicht so schnell stoppen oder wenden kann, und schließen sich hinter ihm wieder zum vollständigen Schwarm zusammen (B. L. Partridge, 1982).

Ermöglicht wird dies den Fischen durch ein spezielles Organ, das Seitenlinienorgan: An jeder Flanke führt unter der Haut ein Kanalsystem entlang, das sich am Kopf auf einem genau festgelegten Weg fortsetzt (Abbildung 25). Dieses System steht über Öffnungen mit der Außenwelt in Verbindung. In das Kanalinnere ragen Gallertkegel hinein, in die haarige Fortsätze sekundärer Sinneszellen eingebettet sind. Wasserbewegungen pflanzen sich in die Kanäle fort. Sie biegen die Gallertkegel, die den Kanalraum weitgehend abschließen, ab und erregen so die Sinneszellen. Letztere leiten die Information über Stoßwellen weiter, die beispielsweise durch einen in der Nähe befindlichen

Fisch verursacht werden. Den nehmen aber auch die Augen wahr, und dies ist wichtig: Falls nämlich der außen schwimmende Schwarmfisch in einer engen Kurve abgehängt würde, gelänge es ihm, durch Sichtkontakt wieder aufzuschließen. Er würde sich jedoch verirren, wenn nicht die Augen wieder die Herrschaft über die automatische Steuerung durch das Seitenlinienorgan übernähmen.

Die bewimperten Sinneszellen leiten die von ihnen gebildeten Signale an den Seitenliniennerv weiter, der zum Riechhirn führt. In den Fasern dieses Nervs herrscht eine autonome, spontane elektrische Aktivität, der Aktionsstrom, in Form von Serien depolarisierender Nervenimpulse. Von außen einwirkende Reize erhöhen oder vermindern die Frequenz dieser Aktionspotentiale, das heißt ihre Zahl pro Zeiteinheit.

Ein ehrgeiziges Zukunftsprojekt sieht vor, Autos und Leitplanken in ferner Zukunft mit einer analogen elektronischen Vorrichtung auszurüsten, die auf dem Funktionsprinzip der Seitenlinienorgane beruht. Die Bionik ist daher sehr an Fischen interessiert. (Bionik ist dem französischen Wörterbuch *Larousse* zufolge eine »Wissenschaft, die sich mit bestimmten biologischen Vorgängen, insbesondere des Orientierens und Ortens befaßt, um analoge Prozesse zu militärischen oder industriellen Zwecken zu nutzen«.) Die spindelförmige, »mit« – wie es abgedroschen heißt – »Elektronik vollgestopfte« Schnauze der Kampfflugzeuge ziert ein aufgemaltes Haifischmaul – Abbild des Krieges. Welch beängstigender Einfall!

Wie beruhigend wirkt es demgegenüber, wenn man sich vor Augen führt, wie sich das Leben entwickelt. Fische, von denen sich täglich Milliarden Menschen ernähren, leben seit dem Devon (vor 410 bis 330 Millionen Jahren) auf der Erde. Auch wenn manche von ihnen heute anders aussehen als ihre fossilen Vorfahren, so ist doch das Nervensystem – abgesehen von einigen zukunftslosen Eskapaden – im großen und ganzen gleichgeblieben. Zwar besitzt die eine oder andere Fischspezies immer noch Riesenneuronen, die denen der Weichtiere ähneln, um die Leitungsgeschwindigkeit des Nervenimpulses zu erhöhen, doch hat sich zu diesem Zweck generell die Myelinhülle oder Markscheide (siehe Seite 196) als geniale Lösung durchgesetzt.

Der Weg aus dem Wasser

»Das Auftreten der vierfüßigen Wirbeltiere und ihre erstaunliche Entfaltung in den Amphibien, Reptilien, Vögeln und Säugetieren geht darauf zurück, daß ein Urfisch sich "entschieden" hatte, das Land zu erforschen, auf dem er sich jedoch nur durch unbeholfene Sprünge fortbewegen konnte.... Unter den Nachkommen dieses "kühnen Forschers", dieses Magellan der Evolution, können einige mit einer Geschwindigkeit von mehr als 70 Kilometern in der Stunde laufen, andere klettern mit einer verblüffenden Gewandtheit auf den Bäumen, andere haben schließlich die Luft erobert und damit den "Traum" des Urfisches verwirklicht« (J. Monod, 1971).

Der hier zitierte französische Biochemiker und Nobelpreisträger Jacques Monod legte Wert darauf, die Ausdrücke "sich entschied" und "Traum" in Anführungsstriche zu setzen. Ein Fisch mag sich vielleicht "entscheiden", wenn man ihn vor die Wahl stellt – er träumt jedoch nicht. War der Eroberer des Landes etwa ein Urahn des Schlammspringers (*Periophthalmus*), der Luft und Wasser in die Mundhöhle aufnimmt, um seinen Kiemen genügend Sauerstoff zu liefern, und der dann mit dem Schwanz vom Boden schnellend und hüpfend die heimatlichen Mangrovenbäume erklettert? Hält man ihn davon ab und statt dessen gewaltsam unter Wasser, stirbt der Fisch. Oder war der Pionier an Land vielleicht ein Vorfahr der in Thailand beheimateten räuberischen Schlangenkopffische? Diese verlassen zu

Tausenden die dortigen Lagunen, besetzen die Felder der acker-
bautreibenden Fischer und verwüsten Äcker und Hühnerställe,
bevor sie gesättigt ins Wasser zurückkehren.

Wahrscheinlich ging jedoch als erstes ein Quastenflosser an
Land. Noch heute lebt eine bestimmte Spezies dieser Fische vor
der Küste von Grande Comore, einer Insel nordwestlich von
Madagaskar, wo den Fischern gelegentlich ein Exemplar dieser "lebenden Fossilien" ins Netz geht (P. L. Forey, 1988). Die
meist ausgestorbenen Crossopterygier, so ihr wissenschaftlicher
Name, hatten paarige Flossen, die in ihrem Aufbau den Schreit-
beinen von Vierfüßlern ähneln. Aber wie viele Zehen hatten sie?
Wir leben schon seit langem in der Vorstellung, daß unsere Vorfahren fünf Zehen hatten. Dies ist offenbar ein Irrtum: *Ichthyostega*, über den wir im folgenden noch mehr erfahren werden,
besaß zwar vier fünfzehige Laufextremitäten, doch waren die
seines Verwandten *Acanthostega* achtzehig; der russische *Puler-
peton* (M. J. Coates & J. A. Clack, 1990) hatte jeweils sechs Zehen. Die Gliedmaßen heute lebender Maulwürfe sind sechszehig
und dadurch besser zum Graben geeignet und an die Umwelt
angepaßt. Wer wagte es zu behaupten, daß ein Maulwurf mit
fünf Zehen pro Fuß ein mißgebildeter, zum Aussterben verur-
teilter Maulwurf sei?

Nun war es aber an der Zeit, daß sich neue Neuronen breit-
machten, die diesen zusätzlichen Strukturen – seien es fünf
sechs, oder sieben – Bewegung und Leben "einhauchten". Mit
der Frage, wie die Entwicklung von Fingern und Zehen mit der
der Neuronen zusammenhängt, befaßt sich eine Forschergruppe
im amerikanischen Cambridge. Wie sah es mit dem Schädel und
den im Schädel befindlichen Neuronen aus? C. Gans schreibt
hierzu: »Vor einigen Jahren gelang es mir, den Schädel eines
Quastenflossers in dreihundert Serienschnitte zu zerlegen, von
denen jeder nur Bruchteile eines Millimeters dick war, und ihn

stark vergrößert zu rekonstruieren. Zu meiner großen Freude bemerkte ich, daß er in vielen Einzelheiten (wie etwa den zahlreichen kleinen Öffnungen, durch die die Hirnnerven ein- und austreten) grundsätzlich dem Bild entsprach, das man sich vom Schädel eines Urahns der Amphibien gemacht hatte.« (C. Gans, 1988.)

Das erste vierfüßige Landwirbeltier, dessen Aussehen man rekonstruieren konnte, ist der etwa 340 Millionen Jahre alte *Ichthyostega*. Das Skelett dieses Amphibiums wurde in einem Gebirge an der Ostküste Grönlands gefunden. Zu Lebzeiten muß es wie ein großer, etwa ein Meter langer Salamander ausgesehen haben. Quastenflosser und einfache Amphibien wie *Ichthyostega* dürften damals in Sumpfgebieten zusammengelebt haben. Eines Tages trockneten die Tümpel aus. Während die Fische im Schlamm feststeckten, konnten die Amphibien dank ihrer kurzen, doch kräftigen Beine und ihrer neuentwickelten Lungen an Land marschieren und später dann, wenn das Wasser wiederkam, sozusagen als "reuige Sünder" in ihren ursprünglichen Lebensraum zurückkehren und wieder von ihren Kiemen Gebrauch machen. Dieses Szenario klingt plausibel. Die Laufgliedmaßen seien, so schreibt Jacques Monod, nicht durch irgendeine mystische Kraft oder höhere Instanz im Hinblick auf eine Eroberung des Landes entstanden, sondern scheinen in Wirklichkeit das simple Ergebnis eines glücklichen Zufalls zu sein. (J. Monod, 1971)

Wie wir schon in der Schule gelernt haben, ist die Larvenform der Frösche und Kröten (der sogenannten Froschlurche, wissenschaftlich Anura, "ohne Schwanz") die Kaulquappe, die sich in Körperbau, Lebensweise (im Wasser) und Ernährungsweise grundlegend von den ausgewachsenen Tieren unterscheidet. Im Zuge der Metamorphose bilden sich Kiemen und Schwanz der Kaulquappen rasch zurück, während gleichzeitig Beine und Lungen entstehen. Bei Molchen und Salamandern (die zu den

Gary Larson / Chronicle Features, San Francisco

26 »Another great moment in evolution« (Aus *Nature* 354 [1991]. S. 268.)

Schwanzlurchen oder Urodela gehören) wird auch die Larve "erwachsen", doch schreitet die Umwandlung weiter fort. Zur Fortpflanzung müssen sich geschlechtsreife Froschlurche wie Schwanzlurche allerdings ins Wasser begeben, da ihre Eier an Land austrocknen würden. So haben die Amphibien zwar das Land erobert, sind aber zumeist an das Wasser gebunden und somit nicht in der Lage, echte Landtiere zu werden (Abbildung 26).

Die Geburt der Großhirnhälften

Da sich die Neuronen im embryonalen Gehirn eines Knochenfisches (einer Forelle oder eines Lachses beispielsweise) immer stärker vermehren, nimmt die Hirnmasse stark zu. Um den knapp werdenden Raum in der Schädelkapsel besser auszunutzen, evertiert schließlich der obere Teil des Vorderhirns – die Hirnränder stülpen sich nach außen um (Abbildung 22). Diese Massenbewegung von Nervenzellen, die vom Hirnmantel (lateinisch *pallium* für "Mantel", wie die Anatomen den oberen Teil des Vorderhirns bezeichnen) ausgeht, verläuft bei den Haien (Selachier) und allen stammesgeschichtlich jüngeren Wirbeltieren invers, das heißt in umgekehrter Richtung: Die Zellmasse bewegt sich zur Mittellinie und sinkt dort nach unten ein, wodurch das Vorderhirn in zwei Hälften, in eine linke und eine rechte Hirnhälfte oder Hemisphäre, geteilt wird (Abbildung 27). Dieser fundamentale Prozeß verfeinerte sich im Laufe der Evolution immer mehr und erklärt beispielsweise, wie die so extrem komplexen Windungen und Furchungen der Großhirnrinde des Säugerhirns entstehen konnten.

Die beiden nun ansatzweise vorhandenen Hemisphären beherbergen in ihrem Inneren jeweils zwei Hohlräume, die linke und rechte Hirnkammer (Ventrikel), die den Liquor cerebrospinalis, die Gehirn-Rückenmark-Flüssigkeit, enthalten. Der Liquor wird von der Tela choroidea produziert, einer gefäßreichen Faltenbildung der weichen Hirnhaut, die sich entlang dem Spalt zwischen den Hemisphären in die Hirnkammern eingesenkt hat. So entstehen die Adergeflechte, die Plexus choroidei, die die Gehirn-Rückenmark-Flüssigkeit in die Ventrikel absondern.

Beide Kammern sind durch eine innere Öffnung, das sogenannte Foramen Monroi, miteinander verbunden. Kommt es bei einem menschlichen Fetus zu Beginn des zweiten Schwangerschaftsmonats zu einem Entwicklungsstopp, spaltet sich das Ge-

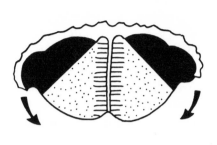

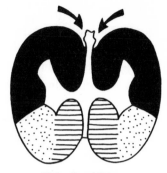

Knochenfische   **Haie, Amphibien**

27 Das Hirnwachstum bei Knochenfischen, Haien und Amphibien.
Bei den Knochenfischen drängt die zunehmende Hirnmasse nach außen,
bei den Haien (Knorpelfische) und Amphibien hingegen nach innen. Von
oben stülpt sich bei den Haien und Amphibien die Tela choroidea in die
Hirnkammern ein und sondert den Liquor cerebrospinalis ab.

hirn nicht in zwei Hälften auf. Das Vorderhirn bleibt dann ein
einheitlicher Komplex mit nur einer Höhle – wie bei einfachen
Fischen. Das nicht lebensfähige Kind hat meist nur ein Auge.

Von grauer und weißer Hirnsubstanz

Untersucht man das Rückenmark eines Lurches im Querschnitt,
dann stellt man fest, daß der zentrale Teil des Organs mattgrau
ist. Er besteht aus Ansammlungen von Nervenzellkörpern.
Demgegenüber sieht der Randbereich durchscheinend weiß
aus. Die Farbe rührt vom Myelin der Markscheiden her, deren
Aufgabe es ist, die Fortsätze der Nervenzellen, die Axone, zu
isolieren (und zu ernähren). Die weißen Faserstränge sind echte
Kabel, die von einem Zentrum zum anderen ziehen und zwischen ihnen eine Verbindung herstellen.

85

Die mit bloßem Auge erkennbare weiße und graue Färbung ist der Grund dafür, daß sich seit dem letzten Jahrhundert im Wortschatz der Neurologen die griechischen Vorsilben *polio-* (grau) und *leuco-* (weiß) eingebürgert haben. Beispiele für diesen Wortgebrauch sind die Leucoencephalitis, die im Gefolge einer schweren Masernerkrankung auftreten kann, die Polioencephalitis im Rahmen einer Tollwut, die Poliomyelitis oder Kinderlähmung – wobei alle drei Erkrankungen durch neurotrope (auf Nerven wirkende) Viren hervorgerufen werden – und schließlich die Leucomyelitis, deren Ursache fast immer unerkannt bleibt. Bei diesen vier sehr ernsten Krankheiten sagt uns die etymologische Prüfung des Namens sofort, wo genau im Nervensystem sich die Entzündung abspielt – nämlich in der weißen oder grauen Substanz von Gehirn oder Rückenmark.

Die Nerven der Wirbellosen sind – mit Ausnahme einiger Krebstiere – nackt, sie besitzen keine Markscheide. Man nennt sie deshalb marklos. Auch den Nerven des sympathischen Nervensystems der Wirbeltiere fehlt eine Myelinhülle. Über Axone mit Markscheide zu verfügen ist ein Vorteil, den die Wirbeltiere im Laufe der Evolution bewahrt und vervollkommnet haben, denn diese isolierende Hülle beschleunigt die Leitungsgeschwindigkeit des Nervenimpulses beträchtlich.

Ein Dach zum Lauern: Das Mittelhirndach

Weder bei Amphibien noch bei Vögeln sind die Hirnhemisphären von einer Hirnrinde überzogen. Bei den Reptilien ist sie im Ansatz vorhanden, und erst die Säugetiere bilden sie vollständig aus. Die Amphibien verfügen allerdings über ein winziges Informationszentrum, das mit einem Entscheidungsorgan verbunden ist. Dieser Komplex nimmt den oberen Teil des Mittelhirns ein. Die Anatomen nennen ihn Mittelhirndach oder Tectum opticum, zu deutsch "optisches Dach", doch werden die beiden letzten Bezeichnungen nicht allen Funktionen dieses Hirnabschnitts gerecht.

Eine optische Funktion hat das Mittelhirndach in der Tat, denn hier laufen alle Sinnesinformationen zusammen, die von den Netzhäuten der Augen gesammelt und über die optischen Bahnen weitergeleitet werden. Diese Informationen müssen – wie bei den Fischen – die Sehnervenkreuzung passieren (Abbildung 23). Doch empfängt das Mittelhirndach nicht nur Sehinformationen; hier treffen auch Informationen über Geruchs-, Gleichgewichts-, Hör- und Berührungsreize ein. Letztere können von der gesamten Körperoberfläche stammen und werden durch jeweils andere Nervenstränge hirnwärts geleitet. Pedro Ramón y Cajal (der Bruder des berühmten spanischen Histologen und Nobelpreisträgers Santiago Ramón y Cajal, der zu Anfang dieses Jahrhunderts die Neuronen im Hirngewebe durch eine spezielle Färbemethode einzeln sichtbar machte und abzeichnete) lenkte die Aufmerksamkeit insbesondere auf die Struktur des optischen Daches und sprach in diesem Zusammenhang schon von "Laminierung" (er meinte damit, daß sich eine Schicht von Neuronen über die andere lagerte). C. J. Herrick (1942) analysierte die neuronale Schichtung und die ihr zugehörigen Synapsen bei einem Amphibium, dem Frosch *Rana pipiens*, und gliederte sie: Das Mittelhirndach des Tieres besteht aus mindestens 14 Lagen übereinandergeschichteter Netze, wobei Schichten aus grauer Hirnsubstanz (Nervenzellkörper) und Schichten aus weißer Hirnsubstanz (Nervenfasern) einander abwechseln (Abbildung 28).

Im "zurückgebliebenen" Vorderhirn der Amphibien gibt es etwas Vergleichbares nicht. C. U. A. Kappers und Mitarbeitern (1960) zufolge »ist das Mittelhirndach das nervöse Hauptkoordinationszentrum des Gehirns, das das Vorderhirn dieser Tiere an Vielfalt und morphologischem Differenzierungsgrad um ein

Vielfaches übersteigt«. Das Mittelhirndach, das alle Informationen zentral sammelt, ist zugleich Entscheidungszentrum. Schon bei einer gewöhnlichen Erdkröte (*Bufo bufo*) läßt sich leicht beobachten, wie schnell und genau sie die Beute mit den Augen verfolgt. Die Augenmuskeln der Kröte sind ebenso gut entwickelt wie die der Säugetiere. Hie wie da innervieren drei Hirnnerven die Augenmuskulatur: der Augenmuskelnerv oder Nervus oculomotorius (III), der Rollnerv oder Nervus trochlearis (IV) und der Seitliche Augenmuskelnerv oder Nervus abducens (VI). Interneuronen und Assoziationsfasern, die Informationen zwischen den beiden Hirnhälften austauschen, harmonisieren die Bewegungen der Augäpfel, des Kopfes und des gesamten Kör-

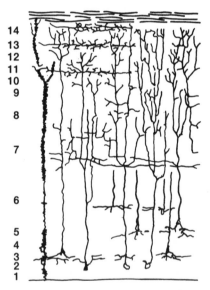

14
13
12
11
10
9

8

7

6

5
4
3
2
1

28 Das Mittelhirndach des Frosches *Rana pipiens*. Querschnitt mit den 14 »pseudocorticalisierten«, das heißt scheinbar mit Hirnrinde umgebenen Schichten. (Nach P. Ramón y Cajal, 1911.)

TWO CREATURES, AFTER ATTEMPTING TO CATCH THE SAME INSECT, NOW JOINED TOGETHER BY THEIR STICKY TONGUES.

29 »Zwei Geschöpfe, die versuchten, ein und dasselbe Insekt zu fangen und nun mit ihren klebrigen Zungen aneinanderhaften.« (Aus *Science* 238 [1987]. S. 497.)

pers. Amphibien besitzen sogar echte Augenlider, die sich öffnen und schließen, und sie können echte Tränen bilden. Bei der Jagd richten sie das Maul auf die Beute. Im selben Augenblick schießt die äußerst bewegliche Zunge hervor (die vom Zungenmuskelnerv oder Nervus hypoglossus, dem XII. und letzten Hirnnervenpaar gesteuert wird) und schnappt sich das Insekt (Abbildung 29).

Eine echte Kröte hat keine Probleme mit ihrem "optischen Rüstzeug". Dennoch ist es leicht, sie zu täuschen. Man braucht ihr nur irgend etwas Kleines vorzusetzen, das sich bewegt. Sobald sie das Objekt sieht, verfolgt sie es mit den Augen, springt darauf zu und – falls nötig – hinterher. Läßt man die Attrappe stillstehen, erstarrt das Tier in der Bewegung und verliert nach einer Weile offensichtlich das Interesse an dem Spiel. Zu große Attrappen sind für ein Krötenmännchen ebenfalls uninteressant, allerdings nicht in der Paarungszeit, denn dann sieht es die Attrappe als paarungsbereites Weibchen an. Das Krötenmännchen legt sich auf die scheinbare Partnerin und umklammert sie. Los läßt es nur dann, wenn sich das umklammerte Objekt als ein anderes Männchen entpuppt, das Protestschreie von sich gibt (K. Lorenz, 1992). Alles andere – sei es nun ein Krötenweibchen (Weibchen sind bei dieser Tierart stumm), ein Fisch, eine menschliche Hand oder eine Gummistiefelspitze – wird von dem Männchen unterschiedslos umklammert.

Von der Wanderung zur Seßhaftigkeit

Wenn das Neuralrohr erst einmal geschlossen ist (Abbildung 14), lassen die weiteren Entwicklungsschritte nicht lange auf sich warten:

- Das Vorderhirn wächst nach vorn aus;
- ein echtes Großhirn tritt in Erscheinung, wenn auch noch ohne Rinde;
- die beiden Hirnhemisphären bilden sich;
- graue und weiße Hirnsubstanz lassen sich fortan voneinander unterscheiden.

Neuroblasten, die neuronalen Stammzellen, stellen ihre Potenz unter Beweis, indem sie sich immer weiter vermehren. Die Tochterzellen wandern im Schutze der Wirbelsäule und des Schädels zu ihren Bestimmungsorten. Einige von ihnen machen sich schon sehr früh auf den Weg (beim menschlichen Embryo ab dem 28. Tag der Schwangerschaft). In dem Querschnitt eines

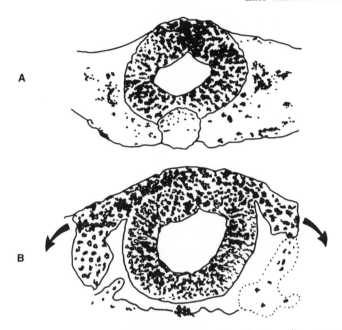

30 Wandernde Nervenzellen. Die ersten Neuralleistenzellen treten in der oberen Partie des Neuralrohres in Erscheinung (A), bevor sie dann nach beiden Seiten auswandern (B). (Nach N. Le Douarin: *The Neural Crest*. Cambridge (Cambridge University Press) 1982. S. 24.)

Neuralrohres, das sich gerade erst geschlossen hat, lassen sich die wandernden Zellen bei allen Wirbeltierembryonen leicht erkennen (Abbildung 30). Schon seit Jahrzehnten ist bekannt, daß ganze Zellmassen ihre Wanderschaft an den sogenannten Neuralleisten beginnen (S. Hörstadius, 1950). Diese entstehen aus dem Neuralrohr, das sie eine Zeitlang stützen; sobald sich das Neuralrohr geschlossen hat, wandern die Neuralleistenzellen ins Körperinnere. Neuralleisten gibt es auch bei den Fischen (C. H. J. Lamers et al., 1981). Zu Ehren kamen sie durch die Forschungen, die das Französische Institut für Embryologie an

Vogelembryonen durchführte (N. Le Douarin, 1982). Doch traten die erstaunlichen Fähigkeiten dieses "vierten Keimblattes" (die drei übrigen sind Ektoderm, Entoderm und Mesoderm) erst durch die Untersuchung zweier unterschiedlicher Amphibienarten zutage, nämlich des mexikanischen Kolbenmolches oder Axolotl (*Ambystoma mexicanum*), den bereits Georges Cuvier kannte, und des iberischen Rippenmolches *Pleurodeles waltl* (P. Chibon, 1967). Die Wanderung der Neuralleistenzellen gehorcht molekularen Mechanismen, auf die wir später noch eingehen werden.

Aus was für Zellen besteht die Neuralleiste? Was löst deren Vermehrung aus? Was wird nach der Wanderung aus ihnen? Einige der Zellen, die aus dem Neuralrohr hervorgehen, bleiben Neuronen! Sie werden zu Nervenzellen der sensiblen Fasern und hinteren Spinalwurzeln, die dem Zentralnervensystem Informationen der Oberflächen- und der Tiefensensibilität zuleiten; und sie werden zu Neuronen älteren Typs, nämlich des vegetativen Nervensystems, das aus einem sympathischen und einem parasympathischen Anteil besteht und das man wegen seiner weitgehenden Unabhängigkeit vom Gehirn auch autonomes Nervensystem nennt.

Die übrigen Neuralleistenzellen entwickeln sich zu:

— Zellen der Hirnhäute, die Gehirn und Rückenmark umhüllen und schützen und die versorgenden Blutgefäße führen;
— markscheiden- oder myelinbildenden Zellen. Myelin verleiht den faserführenden Partien des Gehirns und des Rückenmarks die weiße Farbe und umhüllt auch periphere Nerven als sogenannte Schwannsche Scheide;
— farbstoffbildenden Zellen, die anfangs als farblose Melanoblasten die Neuralleiste verlassen und später an ihrem Bestimmungsort als pigmentbeladene Melanocyten Haar, Haut und Regenbogenhaut mehr oder weniger stark färben.

– Zellen bestimmter Drüsen, die bei den Urwirbeltieren erstmalig auftraten, wie zum Beispiel Hirnanhangdrüse, Schilddrüse, Nebennieren und Bauchspeicheldrüse (zusammen bilden sie das endokrine System, das die diffuse, bei Würmern und Insekten anzutreffende Neurosekretion ablöst).

Sag mir, wo die Frösche sind

Im Februar 1990 fand in Irvine (Kalifornien) ein Kongreß statt, bei dem internationale Experten die Frage diskutierten: »*Where have all the froggies gone?*« ("Wo sind all die Frösche geblieben?") (M. Baringa, 1990). Sollten nun, sechzig Millionen Jahre nachdem die Dinosaurier von der Erde verschwunden sind, die Frösche an der Reihe sein? Damals bevölkerten Myriaden von Amphibien den Erdball, aber im Gegensatz zu den Riesenechsen überlebten sie die Katastrophe. Neuere Forschungen förderten jedoch besorgniserregende Erkenntnisse zutage: Es gibt in den Kiefernwäldern im mexikanischen Oaxaca keine Salamander mehr, während es dort vor zehn Jahren von ihnen nur so wimmelte. In Brasilien, in Boracea, ist innerhalb von nur drei Jahren die Hälfte der Froscharten vom Erdboden verschwunden. In Conondales Ranges nahe Brisbane (Australien), einstmals eine Hochburg der Amphibienforschung, gibt es keine Studienobjekte mehr. In einigen Schutzgebieten Costa Ricas, in denen man 1987 noch tausend Goldkröten (*Bufo periglenes*) zählte, fand sich 1990 gerade mal ein einziges Exemplar.

Die Kongreßteilnehmer führten verschiedenste Gründe für den drastischen Rückgang dieser Arten an: Die einen gaben dem extremen Kälteeinbruch des Jahres 1979 die Schuld, andere machten den sauren Regen oder die immer dünnere Ozonschicht verantwortlich. Manche meinten gar, daß illegale Jagd

die Lurche dezimiere, die gefangen würden, damit Kinder sie als
"Spielgefährten" kauften.

Oder sollten wir uns ernsthaft fragen, ob vielleicht für die
Amphibien die Zeit ihres unausweichlichen, natürlichen Aus-
sterbens gekommen ist? »Die Amphibien sind eine zurückge-
bliebene, völlig überholte Tierklasse mit verschwindend geringer Bedeutung unter den heutigen Landwirbeltieren ...« Diese
Prognose klingt recht hart, wenn man bedenkt, daß die Urah-
nen dieser wackeren Geschöpfe uns ein Leben an Land überhaupt erst ermöglichten. Hat man dabei vielleicht übersehen,
daß das uralte phantastische Wunder der Metamorphose die
Tiere viel verwundbarer macht und den Unbilden der Umwelt
in viel stärkerem Maße ausliefert als Krustentiere oder Schlangen, die sich häuten, oder als Vögel und Säuger, die auf ihre
Weise heranwachsen und reifen?

Welche Art oder welche Gruppe neuer Arten kann sich heutzutage noch den Luxus erlauben, in einem einzigen Leben die
Entwicklungsprogramme zweier verschiedener Lebewesen zu
durchlaufen: sich zunächst zu einer fischähnlichen Kaulquappe
mit Flossen und Kiemen zu entwickeln, um sich dann innerhalb
von Stunden in ein Tier mit Lungen und Beinen zu verwandeln,
das einem Reptil ähnelt? Bindeglied zwischen diesen beiden
Gestalten scheint das Nervensystem zu sein. Bis auf die End-
gungen im Schwanz, der sich bei den Froschlurchen zurückbildet, ist es das einzige System, das von Anfang an vorhanden ist
und nach der Metamorphose erhalten bleibt. Aber auch das
Nervensystem muß sich an das ungewohnte Landleben anpassen, ein neues Verhalten hervorbringen und dabei unbekannte
soziale Kontakte knüpfen. Hat die befruchtete Eizelle, die sowohl das Programm "Kaulquappe" als auch das Programm
"ausgereiftes Tier" in sich birgt, wirklich all ihre Trümpfe aus-
gespielt? Sicherlich nicht. Seien wir auf die Fortsetzung gespannt.

Solche Probleme hat die Eizelle der Reptilien nicht. Sie entwickelt sich amniotisch, das heißt, sie bildet eine Amnionhülle oder Fruchtblase aus: Um die ersten embryonalen Zellen bildet sich die Amnionflüssigkeit, das Fruchtwasser, Relikt des urweltlichen Lebens im Wasser, das die Zellen vor dem Austrocknen schützt. Besondere Häute sorgen während früher Entwicklungsstadien für die notwendige Ernährung. Nach dem Schlüpfen muß das Reptilienjunge eigentlich nur noch eines tun: wachsen.

»Entthronte Überlebende einer untergegangenen Welt«*

Das vordere Neuralrohr der Fische weitet sich zu drei Hirnbläschen auf, die man wie folgt bezeichnet:

— Vorderhirn oder Prosencephalon;
— Mittelhirn oder Mesencephalon;
— Rautenhirn oder Rhombencephalon, das nach hinten ins Rückenmark übergeht.

"Entthront" sind die heutigen Reptilien insofern, als sie ihrer einstigen Vorherrschaft auf der Erde verlustig gegangen sind. Und dies, obwohl die Organisation ihrer Neuronen im Vergleich zu der ihrer Vorgänger fortschrittlicher ist. Aus den drei Hirnbläschen sind nämlich fünf geworden (Abbildung 31):

— Das Vorderhirn gliedert sich nun in zwei Teile, das Groß- oder Endhirn (Telencephalon) und das Zwischenhirn (Diencephalon);

---

* Camille Arambourg, französischer Paläontologe (1885 bis 1969).

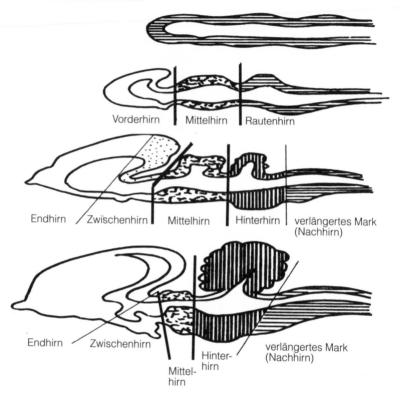

Vorderhirn | Mittelhirn | Rautenhirn

Endhirn / Zwischenhirn | Mittelhirn | Hinterhirn | verlängertes Mark (Nachhirn)

Endhirn / Zwischenhirn | Mittel-hirn | Hinter-hirn | verlängertes Mark (Nachhirn)

31 Die fünf Hauptabschnitte des Zentralnervensystems. Von oben nach unten gelesen, stellen die vier Längsschnitte des Zentralnervensystems aufeinanderfolgende Stadien der Evolution von einfachen zu höher entwikkelten Wirbeltieren dar. Das Vorderhirn gliedert sich in Endhirn und Zwischenhirn, das Rautenhirn in Hinterhirn (mit Brücke und Kleinhirn) und verlängertes Mark.

– das Mittelhirn blieb praktisch unverändert;
– das Rautenhirn gliedert sich jetzt ebenfalls in zwei Teile, in das Hinterhirn (Metencephalon) mit dem Kleinhirn und in das Nachhirn (Myelencephalon).

Dieser schematische Aufbau des Zentralnervensystems läßt sich als Referenzmerkmal heranziehen, um Tiere so unterschiedlichen Aussehens wie Eidechsen, Chamäleons, Schlangen, Schildkröten und Krokodile allesamt als Reptilien klassifizieren zu können. Die Kriechtiere erschienen im Karbon (vor etwa 250 Millionen Jahren) auf der Erde. Ihr weiteres Schicksal gestaltete sich unterschiedlich: Aus der Gruppe der Sauropsiden entwickelten sich die Vögel und aus der Gruppe der Theropsiden, der "säugetierähnlichen" Reptilien, die Säuger. Auch wenn sich die systematische Klassifikation eines Tages ändern sollte, wird dies praktisch keine Rolle spielen: Bei den heutigen Reptilien sind die fünf Hirnabschnitte klar voneinander getrennt. Der Kopf ist gegenüber dem Brustabschnitt beweglich und verfügt über Sinnesorgane mit durchschnittlicher Leistungsfähigkeit. Er kann eine Beute anvisieren, ohne den ganzen Körper drehen zu müssen.

Im Längsschnitt zeigt sich das Zentralnervensystem in der Waagrechten mit überdeckenden dorsalen Strukturen und überdeckten ventralen Strukturen, die zunächst lateinische, nach und nach aber auch deutsche (beziehungsweise französische oder englische) Bezeichnungen erhielten:

Die dorsalen Strukturen sind von hinten nach vorn:

- das Velum (Segel), das das verlängerte Mark bedeckt;
- das Tectum (Dach), das das Mittelhirn bedeckt;
- das Pallium (Mantel), das das Endhirn bedeckt.

Die ventralen Strukturen sind von hinten nach vorn:

- die Fossa rhomboidea oder Rautengrube;
- der Thalamus ("Sehhügel", eigentlich "Brautgemach", da die jüngsten ventralen Schichten faltig verknittert aussehen);
- das Striatum (Streifenkörper), der zahlreiche neuronale Verbindungen zwischen seinen Ebenen aufweist.

Zentralen der Automatismen: Verlängertes Mark und Kleinhirn

Das verlängerte Mark, fachsprachlich die Medulla oblongata, ist für alle Wirbeltiere lebensnotwendig. Bei den Reptilien läßt es sich leicht abgrenzen. Die Nervenzellen seiner klar umrissenen Kerne und Systeme regulieren Atmung, Herzschlag und Blutdruck.

Das Kleinhirn eines Reptils ist weit weniger entwickelt als das eines Vogels, von dem später noch die Rede sein wird. Im Nebenschluß mit den großen motorischen und sensorischen Leitungsbahnen verbunden, empfängt und verarbeitet es deren Informationen und koordiniert

— Sinneseindrücke zur Ausrichtung des Kopfes, die es von den Sinneszellen der drei Bogengänge erhält;
— Informationen über die Körperschwere (dies gilt insbesondere für das Kleinhirn der Flugdrachen);
— Willkürbewegungen, die durch das Zusammenspiel einander entgegengesetzt wirkender Muskeln (Agonisten und Antagonisten) entstehen.

Träumen Kaimane?

Reptilien sind im allgemeinen sehr ortsgebunden. Ausnahmen stellen Meeresschildkröten dar, die lange Wanderungen unternehmen. Sobald die Jungtiere aus ihrem Ei geschlüpft sind, das im Sand vergraben lag, beginnt für sie das erste gefährliche Abenteuer ihres Wanderlebens: Sie müssen den Strand durchqueren, um ins Wasser zu gelangen, wo sie vor Feinden relativ sicher sind.

Schlangen hingegen halten sich fast ausschließlich in der Nähe

des Nestes auf, in dem sie zur Welt gekommen sind. Als wechsel-
warme Tiere wärmen sie ihren Körper durch die Sonnenstrah-
len. Wird die Hitze zu groß, flüchten sie sich in den Schatten. In
langen Wintern ziehen sie sich in einen Unterschlupf tief in der
Erde zurück und verfallen dort in Winterstarre. Ihr "Nicker-
chen" nach beendetem Mahl ist schon fast legendär: Eine Py-
thon döst, nachdem sie eine Ziege mit Haut und Haar verschlungen hat, drei Wochen lang vor sich hin, um dabei die Nahrung
nach und nach zu verdauen. Neurophysiologen, die speziell den
Schlaf erforschen, beginnen sich zunehmend für diese Phänomene zu interessieren. Sie setzten bei Versuchstieren Elektroden
an bestimmte Stellen des Mittelhirns und andere Strukturen, die
für den Wach-Schlaf-Rhythmus – und vielleicht auch für das
Träumen – verantwortlich sind. Daß Kaimane lange schlafen,
gilt mittlerweile als sicher, und der Kurvenverlauf, den man
während dieses Zustands aufzeichnet, weist die schlaftypischen
Merkmale auf (M. D. Meglasson & S. E. Huggins, 1979). Möglicherweise träumen sie bisweilen auch (J. Peyrethon & D.
Susan-Peyrethon, 1968), da sich mit der beschriebenen Technik
paradoxe, für das Träumen typische Schlafphasen identifizieren
ließen. (Die Stadien des paradoxen Schlafes bezeichnet man
auch als REM-Phasen, von *rapid eye movements*, wegen der
dann auftretenden raschen Augenbewegungen.)

Das Reich der Hormone

Auf das Mittelhirn folgt nach vorne hin das Vorderhirn, das sich
aus zwei großen Abschnitten zusammensetzt, aus dem Zwischenhirn oder Diencephalon und dem Endhirn, Großhirn oder
Telencephalon.

Schauen wir uns das Vorderhirn von der Seite an (Abbildung
32), so sehen wir in der Mitte den Thalamus; darüber befindet

sich der Epithalamus (griechisch *epi-*, "auf, über") und darunter der Hypothalamus (griechisch *hypo-*, "unter").

Der *Thalamus* ist ein massiges Gebilde aus grauer Substanz, eine Sammel-, Schalt- und Sortierstelle für sämtliche sensorischen Informationen (mit Ausnahme des Geruchssinnes). Seine Entwicklung hat bei den Reptilien ihren Höhepunkt noch nicht erreicht, der mit der Ausbildung der Großhirnrinde verknüpft ist. Diese ist jedoch bei Reptilien, wie wir noch sehen werden, erst im Ansatz vorhanden. Epithalamus und Hypothalamus spielen aber bei ihnen bereits eine sehr bedeutende Rolle.

Der *Epithalamus* ist von Hirnhaut bedeckt, deren Zellen sich zwischen die beiden Hemisphären vorgeschoben haben. Sie drangen auf ihrer Wanderung in die Seitenventrikel ein, um dort die liquorproduzierenden Adergeflechte, die Plexus choroidei, zu bilden. Nicht weit von den Adergeflechten entfernt hat sich auch die Epiphyse, die Zirbeldrüse, entwickelt. Ihre Existenz be-

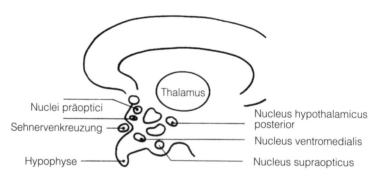

32 Das Hypothalamus-Hypophysen-System eines Reptils. Die supraoptischen Kerne sind für Flüssigkeitsaufnahme und Durst zuständig, der ventromediale Kern für Appetit und Sattheit. Ventromedialer, anteriorer und medialer präoptischer Hypothalamuskern sind an der Steuerung der Sexual- und Fortpflanzungsfunktionen beteiligt. Das präoptische Areal spielt eine Schlüsselrolle bei der Wärmeregulation.

eindruckte den französischen Philosophen René Descartes dermaßen, daß er im Jahre 1646 schrieb: »… nach sorgfältiger Untersuchung glaube ich erkannt zu haben, daß der Teil, wo die
Seele unmittelbar ihre Wirksamkeit ausübt, weder das Herz
noch das ganze Gehirn ist, sondern nur ein innerlichster Teil des
letzteren, eine gewisse kleine Eichel, die sich in der Mitte der
Gehirnsubstanz befindet.«

Tatsächlich war die Zirbeldrüse ursprünglich in der Mitte des
Schädeldaches als zusätzliches Auge mit den entsprechenden
Merkmalen und Eigenschaften angelegt. Noch heute kommt ein
solches Stirn- oder Scheitelauge bei einigen Reptilienarten vor,
etwa bei der Brückenechse (*Sphenodon punctatus*), einem ku-
rios anmutenden Geschöpf.

Netzhautreste dieses ehemaligen Auges finden sich auch beim
Menschen und können bei Kindern, seltener bei Erwachsenen,
zu einer bösartigen Geschwulst, einem Pinealoblastom, ent-
arten. Sind in sehr seltenen Fällen zudem die Netzhäute beider
Augen betroffen (ein solcher erblich bedingter Netzhauttumor
des Auges heißt Retinoblastom und ist meist nur durch die
beidseitige Entfernung der Augäpfel heilbar), so zeigt die Gewe-
beuntersuchung, daß die drei von Krebs befallenen Netzhäute
identische Veränderungen aufweisen.

Die Zirbeldrüse hat sich im Laufe der Evolution bei den meisten Reptilien und später bei den Säugetieren strukturell gewan-
delt. Die Sinneszellen bildeten sich zurück, und sie wurde zu
einer endokrinen Drüse. Sie sezerniert das erstmals 1958 beschriebene Hormon Melatonin, das regulierend auf die Keim-
drüsenentwicklung wirkt. Die Zirbeldrüse fungiert als eine Art
Uhr: Wenn ihr kleiner Zeiger nach einem Jahr das Zifferblatt
umrundet hat, zeigt er Tieren mit saisonal festgelegter Balz- oder
Brunftzeit an, daß die Zeit der Paarung gekommen ist. Der
große Zeiger regelt in einem 24-Stunden-Umlauf den Tag-
Nacht-Rhythmus; zu diesem Zweck müssen zahlreiche Mole-

küle produziert werden. Die Drüse reagiert, obwohl hinter dem Schädelknochen verborgen, auf Licht, denn sie ist mit dem Lichtsinn verbunden. Gegen Sonnenuntergang steigt der Melatoninspiegel im Blut an, um dann kontinuierlich im Laufe der Nacht und des darauffolgenden Tages wieder abzunehmen – bis zur nächsten Abenddämmerung ...

Der *Hypothalamus* sollte präziser als Hypothalamus-Hypophysen-System bezeichnet werden (Abbildung 32). Denn die Hypophyse oder Hirnanhangdrüse ist bei den Reptilien stark entwickelt und mit dem Hypothalamus eng verbunden. Der Hypophysenvorderlappen entsteht aus einer taschenartigen Ausstülpung im Mundhöhlendach, die sich im Laufe der Embryonalentwicklung nach oben abschnürt. Der Hinterlappen geht direkt aus dem Hypothalamus hervor. Beide zusammen ruhen in einer elegant geschwungenen knöchernen Loge an der inneren Schädelbasis, der Sella turcica ("Türkensattel").

Weder bei Vögeln noch bei Säugern ist das Hypothalamus-Hypophysen-System besser entwickelt als bei den Reptilien (zumal Vögel und Säuger als Warmblüter ihre Körpertemperatur auf andere Weise regulieren). Das Reich der Hormone hat sich allmählich von der unmittelbaren Neurosekretion hin zur endokrinen Drüsensekretion außerhalb des Gehirns (insbesondere durch Nebennieren, Schildrüse, Bauchspeicheldrüse und Keimdrüsen) entwickelt, die verhältnismäßig spät in der Evolution in Erscheinung tritt. Den hormonellen Oberbefehl haben die Nervenzellen des Hypothalamus, wobei meist die Hypophyse zwischengeschaltet ist. Auf diese Weise reguliert der Hypothalamus vitale Bedürfnisse.

Er registriert Wassermangel beziehungsweise Durst und reguliert die Flüssigkeitsaufnahme. Nimmt der osmotische Druck der Körperflüssigkeiten zu (steigt also der Salzgehalt an), so alarmiert dies die Osmorezeptoren der Nuclei supraoptici. Das Tier begibt sich in der Folge auf die Suche nach Wasser. Im Gegensatz zum Menschen trinkt ein in Freiheit lebendes Reptil nur dann, wenn es Durst hat.

Des weiteren erkennt der Hypothalamus Hunger und Sättigung. Er reguliert also den Appetit. Stimuliert man das Kerngebiet des lateralen Hypothalamus während eines Experiments elektrisch, so löst dies ein ungezügeltes Freßverhalten aus. Die beiden ventromedialen Kerne des Hypothalamus empfangen ihre Informationen direkt aus dem Verdauungstrakt. Signale, die vom gut gefüllten Magen ausgehen, vermindern das Hungergefühl. Der Hypothalamus in Freiheit lebender Reptilien funktioniert einwandfrei. Die Tiere kennen keine Magersucht, und sollte es unter ihnen Freßsucht geben, so tritt sie jedenfalls nicht augenfällig zutage: Je größer die verschlungene Beute, desto mehr Zeit vergeht bis zur nächsten Mahlzeit.

Der Hypothalamus steuert zudem Sexualität und Fortpflanzung mittels mehrerer Kerne (Abbildung 32). Er sorgt für einen angemessenen Sexualtrieb, steuert das Verhalten bei der Partnersuche, setzt das Balzverhalten in Gang und löst den Begattungsakt aus – eine ebenso "befriedigende" Handlung wie Durstlöschen oder Hungerstillen. Die Befriedigung dieser Grundbedürfnisse sichert das Überleben des einzelnen und der Art. Welches Geschlecht ein Reptil hat, ist bei den Schlangen genetisch festgelegt. Bei den meisten Schildkröten- und vielen Kaimanarten bleibt allerdings ein Moment der Ungewißheit: Die Geschlechtszugehörigkeit stellt sich bei diesen Tieren je nach Umgebungstemperatur der abgelegten Eier ein – ist es warm, entstehen Weibchen; sind die Eier hingegen kühlerer Temperatur ausgesetzt, so schlüpfen nur männliche Jungtiere.

Schließlich haben sich unmerklich neue Strukturen herausgebildet, die sich eng an den hinteren Hypothalamus schmiegen und erst bei den Säugern in vollem Umfang entwickelt sind: die Mamillarkörper, der Fornix cerebri (das Hirngewölbe) und der Mandelkern (die Amygdala). Sie bergen den Keim zu einem unmittelbaren Gedächtnis und damit zu der Fähigkeit zu lernen. Vor allem aber sitzt hier das Zentrum der Aggressivität, das dem Selbstschutz dient und gegebenenfalls Gift zum Einsatz bringt (H. D. Sues, 1991), wenn sich das Tier bedroht fühlt, aber auch, wenn es angriffslustig oder beutegierig ist und der Hunger nicht mehr allein sein Verhalten bestimmt. Diese Strukturen liefern die Erklärung für das Verhalten einer Schlange, die auf die monotone, näselnde Flötenmelodie eines Schlangenbeschwörers anspricht, möglicherweise aber auch dafür, warum es gerade eine Schlange gewesen sein soll, die die ersten Menschen auf Erden zur Erbsünde verführte.

Auf dem Weg zur Großhirnrinde

Weder Fische noch Amphibien besitzen eine Großhirnrinde. Bei Reptilien bildete sie sich nach und nach aus. Die beiden Hemisphären nehmen immer mehr Platz ein und füllen zunehmend die Räume in der hinteren Schädelhöhle aus. Das Riechhirn hingegen – also der Hirnlappen, der bei den Fischen in Verbindung mit dem Geruchssinn entstanden ist – entwickelt sich nicht weiter (es bildet das sogenannte Paläopallium). Zusammen mit den Mamillarkörpern bilden zwei neue, in der Tiefe liegende Strukturen – Hippocampus und Mandelkern – die zukünftige "heilige Stätte" des Gedächtnisses, mit deren Hilfe Erinnerungen an Erlebtes gespeichert werden.

Nachdem wir es zunächst ausschließlich mit einem Zentrum für das Riechen zu tun hatten (bei den Insekten beispielsweise) und danach neben dem Geruchssinn mehr und mehr das Gedächtnis eine Rolle spielte (ein Gespann, dessen Leistungen wir bei den Lachsen kennengelernt haben), kommen wir nun zum Gedächtnis "pur". Die Hirnregion, um die es hier geht, setzt sich Schicht um Schicht aus Neuronen zusammen. Angelsächsische

Wissenschaftler sprechen hierbei von Lamination. Die Rinde des Ammonshorns oder Hippocampus', der nunmehr in den Schläfenlappen integriert ist, "vergleicht" die Erfahrungen aus seinem Erinnerungsspeicher mit einem kurzzeitig dargebotenen neuen Ereignis: »ich kenne es« oder »ich kenne es nicht«. Bei den Reptilien lassen sich drei übereinanderliegende Schichten ausmachen; man spricht auch von einer trilaminären Gliederung. Bei stammesgeschichtlich jüngeren Reptilien und bei den Säugern findet sich eine (hexalaminäre) Gliederung in sechs Schichten (siehe Seite 128 und 139). Dieses Grundmodell spiegelt den Aufbau des gesamten künftigen Neocortex, der Rinde des Neopalliums, wider.

Vögel haben, von wenigen Ausnahmen abgesehen, keine Großhirnrinde. Dafür verfügen sie über andere Vorzüge und Fähigkeiten, die das seltsame Ergebnis einer Aufspaltung der Evolutionslinie sind: Auf der einen Seite entstanden Federn mit einem "Spatzenhirn", auf der anderen Seite Haare und ein mächtiges Großhirn, das uns dorthin gebracht hat, wo wir heute stehen.

Fachleute sind sich bis heute nicht darüber einig, ob die Vögel von bestimmten Reptilien abstammen oder nicht. Da sich einige Wissenschaftler in dieser Diskussion offenkundig einer »Solidarität unter den Warmblütern« verpflichtet fühlen, möchten sie – in Anspielung auf die Figuren des französischen Fabeldichters La Fontaine – den Raben in größerer verwandtschaftlicher Nähe zum Fuchs als zur Smaragdeidechse sehen (P. Janvier, 1983). Zwar gibt es Fossilien, die den Übergang zum Vogel dokumentieren, doch handelt es sich nur um wenige Exemplare: Vom *Archaeopteryx* wurden lediglich sechs Exemplare in Franken gefunden. Diese kleinen geflügelten mutmaßlichen Echsen sollen etwa 150 Millionen Jahre alt sein. Man entdeckte sie unweit der Donau an einem Ort, der zu Lebzeiten dieser Tiere eine tropische Lagune gewesen war (P. Wellnhofer, 1989).

Die etwa taubengroßen *Archaeopteryx*-Exemplare besaßen ein Gebiß mit spitzen Zähnen und einen langen Schwanz mit 23 Wirbeln. Sie waren somit *noch* Reptilien, aber auch *schon* Vögel, denn sie trugen Federn, und ihre vorderen Gliedmaßen waren dabei, sich in Flügel umzuwandeln. Unklar bleibt allerdings, wozu sie die Flügel benutzten. Dienten sie ihnen lediglich als eine Art Fallschirm, der ihren freien Fall bremste? Oder waren es echte Flügel, mit denen sie eines Tages nach einem rasanten Anlauf vom Boden abhoben und sich erstmals im Ruderflug durch die Lüfte bewegten?

"Echte" Vögel tauchten erst zu Beginn des Tertiärs vor 50 Millionen Jahren auf – gleichzeitig mit den modernen Insekten und den Blütenpflanzen. Die Tierklasse der Vögel wuchs explosionsartig: Das Pariser Becken, um nur ein Beispiel zu nennen, wimmelte im Eozän (dem mittleren Alttertiär) nur so von Rallen, Gänsen, Flamingos, Elstern und Rebhühnern.

Fliegen, Singen, Paradieren

Als Kind erlebte ich den Tod des ersten Vogelmenschen. Er war von einem kleinen Flugzeug abgesprungen, schwebte und drehte sich einige Augenblicke im Kreis, wobei er sich mit den Armen auf Flügel stützte, die einer Zeichnung von Leonardo da Vinci nachempfunden waren, und stürzte dann in die Tiefe. In der Nähe dieses kleinen Flugplatzes haben Freunde ihm am Unglücksort ein bescheidenes, mit einer Inschrift versehenes Marmordenkmal errichtet. Jedes Jahr, so sagte man mir, träfen sie sich dort am selben Tag, um das Unkraut vom Stein zu entfernen und eine Weile des Toten zu gedenken.

Nicht alle Vögel können fliegen. Viele Arten haben sich problemlos an das Leben im Wasser angepaßt. Sie "fliegen einfach unter Wasser", wie dies beispielsweise die Pinguine tun. Ihr

Gang an Land ist jedoch unbeholfen. Flügellose Vögel, die nicht schwimmen können, sind die Fossilien der Zukunft. Ihre Populationen können nur auf Inseln überleben, auf denen sie keine natürlichen Feinde haben. Strauße, Kiwis und Emus stehen unter Naturschutz. Dafür war es auch allerhöchste Zeit. Dieses Glück hatten die flugunfähigen Dodos, die bis zum 18. Jahrhundert auf der Insel Mauritius beheimatet waren, nicht: Sie wurden vollständig ausgerottet.

Den meisten Vögeln ist es jedoch gelungen, die Lüfte zu erobern. Sie sind dazu imstande, weil sich das Skelett ihrer Vordergliedmaßen entsprechend verändert hat, weil sie ein Federkleid besitzen und weil sich ihr Zentralnervensystem und zuweilen auch ihre sensorischen Neuronen angemessen entwickelt haben.

Das Flugvermögen ist angeboren, und die Jungvögel unternehmen erste Flugversuche, sobald ihnen entsprechende Federn "Flügel verleihen". Vögel, die nicht rasch genug flügge werden, sind bei den Geschwistern im Nest nicht gut gelitten und beunruhigen die Eltern. Die Selektion kennt kein Erbarmen.

Das Buch der Rekorde

Viele Vögel sind in der Lage, über sehr lange Zeit zu gleiten, ohne auch nur einmal mit den Flügeln zu schlagen. Wie die von Menschenhand gebauten Segelflugzeuge nutzen sie den Wind und seine unterschiedlichen Richtungen und Stärken aus. Die Greifvögel der Gebirgszonen nutzen die thermischen Aufwinde, die Möwen an den Küsten die mechanischen Aufwinde, wenn sie so knapp über die Wellenkämme des Meeres dahinschießen. Der größte Vogel der Welt, *Diomeda exulans*, der Wanderalbatros, ist zugleich auch ihr elegantester Segler.

Zugvögel können riesige Entfernungen ohne eine einzige Rast zurücklegen. Der Borstenbrachvogel (*Numenius tahitiensis*) braucht nur 25 Stunden, um von den Aleuten vor Alaska bis nach Hawaii zu gelangen. Ein Segler kann im horizontalen Flug eine Geschwindigkeit von 200 Kilometern pro Stunde erreichen, ein Wanderfalke kommt im Sturzflug auf knapp 300 Stundenkilometer. Den Höhenrekord halten bestimmte sumpfbewohnende Gänse, die regelmäßig in 9000 Metern Höhe den Himalaja nahe der indischen Stadt Dehra Dun überqueren (J. Dorst, 1971).

Die Navigationsinstrumente

Solche Instrumente zeigten sich im Ansatz schon bei den Fischen: Die drei Bogengänge im Innenohr übermitteln Informationen über die Haltung des Kopfes (Abbildung 24) und damit über die Position des Tieres im Raum. Das für diese Informationen zuständige Urkleinhirn (Archicerebellum) ist praktisch bei allen Wirbeltieren in seiner Grundform erhalten geblieben. Bei Amphibien und Reptilien kam ein Altkleinhirn (Paläocerebellum) mit neuen Aufgaben hinzu. Bei den Vögeln hat es sich beträchtlich entfaltet. Dies läßt sich leicht feststellen, wenn man das Gehirn einer Taube oder Wachtel betrachtet: Die Großhirnhemisphären sind klein, glatt und blaß unter der Hirnhaut, und der Teil des Schädeldaches, der sie bedeckt, ist winzig. Das weiter hinten gelegene Kleinhirn erscheint hingegen grau und voluminös, und der dazugehörige Schädelhöcker ragt stärker hervor. Zwischen den quer verlaufenden Furchen sind deutlich ausgeprägte Hirnwindungen zu erkennen (Abbildung 33).

Aufgabe des Kleinhirns ist es in erster Linie, der Schwerkraft entgegenzuwirken – ein Problem, vor dem Fische nicht stehen. Tauben, die nur mit geschältem und poliertem Reis gefüttert werden, können sich weder geradehalten noch aufrecht laufen. Ihrem Futter fehlt Thiamin (Vitamin B_1), das in den Schalen der

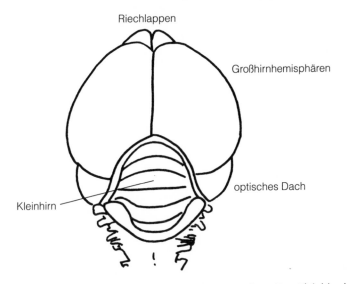

Riechlappen

Großhirnhemisphären

optisches Dach

Kleinhirn

33 Das Gehirn eines Vogels – von hinten gesehen. Das Kleinhirn ist hier bemerkenswert groß. Die Riechlappen hingegen sind verhältnismäßig klein ausgebildet.

Reiskörner reichlich vorkommt. Thiamin ist wiederum für die Ernährung der Neuronen, insbesondere der des Gehirns, unentbehrlich. Die Zeiten, in denen diese Vitaminmangelkrankheit mit dem singhalesischen Namen *Beriberi* auch bei Menschen auftrat, sind heute glücklicherweise vorbei.

Zum Fliegen genügt es nicht, sich der Schwerkraft widersetzen zu können und jederzeit seine Position im Raum zu kennen. Die Neuronen der Vögel müssen "sehen", "hören", kommunizieren und auf die empfangenen Informationen angemessen reagieren können. Das Seh- und Hörvermögen sowie der Gesang der Vögel waren Gegenstand verschiedener Untersuchungen, von denen im folgenden noch die Rede sein wird. Die Forschungen führten zu übereinstimmenden Ergebnissen.

Beginnen wir mit der Navigation und den jahreszeitlichen Vogelzügen. Hierfür müssen andere als die uns bislang bekannten Rezeptoren verantwortlich sein, eine andere Form des Lernens vielleicht und eine Art Gedächtnis, das mit der der Lachse, der Aale und der Schildkröten vergleichbar ist. Allerdings ist nichts über diesen "sechsten Sinn" bekannt, für den kein greifbares Organ zuständig zu sein scheint. Viele Vögel haben eine innere Uhr und einen inneren Kompaß, die sich jedoch nicht auffinden lassen. Die Wissenschaftler interessieren sich sehr für dieses Thema, und es gibt eine Vielzahl unterschiedlicher Hypothesen, von denen sich bis heute keine hieb- und stichfest beweisen ließ.

Die Navigation

Navigieren zu können bedeutet in erster Linie, die Fähigkeit zu besitzen, aus einer unbekannten Gegend in seinen ursprünglichen Lebensraum zurückzufinden. Brieftauben, die man mehrere hundert Kilometer entfernt vom heimischen Schlag aussetzt, kehren immer wieder nach Hause zurück. Sie umkreisen den Ort, an dem man sie freigelassen hat, und informieren sich offenbar über den Lauf der Sonne und deren Höhenänderung. (Nacht oder ein bedeckter Himmel verwirren sie.) Aus diesen Informationen "berechnen" sie, wann die Sonne an diesem Ort den Zenit erreichen wird, und schließen daraus auf ihre jeweilige geographische Breite (J. L. Gould, 1982). Wo befindet sich dieser Kompaß? Die Mönchsgrasmücke wandert nachts und soll über eine Art Sternenkompaß verfügen, das heißt, sich an der Position der Fixsterne orientieren. Wo ist dieses Astrolabium versteckt?

Das Magnetfeld der Erde mißt am Äquator etwa 0,24 Gauß (oder 24 000 Gamma) und nimmt zu den Polen hin pro Kilometer um etwa drei bis fünf Gamma zu; an den Polen selbst mißt es 62 000 Gamma. »Die Sonneneruptionen,« schreibt E. G. F.

Sauer, »die dazu führen, daß riesige Ionenmengen in die Luftströmungen gelangen, haben zur Folge, daß sich die Stärke des magnetischen Feldes unregelmäßig um bis zu 10 000 Gamma verändert. Diese Magnetstürme scheinen die Rückkehr der Vögel an ihren Ursprungsort zu stören. Kristalle aus Magnetit (Eisenoxid oder Magneteisenstein) finden sich in bestimmten Bakterien, im Hinterleib der Bienen, der Schmetterlinge, der Thunfische, der Schildkröten und in bestimmten Bereichen der Großhirnhemisphären von Tauben ...« Sauer zieht aus seiner Forschungsarbeit den Schluß: »Ich für meinen Teil bin der Ansicht, daß wir nunmehr fast alle Teile des Puzzles in Händen halten. Wir brauchen sie nur noch richtig zusammenzufügen.« (E. G. F. Sauer, 1961). Zuvor müssen wir uns allerdings noch mit dem Zugverhalten der Vögel beschäftigen.

Der Vogelzug

Der Zugtrieb ist angeboren – dies wurde auch Nils Holgersson ziemlich rasch klar. Der zum Zwerg gewordene Held aus Selma Lagerlöfs Kinderbuch hatte versucht, seine Gans am Hals zurückzuhalten, aber nicht verhindern können, daß sie sich den vorbeiziehenden Wildgänsen anschloß. So flog Nils, rittlings auf dem Rücken der Gans sitzend, mit und kehrte eines Tages nach Schweden zurück, um von seiner wunderbaren Reise zu erzählen. Innerhalb einer Art, ja sogar innerhalb einer Population, gibt es zugfreudige und seßhafte Vögel. Erfahrenen Reiseveranstaltern ist dieses Phänomen ebenso bekannt wie Genetikern: Die Kohlmeisen der Kapverdischen Inseln sind standorttreu, ihre deutschen Artgenossen sind es nicht. Bringt man die standorttreuen Formen per Flugzeug nach Deutschland und kreuzt sie mit ihren einheimischen Verwandten, entsteht eine erste Generation, die man erneut untereinander kreuzt. In der zweiten Generation ziehen über 80 Prozent der erwachsenen Vögel weg.

Begünstigt die Selektion hingegen die seßhafte Form, kehrt sich das Phänomen um: In kürzester Zeit verläßt kein einziger Vogel mehr die heimischen Gefilde. Auf diese Weise versucht man übrigens, die Störche im Elsaß seßhaft zu machen.

Sehen und Hören – zwei unentbehrliche Sinne

Vögel, die von Natur aus blind sind, gibt es nicht. Selbst die peruanischen Guacharos (*Steatornis caripensis*), eine Art Nachtschwalben, die kolonienweise in völlig dunklen Höhlen nisten, besitzen normale Augen, legen aber ein seltsames Verhalten an den Tag. Sie terrorisieren die Indios mit grauenerregenden Schreien, deren Echo ihnen den Weg zu ihren Nistplätzen zwischen den in absolute Dunkelheit getauchten Felswänden weisen soll. Es gibt auch keine tauben Vögel, da sie sonst ihre eigenen Kommunikationslaute nicht verstünden. Hören und Sehen stellen bei diesen Tieren den Fortbestand der Art sicher und dienen darüber hinaus der Navigation. Die übrigen Sinne spielen nur eine Nebenrolle oder fehlen ganz (Abbildung 34):

– Die Riechlappen sind kaum entwickelt. Mit Ausnahme der Sturmvögel und Albatrosse, die auf stinkende, aber noch genießbare Abfälle im Kielwasser der Schiffe lauern, und abgesehen von bestimmten Geiern, für die der Geruchssinn ein Trumpf bei der Suche nach Nahrung ist (und die angesichts einer Hirschkadaverattrappe keinen müden Flügel rühren), können Vögel quasi nicht riechen.
– Das Tempo, in dem die meisten Vögel ihre Nahrung hinunterschlingen, schließt praktisch aus, daß sie über einen normal ausgebildeten Geschmackssinn verfügen.
– Der Tastsinn schließlich scheint auf Beine, Schnabelhaut und Bereiche nahe der Federbälge beschränkt zu sein. In den Bei-

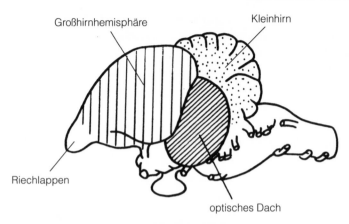

Großhirnhemisphäre

Kleinhirn

Riechlappen

optisches Dach

34 Das Gehirn der Felsentaube *Columba livia* – von der Seite gese-hen. (Nach *Hyman's Comparative Vertebrate Anatomy*. Hrsg. v. M. H. Wake. 3. Auflage. Chicago [University of Chicago Press] 1979. S. 733.)

nen liegen die Herbst-Körperchen (die den Vater-Pacini-Kör-perchen, den Drucksinnesorganen der Säuger, entsprechen) besonders dicht beieinander, was erklären könnte, warum Vögel ein drohendes Erdbeben schon sehr früh wahrnehmen und schon im Vorfeld die Flucht ergreifen.

Der Adlerblick

Ebenso wie Insekten, Fischen und Primaten ist es auch den Tag-vögeln vergönnt, die Welt in Farbe zu sehen. Auf ihren Netz-häuten wechseln farbempfindliche Zapfen mit farbunempfind-lichen Stäbchen, die das Dämmerungssehen ermöglichen. Die Bachstelze besitzt im Bereich des gelben Flecks über 120 000 Zapfen pro Quadratmillimeter, der Königsadler (dessen "Adler-blick" der französische Dichter Alfred de Vigny einst so rühmte) rund eine Million, der Mensch hingegen nur 10 000. Bei Mensch und Tier enthält die Sehgrube, die Stelle des schärfsten Sehens im gelben Fleck, ausschließlich Zapfen. Manche Vögel, wie Kolibris, Eisvögel und Schwalben, besitzen aber pro Auge nicht nur einen, sondern mehrere gelbe Flecke. Dies verwundert nicht, wenn wir näher betrachten, mit welcher Situation die Vogelaugen zurechtkommen müssen.

Wenn ein Vogel läuft, nickt er automatisch mit dem Kopf: Er nimmt den Kopf nach hinten, fixiert ein Objekt, nimmt den Kopf nach vorn und fixiert es erneut. Auf diese Weise werden kurzzeitig fixe Bilder auf den gelben Fleck projiziert, wodurch der Vogel seine Umwelt wesentlich genauer wahrzunehmen vermag, als wenn er seinen Kopf beim Laufen stillhalten würde.

Bei vielen Vögeln liegen die Augäpfel, die im Verhältnis zum Schädel sehr groß sind, seitlich am Kopf. Was hierdurch an binokularem Sehen (und damit an der Fähigkeit, dreidimensional wahrzunehmen und Entfernungen abzuschätzen) verlorengeht, wird durch die Weite des Gesichtsfeldes ausgeglichen: Eine Taube deckt mit ihrem Blick 300 Grad ab; der tote Winkel hinter dem Kopf beträgt nur 60 Grad.

Bei einer Taube bilden die Achsen der beiden Augen einen Winkel von 145 Grad. Bei Greifvögeln hingegen liegen die Augenhöhlen weiter vorn, und die Achsen verlaufen fast parallel. So sieht ein Kauz bei einem Winkel von 60 Grad binokular.

Das Sehvermögen der Nachtgreifvögel hat bis zum heutigen Tag zahlreiche Forscherteams beschäftigt. Sie untersuchten die Dicke der Ganglienzellschicht, die die Signale aus der Netzhaut sammelt, befaßten sich mit der Tatsache, daß sich ebendiese Netzhaut fast ausschließlich aus Stäbchen zusammensetzt, und versuchten, den immens großen Pupillen und den sehr kurzen Brennweiten auf den Grund zu gehen. Obgleich Eulen über ausgeklügelte Sehorgane verfügen, ist ein scharfes Gehör für sie dennoch überlebenswichtig.

Das Eulengehör

Die nachtjagende Schleiereule kann kleine Nager lokalisieren, indem sie sich an deren Quieken und an dem Geräusch orientiert, das sie erzeugen, wenn sie über Schnee oder Gras laufen (E. Knudsen, 1982). Besser als jedes andere Tier, dessen Hörfähigkeit im Labor untersucht wurde, vermag die Schleiereule Töne in der Horizontalebene (Azimut) und in der Senkrechten (Höhenlokalisation) zu orten. Wenn die Schleiereule in einem stockdunklen Versuchsraum auf eine Maus herabstößt, trifft sie ihr Ziel nicht nur ganz genau, sondern streckt die Fänge gleichzeitig parallel zur Körperachse ihrer Beute aus, selbst wenn diese sich bewegt.

Wo befindet sich das Organisationszentrum einer derart komplexen Reflexhandlung, die sich auf akustische Reize stützt? Wie wir bereits erwähnt haben, befinden sich unter dem optischen Dach des Mittelhirns ein rechtes und ein linkes Zentrum für visuell ausgelöste Reflexhandlungen. Bei Vögeln und Säugern birgt dieser Abschnitt des Mittelhirns sowohl Zentren für das Sehen wie für das Hören. Von oben betrachtet, bildet er eine regelmäßige geometrische Figur mit vier Erhebungen, weshalb man diesen Teil des Gehirns Vierhügelplatte nennt. Das vordere Hügelpaar enthält das linke beziehungsweise rechte Sehzentrum, das hintere Paar die beiden Hörzentren.

Zu welchen neuronalen Leistungen sind die hinteren Hügel fähig? Sie bringen es fertig, den zeitlichen Abstand, mit dem ein Laut (den beispielsweise ein Beutetier verursacht) zunächst auf das eine, dann auf das andere Ohr trifft, absolut präzise zu bestimmen und ihren Angriff perfekt darauf einzustellen (M. Konishi, 1973). Seien es die vibrationsempfindlichen Sinneszellen im Fuß eines Skorpions, die lichtempfindlichen Rezeptoren in der Netzhaut einer Kröte oder die geräuschempfindlichen Haarzellen im Ohr einer Schleiereule – sie alle nehmen mit den ihnen verfügbaren Mitteln eine Beute untrüglich wahr. Von ihrem

Kontrollturm aus analysiert und integriert die neuronale Schalt-
stelle die eingehende Information und gibt einen motorischen
Befehl. Dieser wird innerhalb von Millisekunden ausgeführt.
Was für ein Gehorsam!

Pfeifen, Zwitschern, Tirilieren

Vogelschreie können etwas mit Futter zu tun haben, mit dem
Wohlbefinden, dem Zusammenhalt der Gruppe oder der Kommunikation innerhalb der Gruppe:

– Nahrung: Wenn sich die Vogeleltern mit einem Wurm im
  Schnabel dem Nest nähern, schreien sich die Jungen mit Bettel-
  rufen die Kehlen heiser. Wenn eine Möwe Futter entdeckt,
  alarmiert sie lauthals ihre Artgenossen. Der Ruf ist einfach und
  kurz, ein oder zwei Töne, das ist alles. Hühner gackern beim
  Futterpicken und protestieren lautstark, wenn man sie dabei
  stört.
– Wohlbefinden und Gruppenzusammenhalt: Vogeljunge
  tschilpen zufrieden, wenn sie sich unter die Fittiche der Eltern
  kuscheln. Und alljährlich zum Altweibersommer versammeln
  sich Zehntausende von Gänsen unter lautem Zurufen am Kap
  Tourmente hoch über dem nordamerikanischen Sankt-Lo-
  renz-Strom, um sich gemeinsam in den warmen Süden aufzu-
  machen.
– Kommunikation: Vor allem der laute, anhaltende Warnruf
  vor einem mutmaßlichen Feind wird von Vögeln aller Arten
  verstanden. Dieser Ruf wird manchmal an Flughäfen simu-
  liert und über Lautsprecher verbreitet, um Stare fernzuhalten.

Alle Vögel geben Laute von sich, doch es gibt nur wenige, die
singen. Das sind die Singvögel oder Oscines, wie die Ornitholo-

gen sie nennen. Diese Tiere verfügen über ein eigentümliches Organ, die Syrinx (griechisch "Panflöte"). Es befindet sich dort, wo sich die Luftröhre in die beiden Hauptbronchien gabelt. Die Bronchienwände bilden dort dünne, schwingungsfähige Membranen, die mittels eines komplexen Muskelsystems gespannt werden. Für die Innervation der Muskeln sorgt der XII. Hirnnerv, der Nervus Hypoglossus oder Zungenmuskelnerv. Ein Luftsack (eine Art Dudelsack), der den Schlüsselbeinen anliegt, verstärkt und moduliert die erzeugten Töne. Wird dieser Luftsack zerstört, kann der Vogel nicht mehr singen.

Eine gute Sopranistin vermag Töne bis zu einer Höhe von etwa 1500 Hertz zu erzeugen. Bei dieser Frequenz fangen Singvögel erst an. Die Töne können in atemberaubendem Tempo aufeinanderfolgen: Der Buchfink *Melospiza melodia* läßt durchschnittlich 16 Töne pro Sekunde erklingen. Die Drossel *Hylocicla mustelina* ist in der Lage, zweihundertmal pro Sekunde die Frequenz zu wechseln. Olivier Messiaen hat solche Laute jahrzehntelang technisch sehr genau untersucht und sich der Frage gewidmet, inwieweit sie sich im Klavierspiel umsetzen lassen (insbesondere in seinem *Catalogue des oiseaux*, den er von 1956 bis 1958 komponierte). Messiaen schlug überdies eine Notenschrift vor, in der sogar Achteltonschritte Verwendung finden.

Der Vogelgesang stützt sich auf ganz besondere Nervenstrukturen und Schaltkreise im Gehirn, die erst seit relativ kurzer Zeit bekannt sind. Wissenschaftler von der New Yorker Rockefeller-Universität identifizierten einen Komplex von Hirnabschnitten, die die Lauterzeugung steuern (N. S. Clayton, 1991). Die Hirnhemisphären eines Kanarienvogels (*Serinus canaria*) weisen weder Windungen noch Rinde auf, bestehen jedoch gänzlich aus einer grauen Substanz, die gestreift aussieht und daher den lateinischen Namen Striatum trägt (Abbildung 35). Wie beim Kleinhirn, so haben sich auch hier im Laufe großer Zeiträume neue Nervenzellschichten gebildet und übereinandergelagert. Auf

117

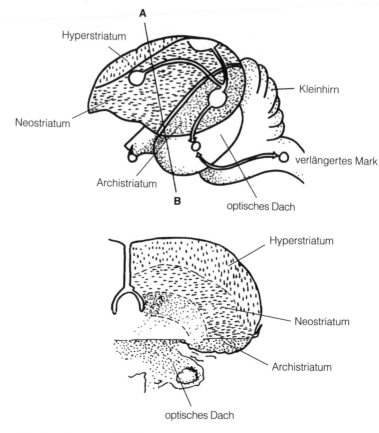

35 Der Gesangsschaltkreis eines Singvogels. Die untere Abbildung zeigt einen Transversalschnitt durch die Ebene AB der oberen Abbildung.

diese Weise entstand das sehr tief liegende Archistriatum, das vom Neostriatum bedeckt wird. Ganz außen folgt das Hyperstriatum, das es nur in dieser Tierklasse gibt. Die Hirnkammern sind sehr klein.

Die neuroanatomische Untersuchung führte zu folgender Be-

schreibung des Gesangsschaltkreises (Abbildung 35): Vom Innenohr (das keine eingerollte Schnecke bildet, sondern eine einfache Tasche, die jedoch viel ausgedehnter ist als bei den Reptilien) führen die Hörbahnen zum Relaiskern im hinteren Hügelpaar des Mittelhirns. Der Relaiskern schaltet sie um

— auf die Kerne des Archistriatums und des Neostriatums, wo
   die empfangenen akustischen Informationen gespeichert werden, was wiederum assoziative Prozesse und damit Lernen ermöglicht;
— auf die Kerne des Hyperstriatums, die die entsprechenden motorischen Befehle über den linken und rechten Nervus hypoglossus zu den Muskeln der Syrinx weiterleiten.

Diese Strukturen sind um so stärker entwickelt, je besser ein Vogel singen oder sprechen kann (unter Berücksichtigung aller
Größenunterschiede wiegt das Gehirn eines Papageis oder Beos
immerhin achtmal mehr als das eines Huhns). Die vielen Neuronen, die vorhanden sein müssen, damit ein Gedächtnis entsteht,
haben ihr Gewicht. Wissenschaftler injizierten jungen männlichen Tauben radioaktiv markiertes Thymidin zusammen mit
einem fluoreszierenden Marker: Sie stellten fest, daß die Neuronen, die sich zu dieser Zeit teilten, im Hyperstriatum lagen
(K. W. Nordeen & E. J. Nordeen, 1988). Französische Forscher
(E. Balaban et al., 1988) wandten die Methode, mit der sie die
Neuralleiste untersucht hatten, auf den Gesang der Vögel an:
Hierzu entfernten sie bei einem Hühnerembryo (beziehungsweise einem Wachtelembryo) das Endhirndach und pflanzten es
einem Wachtelembryo (beziehungsweise einem Hühnerembryo) ein. Von den geschlüpften Küken zeichneten sie die Laute
auf. Die Sonogramme der Wachteljungen entsprachen dem Pie-
pen von Hühnerküken. Die Hühnerküken indes gaben (in den
ersten zehn Lebenstagen) den langgezogenen Ruf der Wachtel-

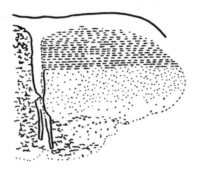

▦ Spenderzellen in der Mehrzahl

▦ gleiche Zahl von Wirts- und Spenderzellen

▦ Spenderzellen in der Minderzahl

36 Hühnerzellen in Wachtelhirnen und Wachtelzellen in Hühner-hirnen. Das Experiment von Nicole Le Douarin und Mitarbeitern wird im Text näher beschrieben. (Nach E. Balaban et al., *Science* 241 [1988]. S. 1340.)

jungen von sich. Als man die Gehirne der transplantierten Tiere unter dem Mikroskop untersuchte, zeigte sich, daß Wirts- und Spenderzellen im Hyperstriatum gleich häufig vorkamen (Abbildung 36).

Lernen und musikalisches Talent

Von Ausnahmen wie den Kampfwachteln abgesehen, sind nur die Männchen der Singvögel in der Lage, einen langen komplexen Gesang anzustimmen; die Weibchen hingegen können nur einfache kurze Töne von sich geben. Spritzt man einem Weibchen männliches Hormon, so wird dieses singfähig; ein kastrierter männlicher Jungvogel dagegen bleibt sein Leben lang stumm. Makabrerweise erzielte man noch im 18. Jahrhundert beim Menschen entgegengesetzte Ergebnisse: Der beste Beweis dafür war der italienische Sänger Farinelli (1705 bis 1782), jener »Sänger der Könige« am spanischen Hof, der durch einen Eingriff in einen Kastraten verwandelt wurde, was mit den heute geltenden Menschenrechten unvereinbar ist.

Bei normal entwickelten Männchen sind die Zellkerne und -verbände des Striatums, die am Gesang beteiligt sind, dreimal so groß wie die des Weibchens. Testosteron, das von den Hoden abgesonderte männliche Geschlechtshormon, spielt offenbar eine wesentliche Rolle bei der Reifung dieser Kerne und Zellansammlungen. Diese müssen natürlich erst einmal vorhanden sein. Es gibt sie nur bei den Singvögeln, bei denen jede Art eine eigene Grundmelodie beherrscht. Um diese Grundmelodie zu erweitern, bedarf es eines Lernvorgangs. Dies ist ein schönes Beispiel dafür, wie sich angeborene und erworbene Fähigkeiten ergänzen: Zieht man ein Vogeljunges in akustischer Isolation von älteren Artgenossen auf, entwickelt sich sein Gesangsrepertoire nicht weiter. Normalerweise ist der Vater der erste Lehrer des Küken, doch kann jedes erwachsene Männchen die Rolle des sozialen Vorbilds übernehmen. Dies schließt nicht aus, daß der Schüler lernt, Rudimente einer fremden Musik zu verwenden oder einen lokalen Dialekt zu benutzen, der von Population zu Population variiert. In Flandern ließen einst die Besitzer von Singvögeln ihre Tiere an Sängerwettstreiten teilnehmen. Und grausamerweise sollen jene Nachtigallen am süßesten geklungen haben, denen man die Augen ausgebrannt hatte. Die Paare der afrikanischen Würgerart *Lanius aethiopus* singen im Duett: Das Männchen singt einen Teil (oder Teile) der Strophe im antiphonischen Wechsel mit seiner Partnerin. Ihr Gesang harmoniert so vollkommen, daß es unmöglich ist zu erkennen, daß es sich um zwei Vögel handelt, die dieselbe Melodie singen.

Nach dem Schlüpfen bleiben einem Singvogel etwas mehr als 40 Tage Zeit, um seinen Gesang zu erlernen. Danach ist es zu spät. In dieser Phase des Lernens bilden sich zahlreiche neue Neuronen. Der Lernprozeß gliedert sich in zwei Etappen: in eine sensorische Phase, in der sich der Vogel den Gesang anderer Vögel einprägt, und in eine motorische Phase, in der das junge Männchen sein eigenes Programm entwickelt, wobei es Angeborenes mit dem Gehörten harmonisch verbindet und der Melodie noch den letzten Schliff verleiht. Kurz und gut, es gibt hier Theorie und Praxis. Der Vogel arbeitet aber nicht nur musikalische Wahrnehmungen in sein Verhaltensrepertoire ein, sondern beispielsweise auch visuelle Signale, die er mit ganz bestimmten Gefahren und sofortiger Flucht verknüpft: *Corvus*, der Rabe, der listiger ist, als der Fabeldichter meint, vermag sehr wohl einen harmlosen Wanderer mit Spazierstock von einem ihm übelwollenden Jäger zu unterscheiden, der ein Gewehr bei sich trägt.

Verführung mit allen Mitteln

Auch wenn sich Vögel nur einmal pro Jahr fortpflanzen, nimmt die Sexualität dennoch einen großen Teil ihres Lebens ein. Das Ritual der Handlungssequenzen, an deren Ende die eigentliche Paarung steht, ist äußerst komplex. Für die Stockente hat Konrad Lorenz 16 aufeinanderfolgende Szenen beschrieben, die dem Geschlechtsakt vorangehen (K. Lorenz, 1992).

Für das Vogelmännchen beginnt alles damit, daß es sein Revier markiert – es droht, schreit, singt (falls es ein Singvogel ist) und kämpft erforderlichenfalls mit seinesgleichen, um rivalisierende Männchen aus seinem Revier zu verscheuchen. In dieser Zeit treiben sich die Weibchen in einiger Entfernung ohne offensichtliches Ziel herum. Der Geruchssinn spielt bei der Partnersuche überhaupt keine Rolle; hierzu benutzen Vögel Augen und

Ohren. Allmählich knüpfen Männchen und Weibchen zarte Bande, die oftmals immer fester werden: Sie bauen ein Nest, bebrüten die Eier, füttern ihre Jungen. Die Zweisamkeit hält meistens mindestens eine Saison lang.

Bei der Balz möchte das Männchen sich so prachtvoll wie möglich darstellen und setzt dazu alle verfügbaren Mittel ein – entweder eins nach dem anderen oder alle auf einmal: leuchtendes Gefieder, ansprechend gefärbter Hals, ästhetisches Bemühen um ein hübsches Nest, sinnliche Stimme. Vogelarten, die nicht so viele Vorzüge gleichzeitig geltend machen können, bringen spezielle Trümpfe ins Spiel. Das unscheinbar gefiederte Grasmückenmännchen etwa legt all seinen Charme in die Melodie seines Gesangs. Der Schrei des Pfaues ist zwar penetrant, doch welchen Genuß bietet der majestätische Vogel dem Auge, wenn er sein Rad schlägt (und dem Ohr, wenn er mit dem Rad raschelt)!

Die Vogelweibchen mimen zunächst Gleichgültigkeit; wenn sie sich dann aber doch am Spiel beteiligen, spricht man von einer Balzkette: Brust an Brust stehen sich die Baßtölpelpärchen gegenüber, spreizen immer wieder die Flügel und legen sie wieder an. Sie recken die Hälse in die Höhe und kreuzen ihre Schnäbel wie Schwerter. Am Ende der Balz verneigen sich die Partner voreinander und schlingen ihre Hälse umeinander. Die Pinguine richten sich auf ihren Beinen auf und verbeugen sich anschließend tief in japanischer Manier. Die Albatrosse tanzen: Sie stellen sich einander gegenüber auf, begrüßen sich, drehen sich zunächst auf der Stelle, dann umeinander, so wie es die braven Pärchen an einem Feiertag im Saloon unter den spöttischen Blicken von Lucky Luke, dem *Lonesome Cowboy*, tun würden. Das Männchen der Schneeammer fliegt in luftige Höhen und überschlägt sich dann mehrmals vor den Augen der Angebeteten, um nacheinander beide Seiten seiner schwarz und weiß gefärbten Flügel zur Schau zu stellen.

Die Vorstellung, daß diese Balzverhaltensweisen durch absolut zuverlässig arbeitende neuronale und hormonale Werkzeuge zustande kommen, die sich vor zig Millionen von Jahren entwickelten und seit dieser Zeit zur allgemeinen Zufriedenheit funktionieren, ist schon beeindruckend.

Was soll man mehr bewundern? Diesen Automatismus oder die folgenden Zeilen aus dem Jahr 1963, die der französische Lyriker und Nobelpreisträger Saint-John Perse den Vögeln widmete: »Er haust nicht mehr, versteinert, in Bernstein- oder Kohleblöcken. Er lebt, er schwebt, verzehrt sich, bricht mit seiner Seele Kraft der Schwerkraft Macht. Löst der Akkord sich auf, so sucht nicht Ort, nicht Alter seiner Herkunft.«

Die Krone des Stammbaums

Beinähe hätte man sie Pilifera, "Haarträger", getauft, denn alle – oder zumindest so gut wie alle – tragen ein Fell. Exotische Ausnahmen sind das Panzergürteltier und das Schuppentier, deren Körper vollständig mit langen, dachziegelartig angeordneten Hornplatten beziehungsweise Schuppen bedeckt ist. Da aber eben nicht alle Tiere aus dieser Klasse ein Fell besitzen, fahndeten die Systematiker nach einem anderen, unbestrittenen gemeinsamen Nenner. Da gab es die Zitzen. Nur Mitglieder der zu benennenden Tierklasse säugen ihre Jungen. Außerdem sind sie die einzigen Wesen, die schwitzen. Die Existenz von Milch- und Schweißdrüsen bildete schließlich das Kriterium, aufgrund dessen man Tiere dieser Klasse zurechnete. Haartiere mit Schweiß- und Milchdrüsen nannte man fortan Säugetiere, Mammalia.

Fossile Reste der ersten Säuger findet man vereinzelt in Ablagerungen aus dem Jura und der Kreidezeit, also aus Zeiten, da die Dinosaurier noch die Erde beherrschten, bevor sie auf immer verschwanden. Ein komplettes Säugetierfossil aus jener Zeit paßt, so heißt es, in einen Hut. Die Säuger jener Zeit waren klein, höchstens so groß wie eine Katze. Vermutlich waren es äußerst vorsichtige Tiere, die in Wäldern und Dickichten Unterschlupf suchten. Sie fraßen Fleisch und machten vorzugsweise nachts Jagd auf Würmer und Insekten.

Von den Ursäugetieren stammen alle anderen Säugetiere ab, Fleischfresser und Pflanzenfresser, flinke Läufer, Baumbewohner und Graber, Meeres- und Landbewohner, die in fast allen Weltmeeren und auf sämtlichen Kontinenten beheimatet sind. Die Nervenstrukturen, die aus denen bestimmter Reptilien entstanden und sich später beträchtlich weiterentwickelten, sind in den letzten 60 Millionen Jahren bei allen Säugetieren so ziemlich die gleichen geblieben. Hie und da kam es zu diskreten Veränderungen (insbesondere beim Geruchssinn und beim Gehör) und zu Verbesserungen, die bis dato unbekannte Leistungen ermöglichten; die präfrontalen Rindenfelder bilden hierbei die modernsten Errungenschaften.

Das limbische System – Straße der Gefühle und Erinnerungen

Schon Reptilien können, wie wir festgestellt haben, träumen. Bei einigen von ihnen läßt sich tief unten, an der medialen Fläche der Großhirnhemisphären, ein Stückchen "hippocampaler" Rinde nachweisen, das sich im Laufe der Evolution in Richtung Hirnbasis bewegt hat. Um 1880 untersuchte Sigmund Freud in Wien unter dem Einfluß des österreichischen Physiologen Ernst Wilhelm von Brücke krankhaft verändertes Nervengewebe. »Er glaubte sicherlich nicht, daß er sich jemals für andere Dinge interessieren würde als für jene Mittel und Methoden, mit denen sich Gehirn und Nervensystem erforschen ließen, noch daß er sich jemals von den strengen wissenschaftlichen Grundsätzen lösen würde, die in seiner nächsten Umgebung galten. Freud hatte, bevor er Freud wurde, seinen Werdegang in einem Bereich begonnen, der in krassestem Gegensatz zu dem stand, was ihn später berühmt machte.« (M. Robert, 1990)

Ein Gegensatz? Eigentlich gar nicht mal so sehr: "das Unbewußte", "Halluzinationen", "geistige Energie", "Erregungszustand", "Affekt" – diese und viele andere Wortneuschöpfungen, die aus seiner Feder flossen, drehen sich im Kern um das limbische System, das er jahrelang unter allen möglichen Blickwinkeln studiert hatte, ohne allerdings auf die Idee zu kommen, daß sich hier Struktur und Funktion miteinander verknüpfen ließen. Verpaßte Gelegenheiten! Damals hielt man jedoch nicht allzuviel von Synthese. Heute ist man ihr eher zugeneigt: »Das limbische System birgt noch viele Geheimnisse, doch kann man seine Rolle generell mit der des Unbewußten nach Freudscher Definition in Verbindung bringen. Diese tiefliegenden Strukturen des Gehirns wandeln die objektive Welt der sensorischen Informationen und der Vernunft in eine subjektive Welt der Erfahrung um. Sie verknüpfen Denken und Wahrnehmung und pfropfen der Wirklichkeit affektive Vorurteile und erworbene Meinungen auf, *wobei sie die Handlungen nach dem Lustprinzip steuern*« (C. Rayner, 1976).

J. W. Papez beschrieb 1937 ein System von Nervenbahnen, das nach ihm als Papez-Leitungsbogen benannt, später jedoch von anderer Seite als Lust-Schaltkreis bezeichnet wurde. Der letzte Begriff ist viel treffender als der, den Papez ihm ursprünglich gegeben hatte, nämlich "hippocampo-mamillo-thalamo-cingulärer Leitungsbogen" (Cyrano de Bergerac läßt grüßen!). Die graphische Skizze des Gesamtkomplexes (Abbildung 37) erweckt den Eindruck eines surrealistischen Gebildes, das von einem Baldachin überdacht ist und auf einem Podest, dem Hypothalamus (wörtlich "unter dem Bett"), steht.

Die Namen der Bausteine des limbischen Systems verraten schon ihre Form. Lassen Sie sich im folgenden von jemandem leiten, der Lateinisch und gegebenenfalls auch Altgriechisch versteht (die Fachsprache der Anatomen ist eine der letzten, die unter Medizinern noch universal gültig ist). Nehmen Sie das Gehirn eines Säugetieres. Durchtrennen Sie das dicke Nervenfaserbündel, das die beiden Hemisphären verbindet. Betasten Sie die in der Tiefe liegende Innenfläche, die jetzt zutage tritt: Sie springt vor (das ist der *limbus*, lateinisch für "Rand" oder "Saum") und fühlt sich fest an. (Über den Balken, das Corpus callosum, das Sie soeben durchschnitten haben, ziehen die meisten Nervenfasern, die zwischen den Großhirnhälften Informationen austauschen.) Dies gilt für alle Säugetiere bis auf die Beuteltiere, die keinen Balken besitzen. Für diese Besonderheit gibt es bislang keine Erklärung. Man weiß lediglich, daß Menschen, denen der Balken von Geburt an teilweise oder völlig fehlt, im allgemeinen (aber nicht immer) unterdurchschnittliche Intelligenz und gewisse kognitive Leistungsdefekte aufweisen.)

Den gesamten limbischen Komplex scheint ein "Gewölbe" (Fornix) zu stützen. Ein "Gürtel" (Cingulum) umgibt ihn, und eine "Scheidewand" (Septum) teilt ihn in eine linke und eine rechte Hälfte. Die dicken Säulen des Gewölbes verjüngen sich und enden schließlich in zwei halbkreisförmigen Auftreibungen, die den vielsagenden Namen Mamillarkörper (Corpora mamillaria; von lateinisch *mamilla*, "kleine Brustwarze") tragen. Noch ein Element fehlt, damit sich der Kreis schließt: der Mandelkern (die Amygdala), der die Verbindung zum Ammonshorn oder Hippocampus herstellt (dem "Seepferdchen", ursprünglich ein Fabelwesen, halb Pferd, halb Fisch, aus der dorischen Sagenwelt).

Welche Funktionen die einzelnen Strukturen ausüben, werden wir später noch besprechen. Zunächst einmal machen sich

Histologen und Neurophysiologen daran, diesen kunstvoll konzipierten Komplex zu zerlegen. Erstere fertigen und färben Gewebeschnitte an, die sie dann in allen Einzelheiten unter dem Mikroskop untersuchen, wobei sie den verschlungenen Pfaden der neuronalen Schaltkreise und Relaiskerne aufmerksam folgen. Die Neurophysiologen zerstören, mit Skalpell oder Laser bewaffnet, dieses oder jenes Zentrum bei Ratte, Kaninchen, Katze oder Affe beziehungsweise versuchen beflissentlich, dort stimulierende Elektroden einzusetzen. Neurowissenschaftler bedienen sich dieser Tiere und Methoden, um die Erforschung auch des menschlichen Geistes voranzutreiben. Von ihrer Tätigkeit und Kreativität hängt ab, ob wir neue Erkenntnisse über den Sitz der Gefühle und Erinnerungen gewinnen.

Das ehemalige Riechhirn

Früher bezeichnete man das limbische System als Riechhirn, da es bei stammesgeschichtlich älteren Wirbeltieren für die Verarbeitung der Geruchsinformation (die den Weg über die Riechkolben nimmt) zuständig ist. So zum Beispiel bei den Lachsen: Kein Mensch, nicht einmal ein Parfümeur, kann sich mit diesem Tier messen, das sein Heimatgewässer am Geruch erkennt. Die erste dünne, substanzarme Hirnrinde entstand in der Umgebung der Nasenlöcher der Fische. Bei einfachen Säugern besteht sie dort immer noch aus nur drei Zellschichten, während die Großhirnrinde aus sechs Schichten aufgebaut ist. Hunde und Fischotter besitzen dennoch einen sehr stark ausgeprägten Geruchssinn, weshalb man diese Tiere Makrosmaten (von griechisch *makro*, "groß", und *osme*, "Geruch") oder Nasentiere nennt. Primaten leisten auf diesem Sinnesgebiet nur Bescheidenes, weshalb sie als Mikrosmaten (manchmal auch als Augentiere) bezeichnet werden. Bei den meisten Vögeln ist der Geruchssinn verlorengegangen. Gutes Riechvermögen oder nicht – die Geburt des Riechhirns bleibt ein großes historisches Ereignis in der Evolution der Wirbeltiere.

Heutzutage ist das Riechhirn immer noch Teil des limbischen Systems der Säugetiere, hat jedoch an Bedeutung verloren. Vom "Riechlappen" ist es zur "Riechbahn" degradiert worden; diese beginnt mit dem linken und rechten Riechkolben, die durch Riechbündel und Riechstreifen mit dem limbischen System und dem Teil der Hirnrinde verbunden sind, der Gerüche wahrnimmt und verarbeitet.

Stimmung und Affektivität

Seelisch ausgeglichen zu sein bedeutet, sich von extremen Zuständen unbehelligt zu fühlen, wie etwa unbeherrschter Aggressivität oder einer Lebensverneinung, die auf Dauer gar zum Tode führen kann. Euphorische Erregtheit ohne erkennbaren Grund oder eine Apathie, die das Handeln und die geistige Aktivität blockiert, sind psychische Alarmzeichen.

Das *Septum* und die Septalregion (Abbildung 37) spielen bei der Aggressivität eine Rolle: Patienten mit Verletzungen des Septums legen episodisch ein "Wutverhalten" an den Tag, das stereotyp abläuft. Reizt man beim Versuchstier diese Struktur oder andere, die nachweislich mit dem Septum verbunden sind, so löst dies hingegen – wie man seit Papez sagt – ein "Lustverhalten" aus. Jene Ratten, denen James Olds 1953 Elektroden septumnah implantierte, lernten rasch, sich selbst zu stimulieren, indem sie mit der Pfote auf einen Hebel drückten, der einen leichten elektrischen Strom auslöste. Seitdem wurden ein Schaltkreis für "Belohnung" und sein Pendant, ein Schaltkreis für "Bestrafung", beschrieben. Erzeugt man bei Tieren zu Beginn einer Versuchsreihe Angst vor Strafe, so unterdrücken sie in der Folge das Verhalten, das die Bestrafung hervorgerufen hat.

Der *Hypothalamus* (siehe Seite 102) gehört zum Zwischen-

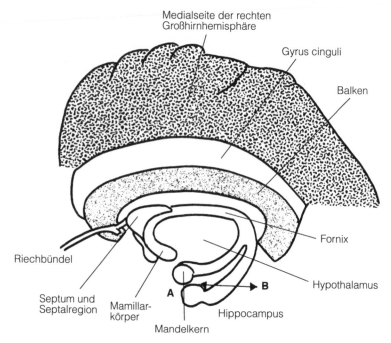

37 Das limbische System.

hirn, steht jedoch in direkter Verbindung zum limbischen System. Bekanntlich erzeugt er Motivationen, die zu bestimmten Verhaltensformen führen: zum Fressen, Trinken, sich Aufwärmen, sich Abkühlen, Paaren. Das limbische System verleiht dem Säugerhirn eine Bandbreite von Gefühlen, wie sie dem Zwischenhirn der Eidechse oder dem Hirnstamm der Fische nicht vergönnt ist. Auf seine Anregung hin legt der Säuger unterschiedliche Verhaltensweisen an den Tag: Er nähert sich an, spielt, sucht, kämpft, flieht oder verhält sich aggressiv. Die Aggressivität tritt nicht mehr ausschließlich in verzweifelten Situationen auf, sondern auch beim Raubverhalten und völlig unabhängig von Hunger oder Durst. Der Geschlechtstrieb untersteht nicht mehr allein dem Diktat von Hormonen oder Mondphasen, und sexuelle Hemmungen (zum Beispiel gegenüber Inzest) treten auf den Plan. Darüber hinaus beeinflußt das limbische System die Wahl des Partners, den Ort der Paarung und trägt in zunehmendem Maße dazu bei, den Wunsch nach Sex zu beherrschen.

Der *Gyrus cinguli.* Anatomisch betrachtet ist ein Gyrus eine Hirnwindung (von griechisch *gyros*, "Kreis", "Windung"). *Cingulum* bedeutet, wie wir bereits erwähnt haben, "Gürtel". Diese Struktur, die im übrigen mit Großhirnrinde überzogen ist, läßt sich in Abbildung 37 deutlich erkennen. Sie umgibt teilweise den darunterliegenden Rest des limbischen Systems.

Die Rinde des Gyrus cinguli ist sehr stark an Gefühlsprozessen beteiligt: Zum einen ist sie mit allen Rindenbereichen verbunden, die Informationen über sensorische Reize (des Riechens, Sehens, Geschmacks, Gehörs und der Berührung) empfangen, und zum anderen mit dem Hypothalamus. Stimuliert man die Rinde des Gyrus cinguli während einer Hirnoperation, so werden Puls und Atmung schneller; arterieller Blutdruck und Körpertemperatur steigen. Bei Tieren lassen sich auf diese Weise Verhaltensweisen beeinflussen, die mit der Befriedigung von Grundbedürfnissen in Zusammenhang stehen, etwa mit Nahrungsaufnahme, Verdauung und Fortpflanzung. Bei einigen Patienten ließ sich eine Form krankhafter Aggressivität dadurch unterdrücken, daß man diese Hirnregion operativ entfernte. Bei anderen wiederum linderte dieser Eingriff quälende Schmerzen, die bis dahin jeder medikamentösen Therapie widerstanden hatten. Offensichtlich vermag die Entfernung des Gyrus cinguli, die sogenannte Cingulektomie, Gefühlsreaktionen zu beeinflussen. Der Gyrus cinguli ist schließlich auch eine der Hauptstationen des Papez-Leitungsbogens und daher ebenfalls für Phänomene wie Gedächtnis, Lust und Unlust von Bedeutung.

Lernen und Gedächtnis

Die *Mandelkerne* (Abbildung 37). Zerstört man die Mandelkerne vollständig, so beeinträchtigt dies das Lernen durch Belohnung und Bestrafung (das operante Konditionieren) in hohem Maße. Sind sie nur teilweise geschädigt, so zeigt sich, daß jeder Mandelkern erregende und hemmende Schaltkreise birgt. Reizt man die ersteren bei Kaninchen, so ruft dies einen wirren Unruhezustand hervor. Zerstört man sie, hat dies den gegenteiligen Effekt: Das Tier rührt sich nicht mehr, frißt und trinkt nicht mehr und geht schließlich ein.

Die *Mamillarkörper* (Abbildung 37) sind unverzichtbar, wenn es darum geht, vor kurzem Erlebtes ins Gedächtnis aufzunehmen und dort zu speichern. Bei chronischen Alkoholikern entwickelt sich zuweilen eine Polyneuropathie, die auf einem Mangel an Vitaminen, insbesondere des B-Komplexes, beruht. In der Folge gehen die Mamillarkörper unter Einblutungen zugrunde. Das Krankheitsbild verrät sich immer auf die gleiche Weise: Die Patienten haben Schwierigkeiten, sich Dinge zu merken und sich zu konzentrieren. Erstmals diagnostiziert und beschrieben wurden diese Symptome 1889 von dem russischen Psychiater und Neurologen Sergei Korsakow, nach dem das Syndrom dann auch benannt wurde. Die Fachleute sprechen von einer "anterograden Amnesie": Das Langzeitgedächtnis, insbesondere die Erinnerung an Wissen und Erlerntes aus Beruf und Schule, bleibt erhalten. Erstaunlicherweise ist das logische Denken intakt, und Korsakow fielen bereits damals die erstaunlichen Fähigkeiten eines Damespielers auf, der eine Partie gewinnen konnte und sie gleich darauf wieder vergaß. Ohne Zeitgefühl und in dem Glauben, jünger zu sein, als er ist, schrumpft die durchlebte Zeit für den Korsakowkranken weiter zusammen. Er füllt sie mit häufigen Mahlzeiten an, die seinen Tagesablauf straffen. Konfabulierend (daß heißt mit erfundenen Geschichten seine Gedächtnislücken füllend) und in euphorischer Stimmung wirft er sich Fremden in die Arme, die er zu erkennen glaubt, während er seine nächsten Verwandten und Bekannten einfach übersieht. Das seltsame Phänomen des "falschen Wiedererkennens" ist typisch für das Korsakow-Syndrom.

Die *Hippocampusformation*. Sie ist Teil des Schläfenlappens, dessen Innenseite und Boden sie einnimmt. Im Laufe der Evolution von den Reptilien zu den Säugern wurde sie nach und nach dorthin verdrängt. Dieses Zusammenpressen erklärt ihre doppelt geschwungene S-Form, von der sie wiederum ihren Namen hat: Hippocampus, "Seepferdchen". Das Zusammenpressen trägt auch der Komplexität dieser Formation Rechnung, die sich auf einem Querschnitt unschwer erkennen läßt. Im Zentrum der Formation ruht der Hippocampus, das Ammonshorn, dessen Felder in Abbildung 38 die Abkürzungen CA_1 bis CA_4 tragen. Auch hier griffen die Anatomen, als sie einen Namen suchten, auf die Sagenwelt zurück, diesmal auf die der alten Ägypter: Der Gott Ammon (Amon oder Amun) wurde in der Blütezeit Karnaks als widderköpfiger Mann mit eingerollten Hörnern dargestellt. Später hielten die Griechen ihn für Zeus persönlich.

Die Nervenfasern, die von der Hippocampusformation ausgehen, laufen in einem dichten Strang, der Fimbria ("Franse") zusammen, die zum Fornix ("Gewölbe") wird, sobald sie sich vom Innenrand des Hippocampus gelöst hat. Der Fornix besteht beim Menschen aus 1 200 000 und beim Schimpansen aus 500 000 Nervenfasern. Rechter und linker Fornix wölben sich nach oben und hin zum Balken (Corpus callosum), mit dem sie einige Fasern austauschen (über das Psalterion, abgeleitet vom griechischen Wort für "Zupfinstrument"). Danach vereinigen sie sich zu einem einzigen Faserbündel, das von hinten nach vorn unter dem Balken verläuft und danach von oben nach unten. Schließlich teilen sie sich erneut und enden an den Kernen des Septums, den Mamillarkörpern und dem Hypothalamus.

Die *Rinde des Gyrus cinguli*. Der sogenannte cinguläre Cortex steht über Assoziationsfasern mit dem gesamten Cortex in enger Verbindung. Der Hippocampus wiederum ist mit dem Hypothalamus verbunden. Beides legt den Schluß nahe, daß die Hippocampusformation (die ja die Gedächtnisspuren oder Engramme speichert und konsolidiert) permanent den Fluß aller möglichen Wahrnehmungen mit dem Erlebten, das heißt den bereits gespeicherten Erinnerungen, vergleicht. Aus Mißerfolgen zieht die Hippocampusformation ihre Schlüsse, indem sie sich auf vergangene Erfahrungen bezieht. So ermöglicht sie dem Organismus, sein Verhalten zu optimieren beziehungsweise neu anzupassen. Darüber hinaus kann sie feststellen, ob es sich um einen neuen oder schon bekannten Reiz handelt.

Aus der Flut von Informationen, die den Hippocampus unab-

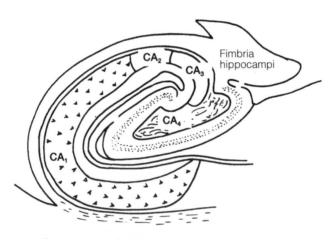

38 Der Hippocampus des Menschen. Der Verlauf der Schnittebene ist in Abbildung 37 (A ↔ B) angegeben. Die Fimbria hippocampi, die "Hippocampusfranse", ist ein weißer Faserstrang, der auf dem Hippocampus liegt. (Vereinfacht nach H. M. Duvernoy: *The Human Hippocampus – an Atlas of Applied Anatomy*. München [J. F. Bergmann Verlag] 1988.)

lässig überschwemmen, differenziert er pausenlos zwischen Mitteilungen, die bekannt und banal sind, und solchen, die unbekannt, einzigartig oder sogar beunruhigend sind; er entscheidet darüber, welche Informationen womöglich emotional von Bedeutung sind und an welche man sich gewöhnen (habituieren) kann. Die Bürgermeister der Städte sind stolz darauf, auf den wichtigen Hauptverkehrsadern eine Grüne Welle eingerichtet zu haben. Wenn Sie diese Straßen mit 50 Stundenkilometern befahren, können Sie mehrere Dutzend Straßenkreuzungen bei Grün überqueren, ohne einmal auf die Bremse treten zu müssen. Stellen Sie sich vor, es passiert ein Verkehrsunfall oder eine Ampel funktioniert nicht richtig. Wenn Sie des Nachts unterwegs und vielleicht etwas schläfrig sind, bemerken Sie zu spät oder überhaupt nicht, daß eine Ampel Rot zeigt. Fahren Sie trotzdem über die Kreuzung, gefährden Sie Ihr Leben und das anderer Menschen.

Ihr an die Grüne Welle "gewöhnter" Hippocampus hat sicherlich versucht, Sie vor der unvermuteten Abweichung vom Normalen zu warnen. Doch haben Sie wahrscheinlich nicht mehr richtig aufgepaßt, vor allem dann nicht, wenn Sie an dem Abend gar noch Alkohol getrunken haben. Das "Ungewöhnliche", "nie Dagewesene" zu erkennen und Sie zu veranlassen, rechtzeitig zu bremsen, um eine mögliche Katastrophe zu verhindern, das ist die eigentliche Aufgabe des Hippocampus. Funktioniert er allerdings nicht mehr richtig, ist er also nicht imstande, unverzüglich eine Verbindung zwischen den Neuronen des Mittelhirns, die für die Aufmerksamkeit zuständig sind, und den Neuronen des motorischen Cortex herzustellen, dann können Sie nicht mehr reflexartig reagieren und Ihr Fahrzeug, obwohl Sie nicht einmal schneller fahren als erlaubt, nicht rechtzeitig zum Stehen bringen. Sie verbringen den Rest der Nacht womöglich im Krankenhaus, im Gefängnis oder im Leichenschauhaus.

Brechen bei Erwachsenen mittleren Alters die Hippocampus-funktionen urplötzlich zusammen, kann dies ein erstes Anzeichen für die Alzheimer-Krankheit sein. Die Autopsie zeigt in tödlich verlaufenen Krankheitsfällen, daß die Nervenzellen des betreffenden Hirnabschnitts erheblich geschädigt und einer Degeneration zum Opfer gefallen sind, die bereits zu diesem Zeitpunkt nicht wiedergutzumachen ist. Hierauf kommen wir später noch einmal zurück.

Der Primat der Hirnrinden

Die Kleinhirnrinde

Das stammesgeschichtlich junge Neukleinhirn oder Neocerebellum steht über signalzuführende afferente und signalfortleitende efferente Bahnen mit der gesamten Großhirnrinde in Verbindung. Folglich kann es nur gleichzeitig mit dem ebenfalls "jungen" Teil des Großhirns, dem Neopallium, entstanden sein, das ausschließlich bei den Säugetieren anzutreffen ist. Was wir bislang über die unentbehrlichen Aufgaben des Kleinhirns gesagt haben – das beim Neunauge noch aus einigen Zellhaufen besteht, bei Fischen und Vögeln die räumliche Orientierung sicherstellt, als äußerst wertvolles Organ bei Amphibien, Reptilien und Vögeln dem Ausgleich der Schwerkraft dient – all diese Funktionen hat das Kleinhirn bis zur höchsten Stufe der Evolutionsleiter bewahrt. Doch hat sich den stammesgeschichtlich uralten und alten Kleinhirnteilen, dem Archicerebellum und dem Paläocerebellum, eine ganz besondere Rinde aufgelagert, die ebenso grau ist wie die unter der Rinde liegenden subcorticalen Kleinhirnkerne (die Nuclei dentati oder Zahnkerne; Abbildung 39).

Das Neocerebellum ist funktionell ganz auf die Großhirn-

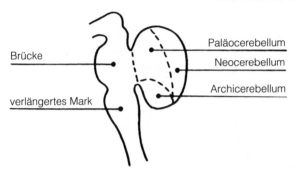

39 Drei Regionen des Kleinhirns – unter stammesgeschichtlichem Aspekt.

rinde ausgerichtet, mit der es ständig Informationen austauscht. Es ist das Zentrum, welches die Willkürbewegungen automatisch aufeinander abstimmt. Das Neocerebellum

– empfängt alle erforderlichen Informationen über die Stellung des Körpers im Raum;
– moduliert die gezielten Bewegungen, die von der motorischen Großhirnrinde initiiert werden;
– registriert den Bewegungsablauf und optimiert ihn, damit die Bewegung gleichmäßig und zielgerichtet ausgeführt wird;
– speichert Grundbewegungsprogramme, die in der Kindheit gelernt wurden; die Großhirnrinde kann sie das ganze restliche Leben lang abrufen, wenn eine "eingeschliffene" Bewegung erforderlich ist.

Das Kleinhirn führt Informationen zusammen, verrechnet sie und leitet das Ergebnis weiter. Es unterbricht eine schlecht durchgeführte Bewegung. Die beschriebenen Rückkopplungen, die sich in allen Bewegungsphasen überschneiden, erfordern

137

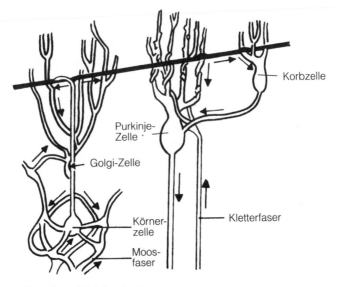

40   Zellen der Kleinhirnrinde.

eine komplexe Organisation. Abbildung 40 gibt sie vereinfacht und stark schematisiert wieder. Das Ganze funktioniert, kurz gesagt, wie folgt: Die Moosfasern leiten den Korb- und den Golgi-Zellen Impulse zu, die dort sortiert werden. Die aufsteigenden oder afferenten Fasern übermitteln die Information an die Purkinje-Zellen, die das Ergebnis der Verarbeitung über die Korbzellen unverzüglich zum Großhirn leiten. Angeborene Koordinationsstörungen im Bewegungsablauf (sogenannte Kleinhirnataxien), die bei bestimmten Mäusevarietäten in typischen Formen auftreten, lassen sich direkt auf einen genetischen Defekt in einem der Schaltkreise zurückführen.

Die Großhirnrinde (Cortex)

Die Neuroblasten, die aus dem Neuralrohr hervorgegangen sind, vermehren sich beim menschlichen Fetus angeblich mit einer Geschwindigkeit von 250 000 Zellteilungen pro Minute. Ist die Vermehrungsphase abgeschlossen, teilen sich die Neuronen nicht mehr, sondern wandern zu ihrem endgültigen Bestimmungsort im Organismus. (Eine Ausnahme bildet das Neunauge, bei dem sie an Ort und Stelle verbleiben und nicht einmal andeutungsweise wandern.) Von ihrem Ursprungsort entfernen sich diese Zellen mit einer Geschwindigkeit von etwa einem Zehntelmillimeter pro Tag.

Ein Querschnitt durch die Großhirnrinde. Wo man die graue Rindensubstanz des Großhirns auch durchtrennt, überall fördern spezielle histologische Färbungen zutage, daß die Nervenzellen in senkrechten Säulen angeordnet sind. Diese Säulen oder Kolumnen stehen in rechtem Winkel zu der Neuroblastenschicht des Neuralrohres, aus der die Neuronen einst hervorgegangen sind. Die sechs übereinanderliegenden Zellschichten (hexalaminärer Neocortex; Abbildung 42) – einige stammesgeschichtlich ältere Formationen umfassen auch nur drei Schichten (trilaminärer Archicortex) – sollen durch die Teilungen einer pluripotenten, für jede Säule spezifischen Stammzelle entstanden sein (V. B. Mountcastle, 1957; K. Meller, 1975).

Gliazellen, die aus dem Ektoderm hervorgegangen sind, weisen den wandernden jungen Neuronen den Weg in die oberen Schichten. Sie "seilen" die Nervenzellen buchstäblich "an", und man sieht allenthalben, wie die Neuronen entlang dieser natürlichen Helfer nach oben gleiten, kriechen, wie sie ihre Fortsätze recken und strecken, dann wieder zusammenziehen und ihre Zellkörper so in Rindenschicht VI, V, IV, III, II und I hinaufbugsieren. Die Abbildung 41 stellt eine Momentaufnahme dieses Aufstiegs dar. Auch die "wegweisenden" Gliazellen sollen

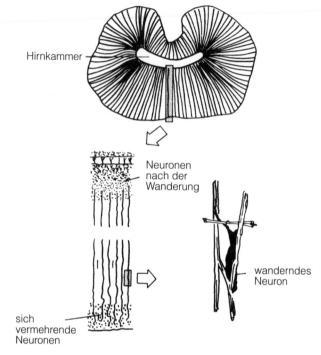

Hirnkammer

Neuronen
nach der
Wanderung

wanderndes
Neuron

sich
vermehrende
Neuronen

41   Die Wanderung von Neuronen der Großhirnrinde. (Nach Rakic.)

durch Teilungen aus einer einzigen Stammzelle hervorgegangen
sein (R. Mac Kay, 1989).

Durch autoradiographische Untersuchungen, bei denen man
das Schicksal von radioaktiv markierten Zellen verfolgt, wissen
wir heute, daß sich die zuletzt entstandenen, also die "jüngsten"
Neuronen nach Abschluß der Wanderung am weitesten oben
befinden. Folglich müssen sie alle darunterliegenden Schichten
durchquert haben sein, deren Zellen bereits an ihrem Bestimmungsort angelangt sind. Eine menschliche Erbkrankheit, das
Zellweger-Syndrom, macht offenkundig, was passiert, wenn die

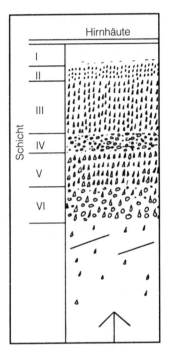

Hirnhäute

Schicht

I
II
III
IV
V
VI

42   Die sechs Schichten der Großhirnrinde.

Gliazellen infolge eines biochemischen Defekts ihrer Führungs-
aufgabe nicht nachkommen können (siehe weiter unten).

Am Zielort beginnen die Neuronen der Großhirnrinde dann
zu reifen, sie differenzieren sich, wie die Zellforscher sagen. Die
Zellkörper nehmen ihre endgültige Gestalt an, die eher kugel-,
stern- oder pyramidenförmig ist. Dendriten und dendritische
Dornen wachsen hervor. Die Axone (jede Nervenzelle hat nur
eine impulsleitende Nervenfaser) scheinen die unmittelbare Umgebung nach benachbarten Neuronen zu erforschen, um mit
ihnen Kontaktstellen, sogenannte Synapsen, aufzubauen. In die-

sem netzförmigen Gefüge sind Neuronen desselben Typs, Alters und derselben Schicht miteinander verbunden. Es überzieht das Großhirn mit einer Art Gitter und verknüpft nach tangentialer Wanderung parallel zur Hirnoberfläche die schmalen senkrechten Säulen untereinander (C. Walsh & C. Cepko, 1988):

— Die Neuronen der Schicht I sind zahlenmäßig gering, und ihre Funktion ist nicht genau erforscht.
— Die Neuronen der Schichten II und III sind tangential zur Rindenoberfläche angesiedelt und haben assoziative Aufgaben.
— Die Neuronen der Schicht IV stehen am Ende der sensorischen Bahnen und bilden eine Art hochkomplexer "Telefonzentrale", die alle Informationen aus der Peripherie via Thalamus (der als "Abhör- und Modulationsgerät" fungiert) empfängt.
— Neuronen der Schicht V, die pyramidenförmigen Betz-Zellen, steuern im Bereich der motorischen Großhirnrinde die Muskeln der jeweils gegenüberliegenden Körperseite. Die für die Motorik zuständige Hirnwindung liegt vor der Zentralfurche, weshalb man sie Gyrus praecentralis nennt.
— Die Neuronen der Schicht VI haben efferente Funktion, das heißt sie leiten Signale an dezentralere Strukturen weiter. Ihre Axone verlassen die Großhirnrinde und streben in einer Rückkopplungsschleife dem Thalamus zu.

Die Oberfläche der Großhirnrinde. Die Großhirnrinde ist bei den einzelnen Säugerarten unterschiedlich stark gefaltet. Im 19. Jahrhundert teilte der Anatom und Paläontologe Richard Owen sie in Lissencephale (Säugetiere mit glatter Hirnoberfläche) und Gyrencephale (Säugetiere mit ausgebildeten Hirnwindungen) ein. Das Schnabeltier gehört zu den Lissencephalen, der australische Kurzschnabel-Ameisenigel zu den Gyrencephalen. Unter den Beuteltieren findet man Lissencephale, wie das Opossum, oder (ansatzweise) Gyrencephale, wie das Känguruh (Abbildung 43).

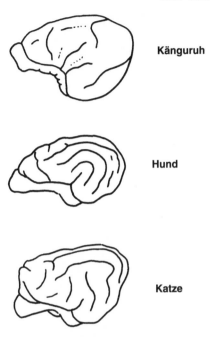

Känguruh

Hund

Katze

43 Drei Oberflächen von Großhirnrinden. Die Abbildungen geben jeweils die Oberfläche der linken Hemisphäre wieder. (Nach Beccari, 1943.)

Die näher mit uns verwandten Kaninchen haben eher glatte Hemisphären, während die Großhirnrinde der Huftiere, der Hunde- und der Katzenartigen (Abbildung 43) stärker gefurcht ist. Übrigens weist der Cortex von Walen und Elefanten (Abbildung 44) wesentlich mehr Furchen auf als der unsrige (Abbildung 45).

Zwischen der Dichte der Cortexneuronen und der Oberflächenstruktur der Großhirnhemisphären besteht ein Zusammenhang. Bei der Autopsie menschlicher Neugeborener und Säuglinge, die an angeborenen Fehlbildungen des Gehirns (Encephalopathien) verstorben sind, sieht man zuweilen, daß die

143

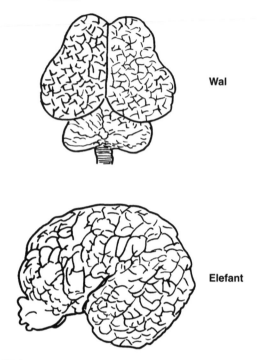

44 Oberflächenansichten von Großhirnrinden. Schematisiert. Wal (nach Jansen und Jansen, 1968) und Elefant (nach Dexler, 1907).

Hirnwindungen fehlen (Agyrie) oder abnorm schmal und klein sind (Microgyrie).

Betrachten wir das menschliche Gehirn einmal näher (was seit der Einführung der modernen bildgebenden Verfahren glücklicherweise nicht mehr ausschließlich an Leichen, sondern auch bei lebenden, ja aktiv denkenden Menschen möglich ist), so bietet sich unserem Auge ein genau festgelegtes Muster von Hirnwindungen (Gyri), das bei allen Menschen gleich aussieht. Die Windungen sind durch Spalten, die an der Oberfläche als Fur-

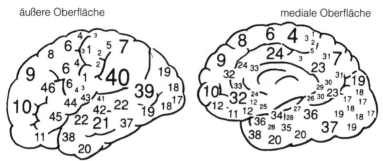

45 Die Brodmannschen Felder.

chen (Sulci) imponieren, voneinander getrennt. 1909 bewies der Berliner Neurologe Korbinian Brodmann eine gewisse Kühnheit, als er die menschliche Großhirnrinde in 47 funktionelle Felder einteilte, die er fortlaufend numerierte und beschrieb (Abbildungen 45). Diese Einteilung hat, auch wenn manch einer sie mittlerweile als etwas überholt ansieht, immer noch eine gewisse Bedeutung. Den Neurophysiologen dient sie bis heute zur Orientierung. Überdies vermochten immer ausgefeiltere Analysen der Gewebefeinstruktur die meisten von Brodmanns Ansichten zu bestätigen. Lange Zeit ließen sie sich nur indirekt durch klinische Beobachtungen stützen, wenn etwa ein Hirnlappen von einem Tumor befallen, durch Infektion oder Degeneration zerstört, durch Gefäßverschluß oder Blutung geschädigt, durch Gewalteinwirkung verletzt oder durch eine heute verbotene präfrontale Lobotomie "mit therapeutischer Zielsetzung" (bei der die Bahnen zwischen Stirnhirn und Thalamus operativ durchtrennt werden) absichtlich beschädigt worden war. Bereits in den vierziger Jahren ging der berühmte Neurochirurg Wilder Penfield dazu über, einige dieser Rindenfelder bei Hirnoperationen elektrisch zu reizen und die Reaktionen der Patienten aufzuzeichnen.

145

Im Jahre 1978 setzten Physiologen in Zusammenarbeit mit Physikern und Informatikern ^{132}Xenon zu Hirnforschungszwecken ein. Diese Substanz ist ein radioaktives Isotop des natürlich vorkommenden Edelgases Xenon. Zunächst injizierten sie eine verdünnte Lösung dieses Gases in die Halsschlagader eines Patienten. Dann ließen sie von einer Gammakamera festhalten, wie der radioaktive Stoff im Gehirn eintraf, sich ausbreitete und schließlich verschwand. Zu diesem Zweck waren 254 Szintillatoren außen über Stirn und Schläfe angebracht, die die Strahlung punktuell registrierten. Ein Computer sammelte alle Informationen, die von den Zählern stammten, und stellte sie graphisch auf einem Bildschirm dar, wobei jede Strahlungsintensität (die wiederum von der Durchblutung der jeweiligen Region abhängt) ihre eigene Farbe hatte: Benutzte die Testperson beispielsweise die rechte Hand, dann leuchtete die linke präzentrale Stirnlappenregion, der Sitz des primären motorischen Cortex, auf. Öffnete die Person die zuvor geschlossenen Augen, leuchtete eine Region des Hinterhauptlappens, der Sitz der Sehrinde, auf. Setzten die Untersucher eine wache Person, deren Ohren verschlossen waren, in einen dunklen Raum und begann diese zu "denken", zeigten nur die präfrontalen Regionen des Stirnlappens Aktivität. Wenn die Person ihre Gedanken auch in Worte umsetzte, leuchtete (falls es sich um einen Rechtshänder handelte) die linke Schläfenregion auf.

Gegen Ende der achtziger Jahre bedienten sich französische Forscher des Museums für Naturgeschichte (insbesondere der Abteilung für Vergleichende Anatomie), zu denen auch R. Saban gehörte, in Zusammenarbeit mit Radiologen der Kernspintomographie, um Hinweise auf die Evolution des menschlichen Gehirns zu gewinnen. Parallel dazu unterzogen die Wissenschaftler fossile Knochen des Schädeldaches, die teils vollständig erhalten waren, teils in mühevoller Kleinarbeit wie Puzzles rekonstruiert werden mußten, einer detaillierten morphologischen Prüfung.

Die Spuren, die die Hirnhautvenen dieser Menschenartigen (Hominiden) hinterließen und die auf Abgüssen zutage treten, werden von *Homo habilis* über *Homo sapiens neanderthalensis* bis hin zu *Homo sapiens sapiens* immer komplexer. Auf der Reise durch die Jahrtausende hat sich allmählich der anatomisch moderne Mensch herauskristallisiert, der als einziger über neue Hirnrindenfelder verfügt.

Die neuen Großhirnrindenfelder

Als P. V. Tobias das Exemplar eines *Homo-habilis*-Schädels untersuchte, konnte er keinen Ast der Hirnhautvenen entdecken, der für den venösen Abfluß aus dem Stirnlappen sorgte (Abbildung 46). Beim *Homo erectus* gab es einen solchen Ast, doch waren seine Verbindungen zu anderen Gefäßen – trotz des vergrößerten Hirnvolumens (das immer noch weniger als 1000 Kubikzentimeter betrug) – nur rudimentär ausgebildet. Die Neandertaler verfügten über eine dicke, senkrecht verlaufende vordere Vene, doch war sie nur äußerst spärlich verästelt (Abbildung 46). Beim Cro-Magnon-Menschen war das Venensystem wesentlich stärker ausgebildet und überzog netzartig die Innenfläche des Schädeldaches, wobei es sich bis zum vorderen Ast der mittleren Hirnhautvene erstreckte und von da aus über die gesamte Stirn- und Schläfenregion ausdehnte (Abbildung 46). Es ähnelte dem des heutigen Menschen. Von geringen individuellen Abweichungen abgesehen, ist dieses Gefäßsystem bei allen Menschen (Männern wie Frauen) überall auf der Welt (bei australischen Aborigines, Melanesiern, Chinesen, Afrikanern, Europäern) topographisch identisch.

Die neuen, ganz zum Schluß erschienenen Großhirnrindenfelder sind die der Sprache und die des erfinderischen und schöpferischen Denkens (Abbildung 47).

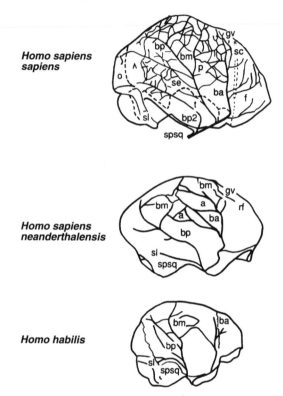

46 Die Venen der Gehirnoberfläche bei *Homo*. Die Buchstaben stehen für die Anfangsbuchstaben der lateinischen Bezeichnungen der Hirnhautvenen. (Nach R. Saban.)

Die Sprachregion

Die Tatsache, daß Vögel und andere in Gruppen lebende Tiere
Rufe mit einer bestimmten Bedeutung ausstoßen und Laute von
sich geben, die mit Handlungen oder Gegenständen verknüpft
sind, mußte eines Tages hie und da zu einer harmonischeren

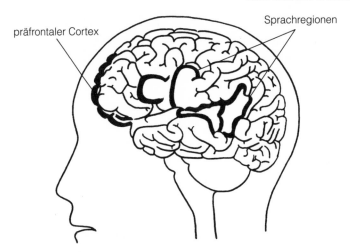

präfrontaler Cortex

Sprachregionen

47 Die stammesgeschichtlich neuen Hirnrindenfelder.

Sprachmelodie beim einzelnen oder in der Gruppe führen. Vielleicht trat sie erstmals mit den ersten religiösen Riten der Menschheit in Erscheinung, für die sich schon bei den Neandertalern Anzeichen finden. Mit dem *Homo sapiens sapiens* geriet die durchorganisierte Sprache zum Akt des Sprechens. Die Neuronen der Großhirnrindenareale 4 und 6 steuern und harmonisieren die Arbeit, die die Muskeln des Kehlkopfes, der Zunge und der Lippen beim Sprechen leisten müssen. Andere Neuronen (Area 42) verstehen Töne und integrieren sie (Area 39, multimodales Gebiet des Assoziationscortex), nachdem sie sie zuvor wie jedes andere Säugetier wahrgenommen haben (Area 41).

Diese neuen Neuronennetze ermöglichen es den Menschen, zu zeichnen und zu malen, zu schreiben, zu lesen und zu rechnen. All diese empfindlichen Bereiche werden durch eine einzige Arterie, die Arteria cerebri media, mit Blut versorgt. Sie dringt in die seitliche Hirnfurche ein und verzweigt sich, ohne jedoch Äste zu anderen Blutgefäßen auszubilden. Verschließt bei einem Schlaganfall ein Blutpfropf ihren Stamm oder einen ihrer Seitenäste, so kann es zu typischen zentralen Sprach- und anderen Störungen kommen. Die Neurologen haben eine Vorliebe für die griechische Vorsilbe *a*, beziehungsweise *an-*, die den Verlust kennzeichnet: *An*-arthrie (der Patient kann Buchstaben, Silben und Wörter nur schlecht artikulieren), motorische *A*-phasie (der Patient versteht alles, ist aber unfähig zu sprechen), sensorische *A*-phasie (der Patient spricht, doch ist Gesprochenes für ihn sinnentleert und unpassend), *A*-graphie (der Patient kann nicht mehr schreiben), *A*-lexie (der Patient kann nicht mehr lesen), *A*-kalkulie (der Patient kann nicht mehr rechnen). Jedes einzelne oder Kombinationen dieser Symptome sind Ausdruck einer Schädigung der Sprachregionen. Das seltenste, doch ergreifendste Beispiel für eine dieser Störungen ist die *A*-musie: Wie mag sich ein Musiker fühlen, der schlagartig die Erinnerung an die Musiklehre verloren hat und nicht mehr auf seinem Instrument zu spielen weiß? Was denkt der von Pergolesi, Bach und Mozart begeisterte Musikliebhaber, wenn er ihre Werke plötzlich als unverständliche, absurde und nichtssagende Laute wahrnimmt?

Präfrontale Rindenfelder

Die Rindenfelder, die mit Erfindungsgeist und schöpferischem Denken in Zusammenhang stehen, konnten bislang fast ihr gesamtes Geheimnis für sich behalten. Von ihrer Existenz weiß man vor allem, weil ihre Schädigung "höhere intellektuelle Fähigkeiten" verschwinden läßt. Die präfrontalen Areale 9, 10 und 11 (siehe Abbildung 45), die auf den Dächern der Augenhöhlen lasten oder im Schutze des Stirnbeines liegen, sind nur beim Menschen so weit entwickelt. Sie verarbeiten unablässig eine riesige Informationsmenge, die sie von anderen Rindenfeldern, vom limbischen System, vom Thalamus und von den Basalganglien empfangen. Sie unterziehen die Informationen einer kritischen und vernunftgemäßen Prüfung und setzen Programme für psychomotorische Aktivitäten der komplexesten Art um. Sie fällen Entscheidungen und bringen sie zur Ausführung. Sie ermöglichen die Fähigkeit, Konzepte zu schaffen und zu definieren (Abbildung 48). »Unter dem Schädeldach schimmern glänzende Möglichkeiten. Das in vielerlei Hinsicht sensible Gehirn geht ans Netz, um einen Flugball zu spielen, oder macht sich als Meister der Grundlinie bereit, Bälle aus allen Winkeln des Raumes und der Zeit anzunehmen... alles in allem ein verwegenes Kind, das sich in ein ungewisses Abenteuer stürzt« (Michel Serres).

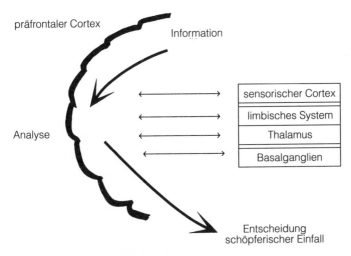

48 Die präfrontalen Rindenfelder.

Eine Geschichte der Moleküle

Die Moleküle der Nervenzellentwicklung

Es fehlt kein Glied mehr in der Kette

London, 1. Juli 1858: An diesem Tag lauschen die Mitglieder der *Linnean Society* einem Vortrag, in dem Charles Darwin und Alfred Wallace die Ergebnisse ihrer Arbeiten zusammenfassen. Ihr gemeinsames Werk trägt den Titel: *On the Tendency of Species to Form Varieties and on the Perpetuation of Varieties and Species by Natural Means of Selection.* Am 24. November des darauffolgenden Jahres gelangt dann der allererste Bestseller in die Regale der Buchhandlungen (Abteilung Biologie): *On the Origin of Species by Means of Natural Selection, or the Preservation of Favoured Races in the Struggle for Life.* Die erste Auflage von 1250 Exemplaren ist bereits am Tag ihres Erscheinens vergriffen. Innerhalb weniger Jahre gehen mehr als 100 000 Exemplare über die Theken der Buchhandlungen. Die 1872 in Paris veröffentlichte französische Fassung hat denselben Erfolg. In Deutschland erscheint das Buch unter dem Titel *Die Entstehung der Arten durch natürliche Zuchtwahl oder die Erhaltung der begünstigten Rassen im Kampfe ums Dasein*:

»Alles, was uns umgibt, und alles, was unsere Sinne wahrnehmen können, bietet uns unablässig eine enorme Fülle unterschiedlicher Erscheinungen, die der gewöhnliche Mensch wahrscheinlich mit um so mehr Gleichgültigkeit betrachtet, als er sie für ganz alltäglich hält, während der wirkliche Philosoph

155

ihnen nur größtes Interesse entgegenbringen kann.... Es herrscht in jeder Welt eine erstaunliche Aktivität, die nichts zu dämpfen vermag, und alles Existierende scheint ständig einem unweigerlichen Wandel unterworfen zu sein.... Die Verwandtschaft aller Wesen derselben Klasse wird oft in der Form eines Stammbaumes veranschaulicht, und dieses Bild entspricht, wie ich glaube, durchaus der Wirklichkeit. Die grünen und knospenden Zweige stellen die bestehenden Arten dar und die im vorhergehenden Jahre entstandenen Zweige die vielen ausgestorbenen Arten. In jeder Wachstumsperiode haben alle Zweige das Bestreben, sich nach allen Seiten hin zu erstrecken und die benachbarten Äste und Zweige zu überwachsen und zu unterdrücken, ebenso wie im großen Kampf ums Dasein Arten und Artengruppen andere Arten zu meistern suchen ... Man kann im bildlichen Sinne sagen, die natürliche Zuchtwahl sei täglich und stündlich dabei, allüberall in der Welt die geringsten Veränderungen aufzuspüren und sie zu verwerfen, sobald sie schlecht sind, zu erhalten und zu vermehren, sobald sie gut sind. Still und unsichtbar wirkt sie, wann und wo immer sich eine Gelegenheit bietet, an der Verbesserung der organischen Wesen und ihrer organischen und anorganischen Lebensbedingungen.... So wie Knospen durch Wachstum neue Knospen erzeugen und diese wieder, wenn sie lebenskräftig sind, ausschlagen, zu neuen Zweigen werden und schwächere Zweige zu überwinden suchen, so glaube ich, geschieht es auch seit Generationen am großen Lebensbaum, der die Erdrinde mit seinen toten, dahingesunkenen Ästen erfüllt und die Erdoberfläche mit seinem ewig neu sich verästelnden schönen Gezweige belebt. ... Licht wird auch fallen auf den Menschen und seine Geschichte. «

Die Paläontologen befassen sich mit den »toten, dahingesunkenen Ästen«. Forscher der Vergleichenden Anatomie und der

Vergleichenden Physiologie beschreiben das Aussehen der Tiere, ihre Körperstrukturen und Biofunktionen, kurzum ihren Phänotyp. Die Ethologen erforschen das Verhalten.

Die Welt der Lebewesen ist darwinisch geprägt. Evolution ist nicht länger nur eine Theorie, ein Dogma oder eine Philosophie – sie ist Wirklichkeit. Zwar vermochte die Wissenschaftlichkeit der zahlreichen Belege weder schärfste Gegner zu entmutigen noch fanatische Verfechter in die Schranken zu weisen noch zu verhindern, daß Perverse sich ihrer schamlos bedienten und durch die von ihnen verursachten beispiellosen Massaker traurige Berühmtheit erlangten. Doch haben ihre Nacheiferer, strenge Dogmatiker wie Totalitaristen jeglicher Couleur, kein Publikum mehr.

Der Bereich, der uns interessiert, die Evolution der neuronalen Organisation von der Urqualle bis zum Menschen, ist heute lückenlos belegt: Es fehlt kein Glied mehr in der Kette. Die Zoologen haben sich zunächst bei den Zellbiologen, später auch bei den Molekularbiologen Anregungen geholt. Darwins Lehren kommen dabei recht gut weg. Zwar hat man einige Äste des Baumes überarbeitet, doch der Baum selbst lebt. Nur seine Wurzeln bleiben eigensinnig im Grau der Urzeiten verborgen. Sie zu erforschen hieße, zu den Grenzen der Biogenese, zum Ursprung des Lebens überhaupt vorzudringen.

Die damals einsetzende und seitdem ununterbrochene molekulare Evolution der gentragenden Nukleinsäuren und der Proteine ist ein anerkanntes Faktum. Es könnte auch kaum anders geschehen sein, da Nukleinsäuren und Proteine nach einem grundlegenden Gesetz miteinander verknüpft sind, das der amerikanische Biochemiker James D. Watson 1953 formulierte:

DNA $\rightarrow$ Boten-RNA $\rightarrow$ Proteine

Klipp und klar gesagt: Jede Zelle – sei es ein Einzeller oder die eines Vielzellers – versteht zwei Sprachen, die der Nukleinsäuren und die der Proteine. Ein universeller Code, der gleicherma-

157

ßen für das Tierreich wie für das Pflanzenreich Gültigkeit besitzt und dies höchstwahrscheinlich schon in der Vergangenheit tat, erlaubt es, von einer Sprache zur anderen zu wechseln. Die Sprache der Nukleinsäuren wird Triplett für Triplett von einem der beiden Stränge der DNA-Doppelhelix abgelesen. Jedes Triplett besteht aus drei Nukleotiden, vereinfachend oft auch Basen genannt, und stellt den Schlüssel für die Synthese einer Aminosäure dar, von denen es etwa 20 gibt. Die Aminosäuren fungieren als Bausteine für die Proteine der Zelle. Ein Gen ist eine definierte Sequenz von Basentripletts, und das Protein, dessen Synthese es steuert, eine definierte Sequenz von Aminosäuren.

Sobald man entdeckt hatte, wie diese Makromoleküle chemisch aufgebaut sind, war die Versuchung groß, sie bei verschiedenen Lebewesen miteinander zu vergleichen. Dabei stellte man folgendes fest:

— Die Nukleinsäuren (DNA und RNA) sind, seitdem es Leben auf der Erde gibt, bei Tieren wie Pflanzen in ihrer Grundstruktur unverändert geblieben.
— Einige Sequenzen haben sich aufgrund von Mutationen hie und da *geändert*, andere sind endgültig *verschwunden*, und wieder andere *wiederholen* sich in einem DNA-Molekül in millionenfacher Kopie. Bei letzteren kommt es zum Phänomen der Redundanz, einer Art endlosen Stotterns, das für eine richtige Anpassung vonnöten zu sein scheint.
— Von Art zu Art finden sich praktisch identische oder nur ganz gering voneinander abweichende Gensequenzen. Sie lassen auf einen gemeinsamen Vorfahren schließen, dessen Erbgut über Jahrmillionen hinweg weitergegeben wurde und heute so unterschiedliche Geschöpfe vereint wie eine Fliege, eine Kröte oder eine Maus. Die genannten Sequenzen sind die *konservierten Gene*, die Spuren der molekularen Evolution, »Zeit, die sich in den Strukturen erhalten hat« (Joël de Rosnay).

Das letztgenannte Phänomen hatte ein junger deutscher Zoologe namens Ernst Haeckel bereits 1866 erahnt, als er die sogenannte biogenetische Grundregel formulierte: »Die Ontogenie ist eine verkürzte Rekapitulation der Phylogenie.« Kaum veröffentlicht, geriet diese Theorie der »Rekapitulation« zum Ziel ähnlich heftiger Attacken wie Darwins Lehren 20 Jahre zuvor. Allerdings muß in diesem Zusammenhang gesagt werden, daß Verfechter dieser Lehre sie derart stark überzeichneten, daß sie bisweilen legendenhafte Züge annahm. Einige Professoren erzählten uns mit einem Augenzwinkern jene Geschichten, die sie selbst noch aus dem Munde ihrer Lehrer erfahren hatten. So sollen etwa gebildete Schwangere zu Beginn des Jahrhunderts Angst vor einer Fehlgeburt gehabt haben, da sie laut biogenetischer Grundregel befürchteten, nach zweimonatiger Schwangerschaft einen Fisch, nach drei Monaten eine Kröte und nach vier Monaten eine Maus oder Spitzmaus zur Welt zu bringen ...

Die konservierten Gene

Zwischen der Evolution der Moleküle, die Wachstum und Entwicklung steuern, der Evolution der Zellen und Gewebe und der Evolution der Organismen gibt es so große Übereinstimmungen, daß Genetiker, Biochemiker, Embryologen (und manchmal auch Paläontologen) die gleichen Dendrogramme (vom Griechischen *dendron*, ”Baum”) oder Stammbäume erstellen, wenn sie mit jeweils sehr unterschiedlichen Verfahren die Verwandtschaftsverhältnisse zwischen den Arten untersuchen. Noch vor wenigen Jahren hätte niemand geglaubt, daß ein solcher interdisziplinärer Konsens möglich sei. Die Moleküle, die die Neuronen entstehen, sich vermehren und wachsen lassen, erfüllen die in sie gesetzten Erwartungen. Folglich sind auch die für sie zuständigen Gene erhalten geblieben, da sie die Synthese effizienter und vervollkommnungsfähiger »morphogenetischer« Proteine codieren.

So läßt sich die Evolution in ihrer Gesamtheit genau genommen nicht mehr als Baum, sondern vielmehr als Geflecht darstellen, in dem einander ähnliche oder gleiche Nukleinsäuresequenzen (beziehungsweise Proteine) den roten Faden bilden. Die Welt ohne Neuronen nimmt dies gelassen hin. Die Welt mit Neuronen ist seit jeher den Widrigkeiten der Umwelt ausgesetzt, und ihre Protagonisten erwiesen sich entweder als angepaßt, als anpassungsfähig oder aber als eindeutig ungeeignet, blieben im letzten Fall ohne Nachkommen und waren folglich dazu verdammt, von der Bildfläche zu verschwinden. Ursprünglich hielt man die DNA für stabil, für quasi unveränderlich, von weit auseinanderliegenden ”Sprüngen” abgesehen, zwischen denen lange, ereignislose Zeiträume lagen. In Wirklichkeit mutiert sie ständig, bietet »täglich und stündlich ... allüberall in der Welt« neue Lösungen an, die entweder erfolgreich sind, ohne größeres Aufsehen verlorengehen oder aber schlagartig durch eine geologische oder meteorologische Katastrophe hinweggefegt werden.

Darwin hatte recht, als er die Tatsache des natürlichen *survival of the fittest*, des Überlebens des Tauglichsten (oder des am wenigsten Untauglichen), festschrieb, doch unterschätzte er die Zahl der Tierarten, die seit Urzeiten die Biosphäre bevölkert hatten. Einige von ihnen waren bisweilen ihrer Zeit voraus, verschwanden dann aber wieder (doch wenn man nach ihnen sucht, ist es möglich, sie wieder aufzuspüren) – wie beispielsweise jene eigenartigen wirbellosen Wesen, die man in einem Schlammstrom des mittleren Kambrium in Old Burgess Shale nahe dem kanadischen Calgary entdeckte. Steven Jay Gould (1991) zufolge hat das Konzept von Diversifikation und Dezimierung unser allgemeines Verständnis von der Welt der heutigen Lebewesen bereichert. Der neuronale Darwinismus nimmt daran keinen Schaden (Abbildung 49).

Die Moleküle der Nervenzellenentwicklung

Kegel wachsender Vielfalt

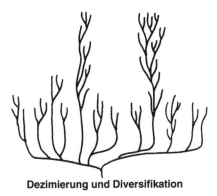

Dezimierung und Diversifikation

49 **Der »modifizierte« Darwinismus.** (Nach S. J. Gould, 1991.)

Die Rückkehr der Fliege

Im Jahre 1933 erhielt der amerikanische Biologe Thomas
H. Morgan den Nobelpreis für Medizin oder Physiologie als An-
erkennung für seine bahnbrechenden Arbeiten auf dem Gebiet
der Genetik. Zusammen mit einigen Mitarbeitern hatte er in
etwa dreißigjähriger Arbeit mit viel Geduld und Sorgfalt die
Theorie der chromosomengebundenen Vererbung aufgestellt.
Dabei hatte er nur mit einem einzigen Versuchstier, der Tau-

161

fliege *Drosophila melanogaster*, experimentiert, mit der sich seiner Meinung nach alles Notwendige erforschen ließ. Die Sache war damit abgeschlossen und die Leistung in den Vereinigten Staaten anerkannt. In Frankreich hingegen nahm praktisch niemand Notiz davon – bis auf einen enthusiastischen Biologen und Schriftsteller, der Morgans Werke ins Französische übertrug. Der Durchschnittsfranzose jener Zeit wußte daher bald ebensoviel über Chromosomen wie die Professoren der Sorbonne – wenn nicht gar mehr. Die Übersetzung verdankte er Jean Rostand, diesem einsamen Forscher, den offizielle Wissenschaftskreise nicht zu kennen vorgaben.

1936 erschien im Verlag Gallimard Rostands Übersetzung des letzten von Morgans Werken, das kurz vor dessen Tod erschienen war. In seinem Vorwort schrieb der Autor: »Es erschien mir stets sonderbar, daß die Entstehung eines Individuums aus einem Ei so wenig Neugier weckt, während die Evolutionsgeschichte das öffentliche Interesse in so hohem Maße beschäftigt.« Er bedauerte den Stillstand in der embryologischen Forschung, der zu jener Zeit immer offensichtlicher wurde: »Das Anfärben der Präparate, das Einbetten in Paraffin, das Zerschneiden in dünne Scheiben, das Präparieren von Schnitten in Harz auf Glasscheiben und die Nachbildung des Ganzen in Wachs haben lange Zeit den vollen Einsatz der meisten Embryologen gefordert. Dies ging so weit, daß die Forscher die chemischen und physikalischen Vorgänge vernachlässigten, die die sichtbaren Entwicklungen begleiten. Für die beschriebene Art von Forschung war eine scharfe Beobachtungsgabe gefragt, ähnlich wie in der bildenden Kunst. Einzigartige Bilder illustrieren eine Vielzahl von Monographien. Je geschickter der Künstler, desto größer war sein Erfolg. Die Tatsache, daß die Veränderungen der Form Folge chemischer Veränderungen im Embryo sein können, nahm man dabei als gegeben hin, oder man maß ihr keine Bedeutung bei.«

162

Somit warf Morgan den Naturforschern seiner Zeit praktisch vor, ausschließlich Objekte zu präparieren. Und er fährt fort: »Uns ist praktisch die gesamte Chemie und Physik der Entwicklung unbekannt, [doch] ist die Geschichte der Genetik nunmehr so eng mit der experimentellen Embryologie verflochten, daß die beiden Forschungszweige nur noch einen einzigen bilden. Der Genetiker erkennt die grundlegenden Fakten der Embryologie an, während der Embryologe gerade erst zu verstehen beginnt, was ihm die Genetik alles zu bieten hat.« Abschließend bemerkt dieser vorausschauende Wissenschaftler: »Der Gedanke, daß verschiedene Gengruppen zu unterschiedlichen Zeitpunkten aktiv werden, wirft ernsthafte Schwierigkeiten auf, es sei denn, man findet einen Grund für diese aufeinanderfolgende Aktivierung.«

Morgan war nicht der einzige, der in die Zukunft blickte. Zwei Jahre nach seiner Ehrung nahm der deutsche Zoologe Hans Spemann 1935 den Nobelpreis für Medizin in Stockholm entgegen. In seinem Festvortrag anläßlich der Preisverleihung spricht er bezüglich der Embryonalentwicklung von einem »harmonischen Ineinandergreifen der Einzelvorgänge«. Wen wundert es da noch, daß die beiden Tierarten, mit denen man heutzutage am häufigsten Entwicklungsmolekülen im allgemeinen und neuronalen Entwicklungsmolekülen im speziellen nachspürt, Morgans Taufliege und Spemanns Krallenfrosch (*Xenopus*) sind? Ihre Wahl hat sich als glücklich erwiesen, wenn man bedenkt, daß die Forscher mit ihnen in nur wenigen arbeitsreichen Jahren beeindruckende Ergebnisse erzielten. Andere Wissenschaftlerteams bevorzugen inzwischen die Maus als Modellorganismus, da sie als Säugetier mit dem Menschen wesentlich enger verwandt ist.

Einer der Vorteile von *Drosophila* ist ihr kurzer Fortpflanzungszyklus, der es möglich macht, eine Vielzahl von Versuchen in relativ kurzer Zeit durchzuführen. Wollte man bei Menschen zu vergleichbaren Ergebnissen gelangen, bräuchte man angeblich einen Zeitraum von 5000 Jahren …

Die befruchtete Fliegeneizelle entwickelt sich binnen 24 Stunden zu einer zwei Millimeter langen Larve. Am Tag 4 nach der Befruchtung verpuppt sie sich in einem widerstandsfähigen Oberflächenhäutchen, unter dem innerhalb von fünf Tagen die Metamorphose erfolgt. Die Zellen, die später die ausgewachsene Fliege bilden werden – insbesondere die sensorischen Neuronen, die sich entwickeln und deren Fortsätze so lange wachsen, bis sie mit dem Zentralnervensystem verbunden sind –, sind bereits als kleine begrenzte Areale vorhanden, als sogenannte Imaginalscheiben, die als abgeflachte Säckchen ins Innere des Larvenkörpers absinken. Dort differenzieren sie sich zu Strukturen der Körperoberfläche und Teilen der inneren Organe des geschlechtsreifen, ausgewachsenen Insekts, der sogenannten Imago (von lateinisch *imago*, "Abbild", "Erscheinung"). Am Tag 9 schlüpft die Imago und begibt sich unverzüglich auf die Suche nach einem Geschlechtspartner. Nach der letzten Häutung ist die Fliege fix und fertig ausgebildet, hat ihre endgültige Form und Größe erlangt und kann nun mehrere Monate alt werden.

Schwerwiegende Veränderungen eines Gens können schon ab den ersten Stunden nach Befruchtung des Eies verhindern, daß die Larve jemals schlüpfen wird, da sie aufgrund der Mißbildungen, die das Gen verursacht, lebensunfähig ist. In den zwanziger und dreißiger Jahren schenkte man der Sterblichkeit der *Drosophila*-Larven keine Beachtung. Niemand untersuchte ihre sterblichen Überreste, und wenn es doch jemand zufällig einmal tat, so geschah dies jedenfalls nicht systematisch. Auch die »Tümpel der Monster«, in denen Jean Rostand seltsame Frösche entdeckt hatte, erregten damals nicht das öffentliche Interesse, weder in Tranchy noch in Trévignon (einem Ort nahe der westbretonischen Stadt Concarneau). Lebte der französische Naturforscher Geoffroy Saint-Hilaire noch, er könnte zufrieden sein: Die Vergleichende Molekulare Teratologie (Lehre von den Fehlbildungen) ist, insbesondere was die Entwicklung des Nervensystems angeht, höchst aktuell.

Der Embryo der Taufliege entwickelt sich entlang dreier Hauptachsen. Wer jemals über die Autobahnen im kanadischen Quebec gefahren ist, kann nicht umhin, die Einfachheit zu bewundern, mit der sie beschildert sind: Nord oder Süd, Ost oder West; der eine Autobahnabschnitt ist trassiert, der andere noch nicht. Ähnliches gilt für einen Vielzeller, der ganz am Anfang seiner Entwicklung steht. Für ihn heißt es "oben" oder "unten", also Rücken oder Bauch; "vorn" oder "hinten", also Kopf oder Schwanz; "Abschnitte ja" oder "Abschnitte nein", es sollen sich also Segmente entwickeln oder nicht. Quallen, Seesterne und erwachsene Seeigel können sich diesem Schema nur deshalb entziehen, weil sie kugelsymmetrisch aufgebaut sind. Bei den Wirbellosen, die entweder glatt, rund oder flach aussehen, sowie bei den Wirbeltieren ist es überdies im Grunde einfach, die Spuren einer verschwundenen Segmentierung zu entdecken.

In der befruchteten Eizelle einer Fliege – und selbst in der des Krallenfrosches *Xenopus*, aus der eine Kaulquappe schlüpft – geht alles sehr schnell vor sich. Innerhalb weniger Stunden werden die beiden grundlegenden Polaritäten entlang einer dorsoventralen (Rücken-Bauch-)Achse und einer anteroposterioren (Kopf-Schwanz-)Achse festgelegt. Sobald die Gastrulation, die Bildung des Becherkeimes, einsetzt, beginnt sich die Larve überdies zu segmentieren. Diese drei Etappen zu isolieren ist äußerst schwierig. Darüber hinaus gilt es heutzutage als sicher, daß die Abläufe schon längst in der noch unbefruchteten Eizelle vorprogrammiert sind: In ihr ließen sich während des Follikelstadiums Boten-RNA-Stränge nachweisen, die zur Proteinbiosynthese bereit und von Genen abgeschrieben oder transkribiert worden waren, über die nur die Mutter verfügte. Man hat dies treffend als "mütterliche Prägung" bezeichnet.

Die dorsoventrale Achse

Hans Spemann sprach von einem »harmonischen Ineinander-greifen der Einzelvorgänge«. Was heißt das nun? Bei der Fliege wie bei allen anderen untersuchten Tierarten aktiviert eine komplexe Maschinerie ein Dutzend mütterlicher Gene mit ihrer Boten-RNA. Gemeinsam lagern sie in der unbesamten Eizelle, allzeit bereit, aktiv zu werden, wenn die Befruchtung erfolgt ist. Diese Gene wurden entdeckt und beschrieben, da ihre Mutation katastrophale Folgen für den Embryo nach sich ziehen kann. Die Namen dieser Monster sprechen für sich: snake ("Schlange"), snail ("Schnecke"), twist ("Windung"), dorsal (Larve mit zwei Rücken) oder cactus (Larve mit zwei Bäuchen; Abbildung 50). Neuronen gibt es in diesem frühen Entwicklungsstadium noch nicht; sie entstehen erst später.

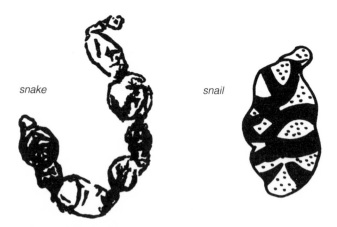

snake   snail

50 Mutierte Larven der Taufliege *Drosophila melanogaster*. Die Gene, die für diese Fehlbildungen verantwortlich sind, heißen snake ("Schlange") und snail ("Schnecke"). Vergleichen Sie dazu, wie eine normale Larve aussieht (Abbildung 51 links).

Die anteroposteriore Achse

Diese Achse sucht man bei Süßwasserpolyp und Qualle vergeblich. Die für ihre Festlegung zuständige, zweite genetische Maschinerie setzt Proteine in Gang, von denen einige für die Entwicklung des Kopfes, andere für die des Schwanzes verantwortlich sind. So enthält beispielsweise der Bereich, in dem sich der Kopf einer Fliege ausbilden soll, eine relativ große Menge des Produkts des *bicoid*-Gens, das den Kopf zur Entwicklung bringt; die Konzentration nimmt zum Hinterende des Fliegenembryos immer mehr ab. Der Bereich, in dem sich der Schwanz entwickeln soll, ist reich an einem schwanzbildenden, sogenannten *bicaudal*-Protein, das am Vorderende des Embryos völlig fehlt. So bildet sich in einem morphogenetischen Feld ein doppeltes Konzentrationsgefälle zwischen Vorder- und Hinterbereich aus. Die Zellen, die in diesem oder jenem Teil der Larve zu liegen kommen, empfangen an der äußeren Membran oder im Zellkern geeignete chemische Informationen, damit sie sich ihrem inneren Plan gemäß entwickeln und ausrichten können. Mutieren die beiden Gengruppen *bicoid* oder *bicaudal*, entstehen Larven mit zwei Köpfen oder aber Larven mit zwei Hinterleibern, denen Kopf und Brustkorb fehlen. Diese Geschöpfe sind, wie man sich denken kann, nicht lebensfähig.

Die Segmentierung

Sobald die große anterioposteriore Achse in Erscheinung getreten ist, beginnt sich der Embryo zu segmentieren. Würmer waren, historisch betrachtet, die ersten Tiere mit zwei entgegengesetzten Körperenden: Kopf und Schwanz. Die segmentierten Würmer, die sogenannten Glieder- oder Ringelwürmer, tragen deutliche Spuren dieser "Stückelung". Auf diese Weise entstehen bei allen Arten isolierte Zellverbände, aus denen die ersten, zu Ganglien zusammengefaßten Neuronen hervorgehen. Manchmal mißglückt die Segmentierung bei einer *Drosophila*-Larve, etwa unter dem Einfluß des Gens *fushi tarazu*, dessen japanischer Name "zu wenig Segmente" bedeutet (Abbildung 51).

Ist einem ausgewachsenen Insekt anstelle des Auges ein Flügel gewachsen oder Beine anstelle der Fühler, oder treten bei einem Zweiflügler plötzlich vier Flügel auf (wie bei der Libelle, einem Urahn der Fliegen), so spricht man von Homöose. Die Gene, die dafür verantwortlich sind, daß sich der Embryo dem Bauplan gemäß segmentiert und daß die Anhänge an den dafür vorgesehenen Stellen des Körpers wachsen, heißen homöotische Gene (von griechisch *homos*, "gleich", und *eos*, "unablässig"). Sie codieren die Synthese homöotischer Proteine, die die Segmentierung einleiten, und bewirken, daß Anhangsgebilde entstehen. In dem Komplex homöotischer Gene ließ sich stets eine besondere DNA-Sequenz, die Homöobox, identifizieren. Diese *black box* ist bei praktisch allen untersuchten segmentierten Tierarten dieselbe. Das zeigt ganz klar, daß Wirbellose und Wirbeltiere einen gemeinsamen Vorfahren besitzen (Abbildung 52). Bei Mäusen führen experimentell induzierte

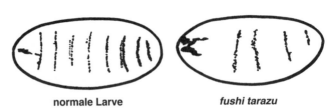

normale Larve **fushi tarazu**

51 Normale Larve und Segmentierungsmutante von *Drosophila melanogaster.* *Fushi tarazu* ist japanisch und bedeutet "zu wenig Segmente".

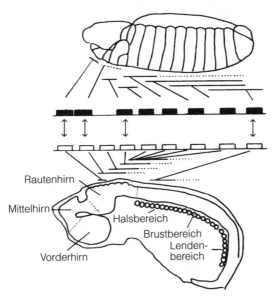

Rautenhirn

Mittelhirn

Halsbereich

Brustbereich

Lenden-
bereich

Vorderhirn

52 Verblüffend ähnliche Gensequenzen bei Insekt und Wirbeltier.
Als Wissenschaftler die Genabschnitte analysierten (sequenzierten), die bei
Insekten (*oben*) und Wirbeltieren (*unten*) die Segmentierung der Kopf-
Steiß-Achse codieren, stießen sie auf erstaunliche Übereinstimmungen.
Zwischen Wirbellosen und Wirbeltieren existiert ein sehr ursprüngliches ge-
netisches Band in Form der sogenannten *Hox*-Gene. (Vereinfachte Darstel-
lung nach W. McGinnis und R. Krumlauf, *Homeobox Genes and Axial Pat-
terning*, in *Cell* 68 [1992]. S. 283.)

Mutationen in der Homöobox (abgekürzt *Hox*) dazu, daß
Mäuse ohne bestimmte Hals- oder Brustwirbel und ohne die
entsprechenden Nervenstrukturen zur Welt kommen (Abbildung 53).

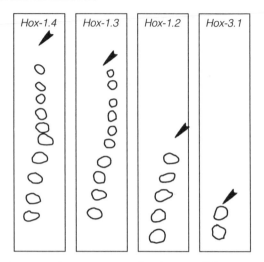

53 Experimente mit *Hox*-Genen der Maus. Injiziert man mutations-auslösende Substanzen in die befruchtete Eizelle von Mäusen, so führt dies, wenn sich eines der *Hox*-Gene verändert, zu einer schwerwiegenden Seg-mentierungsstörung.

Zauberstab auf Bodenplatte

Die Chorda dorsalis

Die Chorda dorsalis, die "Rückensaite", befindet sich in der Tat am Rücken. Das Wunder ihres Auftretens vor etwa 540 Millionen Jahren kann man nicht genug betonen und ebensowenig, welch tiefgreifende Folgen es hatte, daß sie seit jener Zeit bis in unsere Tage erhalten geblieben ist. Dieses Organ, das nicht einmal besonders auffällt, hat das Tierreich zwiegespalten: Mit einem Mal erschienen (mit einer Chorda dorsalis ausgestattete) Wirbeltiere in einer Welt ohne Chorda und Wirbel, deren stammesgeschichtlich jüngste Vertreter die Insekten sind.

Jene Struktur, die am Rücken eines 19 Tage alten menschlichen Embryos noch wie eine kurze dunkle Linie aussieht, wächst sich zu einem massiven, faserig aussehenden Stab aus. Die stabförmige Chorda, der Vorläufer der Wirbelsäule, entsteht in den Tiefen des Mesoderms zwischen Entoderm (dem Urdarmdach) und Ektoderm (der Rückenhaut). Entfernt man sie (bei einem Frosch-, Molch- oder Hühnerembryo), kann sich kein Nervensystem entwickeln. Umgekehrt läßt sich auch eine zweite Chorda parallel zur ersten einpflanzen (dann bilden sich zwei nebeneinanderliegende Nervenachsen) oder in die Bauchregion implantieren (ein solcher Embryo entwickelt sich allerdings nicht weiter). Bei manchen Menschen ist das Rückenmark über einen mehr oder minder großen Abschnitt doppelt angelegt (Diplomyelie) oder von oben bis unten durch eine Knorpellamelle buchstäblich in zwei Hälften gespalten (Diastematomyelie).

Die Neuralplatte

Die Neuralplatte wird von den englischsprachigen Wissenschaftlern *floor plate* ("Bodenplatte") genannt. Entlang ihrer Mittellinie tritt sie mit der Chorda dorsalis in Kontakt, und entlang dieser Kontaktzone beginnt sich beim 19 Tage alten menschlichen Embryo das Zentralnervensystem zu entwickeln. Von oben betrachtet, sieht die Neuralplatte wie ein Tennisschläger aus, der vorne breit ist und sich nach hinten verjüngt. Die anfangs dünne Wand wird durch die Teilungen der embryonalen Nervenzellen immer dicker. Die Neuronen ändern auch ihre Form. Axone sprießen hervor, die entweder entlang der Chordaachse wachsen oder sie überqueren und so Ansätze von Kommissuren bilden. Die beiden Ränder wölben sich, und die Platte faltet sich zur Neuralrinne auf.

Wenn man bei einem Hühnerembryo in dieser Phase Chorda

und Neuralplatte voneinander trennt, löst sich die Platte auf. Die sogenannte neurale Induktion findet nicht mehr statt. Dieser Abschnitt der Entwicklung ist nämlich entscheidend: Die Neuralplatte muß den Sprung zum Neuralrohr schaffen, sonst scheitert die Entwicklung des Zentralnervensystems. Die Platte muß sich vom umgebenden Ektoderm lösen, das zur Rückenhaut (Epiblast) wird. Beim Zebrafisch, *Brachydanio rerio*, zeigt sich, was eine ganz bestimmte, gut erforschte Genmutation, die durch Röntgenstrahlen hervorgerufen und nach den Mendelschen Gesetzen vererbt wird, in schlimmen Fällen bewirken kann: Die Neuralplatte löst sich auf, ihre Zellen geraten in Unordnung, doch hören sie nicht auf, weiter nach vorn zu wachsen. Das Gehirn wird länger und länger und mündet in einem einzelnen Auge. Dieser zyklopenhafte Fisch besitzt ein Gehirn, das allerdings ebenso leer ist wie das eines Lanzettfischchens.

Von der Rinne zum Rohr

Nachdem die Neuralrinne des menschlichen Embryos sich immer stärker vertieft hat, beginnt sie sich in der dritten Woche nach der Empfängnis zu schließen (Neurulation), indem sie ein Gewölbe, eine Art Dach aus Nervenzellen, bildet. Die Verschmelzung beginnt in Höhe des IV. Somitenpaares. Somiten sind Ursegmente des Mesoderms, die sich beim Segmentierungsprozeß in der Längsachse formiert haben und aus denen zahlreiche Gewebe (Knorpel, Knochen, Blutzellen, Eingeweide und so weiter) hervorgehen. Ausgehend von diesem Punkt der ersten Verschmelzung, schließt sich die Neuralrinne wie ein Reißverschluß in beide Richtungen, nach vorn und nach hinten: Die Rinne wird zum Rohr. In diesem Zusammenhang erweist sich die Entwicklungsgeschichte der Manteltiere und Eichelwürmer als sehr aufschlußreich (siehe Seite 56 bis 58).

Die Moleküle der Nervenzellenentwicklung

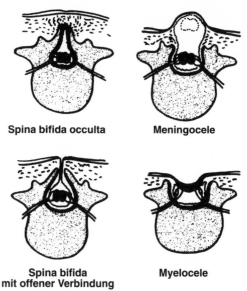

Spina bifida occulta   **Meningocele**

**Spina bifida
mit offener Verbindung**   **Myelocele**

54 Unterschiedliche Schweregrade einer Spina bifida. Die Erläuterungen zu den Abbildungen finden Sie im Text. (Nach B. Duhamel, 1966.)

Schließt sich das Neuralrohr während der Embryonalentwicklung eines Wirbeltieres nicht, führt dies zu unterschiedlich schweren Formen der Spina bifida, der Wirbelsäulenspaltbildung (Abbildung 54). Die Spina bifida gehört zu den dysraphischen Fehlbildungen (Dysraphie kommt aus dem Griechischen und bedeutet "fehlerhafte Naht"). Im links oben dargestellten Fall ist das Neuralrohr zwar geschlossen, der dahinterliegende Wirbelbogen aber nicht. Die Mißbildung liegt in der Tiefe und ist nur auf dem Röntgenbild zu erkennen. Im Beispiel links unten ergießt sich Liquor cerebrospinalis in die Überreste eines kleinen Kanals, der eigentlich geschlossen sein müßte. Die Mißbildung "kopiert" scheinbar den unteren Neuralrohrteil eines Lanzettfischchens (Abbildung 16). Bei der Darstellung rechts oben ist

173

der Wirbelbogen weit offen, und man erkennt, daß sich ein Bruchsack auf dem Rücken vorwölbt. Wenn dieser Bruchsack Rückenmark enthält, spricht man von einer Meningomyelocele, wenn nicht, von einer Meningocele. Bei der Myelocele, die unten rechts zu sehen ist, sind sowohl Wirbelbogen als auch Neuralrinne offen. Das Rückenmark hat sich als primitive Neuralplatte erhalten. Der gesamte unterhalb der Fehlbildung liegende Körperbereich ist gelähmt.

Zwei unterschiedliche Forschungsansätze, die im Abstand von wenigen Jahren entwickelt wurden, machen offenkundig, welch großes Interesse die Wissenschaftler der Bildung des Neuralrohres entgegenbringen: der Einsatz fluoreszenzmarkierter Immunglobuline oder Antikörper und die Sequenzierung konservierter Gene.

Anfang der achtziger Jahre verwendeten T. W. Sadler und seine Mitarbeiter erstmals fluoreszenzmarkierte Antikörper gegen Aktin, um zu verfolgen, wie sich die mutmaßlich kontraktilen Mikrofilamente während der Neurulation in den Zellen verteilen (T. W. Sadler et al., 1982). Aktin ist Bestandteil der zellulären Mikrofilamente und damit ein wesentliches Bauelement des Zell- oder Cytoskeletts. In den Frühphasen der Neuralrohrbildung befindet sich das Aktin vorzugsweise in den Basalregionen der neuroepithelialen Zellen. Auf Serienquerschnitten eines Mausembryos verlaufen die Ränder der Neuralrinne parallel und berühren sich in den bodennahen Regionen beinahe. In fortgeschrittenen Stadien der Neurulation verdichtet sich das Aktin in den Spitzenregionen der Zellen, die sich entlang des künftigen Neuralkanals gegenüberliegen. Die stärksten Konzentrationen finden sich dabei an zwei ganz bestimmten Stellen: Hoch oben im Neuralrohr, wo sich die Ränder immer weiter annähern und in Kürze verschmelzen – und genau gegenüber, am Boden des Neuralrohres, auf der Ebene der ursprünglichen Rinne, dort, wo die beiden Ränder schon miteinander in Kontakt stehen. Möglicherweise wirken die aktinhaltigen kontraktilen Mikrofilamente bei der Auffaltung und dem endgültigem Schluß des Neuralrohres mit. Schaut man sich die Querschnitte an, so sieht die Neuralanlage immer weniger wie eine Rinne und immer mehr wie ein Rohr aus. Die künftigen motorischen Nervenzellen des Rückenmarks bedecken den Boden des Rohres, die sensorischen Zellen *in spe* bilden das Dach.

Heute richtet man das Augenmerk auf die enge Verwandtschaft zwischen bestimmten Proto-Onkogenen und einigen Entwicklungsgenen. Was ist ein Proto-Onkogen? Ein Proto-Onkogen ist eine bestimmte DNA-Sequenz, von der es in einem tierischen Genom (der Gesamtheit aller Gene eines Organismus) im Normalfall etwa 30 Typen gibt. Dieses Gen ist für den normalen Verlauf bestimmter wesentlicher Phasen der Entwicklung unverzichtbar. Ist es qualitativ oder quantitativ verändert, kann es sich vom Proto-Onkogen in ein Onkogen, ein Krebsgen, verwandeln, das bei Kindern wie Erwachsenen ein ungehemmtes bösartiges Zellwachstum, also einen malignen Tumor, auszulösen vermag (*onko* kommt aus dem Griechischen und bedeutet "Geschwulst", *gen* steht hier für "erzeugen"). Bei Wirbeltierembryonen wurden zwei Proto-Onkogene besonders gründlich untersucht:

Das *Wnt-Gen*. Die DNA-Sequenz des Wnt-Gens ist mittlerweile entschlüsselt. Bislang kannte man es nur in seiner beunruhigenden Onkogen-Variante, die bei Mäusen zu Brustkrebs führt. In seiner Normalform als Proto-Onkogen, die sich im Erbgut aller untersuchten Wirbeltiere nachweisen läßt, sorgt *Wnt-1* dafür, daß das Neuralrohr auf ganzer Länge "verschweißt" wird. Dank moderner Markierungstechniken sind die Proteine des "Reißverschlußmechanismus", die dieses Gen codiert, bei einem zwölf Tage alten Mausembryo entlang der frühen Neuralrinne erkennbar (Abbildung 55). *Wnt-1* und die anderen Mitglieder seiner Genfamilie, *Wnt-2*, *-3*, *-4* und so

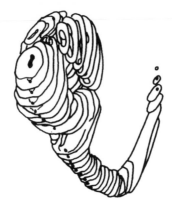

55 Die Expression des Gens *Wnt-1* in der Neuralrohrregion der Maus. Schematische Darstellung, angeregt durch das Titelfoto der Zeitschrift *Cell* im Juli 1987.

weiter, manifestieren sich nicht nur im Rückenmark, sondern auch in den höherliegenden zentralnervösen Strukturen. Macht man das Gen funktionsunfähig, bilden sich Klein- und Mittelhirn nicht mehr aus. Weiter vorne entwickelt sich nur noch das Großhirn und weiter hinten verlängertes Mark und Rückenmark. Der entsprechende Organismus ist natürlich nicht lebensfähig.

Das Pax-Gen. Das *Pax*-Gen gehört, wie das *Hox*-Gen, zu einer Superfamilie konservierter, musterbildender Gene. Die Mutationen dieses Komplexes hat man bei der Maus zu erforschen begonnen (P. Gruss und C. Walther, 1992). Sie rufen je nachdem, an welchem Ort sie auf den embryonalen Organismus einwirken (*Pax 2, 3, 4, 5, 6, 7* oder *8*), ausgeprägte Fehlbildungen des Zentralnervensystems hervor (Abbildungen 56 und 57). So kommen Träger der Mutationen von *Pax 6* ohne Augen und Ohren zur Welt. Das *Pax* getaufte Gen ist vermutlich nur eines

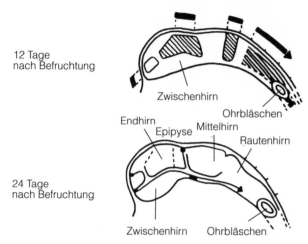

12 Tage
nach Befruchtung

24 Tage
nach Befruchtung

56 Wo die Gensuperfamilie *Pax* bei der Maus wirkt (Teil I). Längsschnitt durch Gehirn und Rückenmark eines Mauseembryos. Die markierten zentralnervösen Strukturen formieren sich unter dem Einfluß der Gene *Pax 2* bis *Pax 8*, die zu einer einzigen Genfamilie gehören. (Nach *Cell* 69 [1992]. S. 721.)

unter vielen: Forscher haben die hirnspezifische DNA einiger menschlicher Gehirne äußerst gründlich untersucht. Wie sie berichten, vermochten sie angeblich mehr als 2000 DNA-Sequenzen zu isolieren, die für die neuronale Entwicklung »förderlich« sind.

Gratwanderung über die Neuralleiste

Werfen wir einen Blick auf das quergeschnittene, sich entwickkelnde Neuralrohr eines Wirbeltierembryos (Abbildung 30) und schauen wir uns zudem Abbildung 58 an, so stoßen wir auf ein äußerst seltsames Phänomen: Aus dem Neuralrohr gehen Zell-

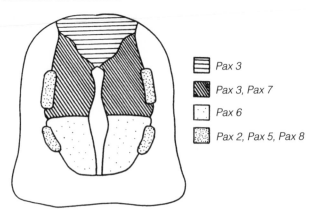

57   Wo die Gensuperfamilie *Pax* bei der Maus wirkt (Teil II). Querschnitt durch den Hirnstamm eines Mauseembryos. Markiert sind Wirkungsbereiche der Gene *Pax 2* bis *Pax 8*. (Nach *Cell* 69 [1992]. S. 721.)

verbände hervor, die sich beidseits entlang des Rohres ansammeln und dort eine Zeitlang verbleiben. Allerdings nicht für lange! Führt man den gleichen Schnitt ein wenig später durch, sind diese Strukturen schon wieder verschwunden. (Beim Menschen vollzieht sich dieser Vorgang binnen einer Woche, nämlich der fünften Schwangerschaftswoche.)

Erst nachdem sie sie 40 Jahre lang erforscht hatten, gelang es den Wissenschaftlern, diese rätselhaften Vorgänge zumindest teilweise zu erklären. Die Zahl der Arbeiten, die sich der Untersuchung der Neuralleiste widmen, ist beträchtlich.

Wer steuert die Wanderung, wer gibt den Weg an, und wer gibt den Zellen der Neuralleiste vor, wo sie sich letztlich und endgültig niederzulassen haben? Nun, es sind Proteinmoleküle, deren Gene während der Evolution der Wirbeltiere strukturell weitgehend gleichgeblieben sind. Die Zellwanderung an sich ist kein Phänomen, das allein embryonalen Zellen vorbehalten ist.

Bei Entzündungen, Narbenbildung, Blutstillung und Immunreaktionen werden ebenfalls Zellen mobilisiert. Die Proteinmoleküle, die die Zellwanderung begünstigen oder behindern, gehören zu jenen großen Molekülfamilien, die dafür sorgen, daß Zellen besser oder schlechter aneinanderhaften.

Was nun die Neuralleiste im einzelnen betrifft, so läßt sich der Ablauf der Ereignisse anhand jener bemerkenswerten Forschungsarbeiten, die Nicole Le Douarin 1982 vorlegte, extrem vereinfacht so darstellen: Die Zellen, die aus dem Neuralrohr hervorgegangen sind und sich vorübergehend zu beiden Seiten des Rohres in den Neuralleisten gesammelt haben, begeben sich

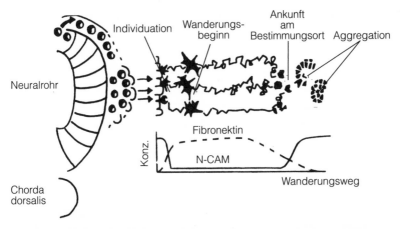

58 Szenario der Neuralleistenzellwanderung. Die schematische Darstellung zeigt, wie sich Zellen der Neuralleiste in einer Zellkultur auf Wanderung begeben, um sich dann zu ortsständigem Nervengewebe zu formieren. Während der Wanderung ist die Konzentration von Fibronektin hoch, die von N-CAM (*Neural Cell Adhesion Molecule*) niedrig. Nachdem die Zellen ihren Bestimmungsort erreicht haben, kehrt sich das Konzentrationsverhältnis um. (Nach Rouasio und Thiery. In: N. Le Douarin: *The Neural Crest*. Cambridge [Cambridge University Press] 1982.)

auf eine Art "Riesenslalom", der zum "Spezialslalom" wird (Abbildung 58). Mit anderen Worten, die anfangs quasi uniformen, kugelrunden, nicht speziell ausgestatteten Zellen preschen zunächst vor und nehmen dabei, um Tempo zu machen, so etwas wie eine "ideale Abfahrtshaltung" ein. Hindernisse treten auf: Die Kugel verformt und verzerrt sich zu einem sternförmigen Gebilde. Gleitvermögen und das richtige "Wachs" sind das A und O. Alle Verantwortlichen sind bestens vorbereitet, die Gene wie auch ihre Produkte. Gewinner gibt es nicht, Dabeisein ist alles. Pannen und Stopps sind nicht ausgeschlossen. Eine laufuntüchtige Zelle gerät selbst zum Hindernis und zur Ursache für kaskadenartig auftretende Fehler. Sobald sie die Ziellinie am Ende der Strecke passiert haben, sammeln sich die meisten der Slalomläuferzellen in Gruppen.

Nun nehmen diese Zellen äußerst differenzierte Formen an: Einerseits entwickeln sich die Neuronen der Spinalganglien, jene der Ganglien des autonomen Nervensystems sowie Gliazellen, die mit den Neuronen eng vergesellschaftet sind; andererseits differenzieren sich die Zellen, die die Hirnhäute aufbauen, daneben melaninhaltige Pigmentzellen und adrenalinproduzierend Zellen des Nebennierenmarkes (siehe Seite 209).

Die zellhaftungsfördernden Substanzen (Adhäsionsmoleküle) sind wohlbekannt, beispielsweise das Fibronektin. Enthält die Umgebung einer Zelle Fibronektin und deren Zellmembran nur wenige Rezeptoren, die sich an dieses Protein binden, so kann die Zelle über diesen Fibronektin-Teppich hinweggleiten. Auf ihrer Wanderschaft vervielfachen sich die Rezeptoren und konzentrieren sich an bestimmten Stellen der Membran. Dort bilden sich nun starke Bindungen zum Fibronektin aus, und deshalb kommt die Zelle schließlich zum Stehen. Jetzt nimmt sie Kontakt mit den sie umgebenden Zellen auf (Abbildung 59). Vermittelt durch das neurale Zelladhäsionsmolekül N-CAM (*neural cell adhesion molecule*), das die Zellen am Zielort vermehrt auf

Die Moleküle der Nervenzellenentwicklung

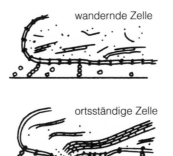

wandernde Zelle

ortsständige Zelle

59 Schwache chemische Bindungen und Zellwanderung – eine Hypothese. Über die gesamte Membran sind Adhäsionspunkte verteilt. *Oben*: Die Zelle wandert zunächst, dann bleibt sie haften. *Unten*: Die Haftpunkte gruppieren sich um, und die Zelle wird an Ort und Stelle fixiert. (Nach *Médecine/Sciences*.)

ihrer Oberfläche bilden und das die Zellen aneinander haften läßt, formieren sich feste Zellgruppen. Das auf diese Weise verankerte Gewebe richtet sich in der Folge an Ort und Stelle ein.

Mehr als hundert Jahre bedurfte es, um die Ursachen einer eigenartigen, doch nicht seltenen Erbkrankheit aufzudecken. Zu ihren Symptomen zählen über den ganzen Körper verteilte hellbraune Hautveränderungen, sogenannte "Milchkaffeeflecken", sowie weiche, mehr oder minder große gutartige Tumoren, die den Nerven aufsitzen und die darüberliegende Haut nach außen vorwölben. Bisweilen bildet sich auch in der Nebenniere eine gutartige Geschwulst. Sie kann den Blutdruck krisenhaft ansteigen lassen, da sie große Mengen gefäßverengend wirkendes Adrenalin ausschüttet. Gelegentlich fehlt von Geburt an auch jenes Nervengeflecht, das für die rhythmischen Darmkontraktionen verantwortlich ist, so daß der Darminhalt nicht mehr weitertransportiert wird. Die Folgen sind ein extrem weitgestellter Dickdarm (ein kongenitales Megacolon) und eine Verstopfung, die zum Darmverschluß führen kann.

Der Symptomenkomplex resultiert aus einer fehlerhaften Entwicklung der Neuralleiste (was das Nebeneinander von Pigmentanomalien, Tumoren der Nervenscheiden, bisweilen auch der Nebenniere, und kongenitalem Megacolon erklärt) und ist allein auf die Launen eines einzigen Gens zurückzuführen! Das Krankheitsbild heißt Neurofibromatose oder Recklinghausen-Krankheit nach dem deutschen Pathologen F. D. von Recklinghausen, der es 1882 in Straßburg beschrieb.

Ist das betreffende Gen, das – wie wir inzwischen wissen – auf dem Chromosom 17 angesiedelt ist, normal, das heißt nicht mutiert, synthetisiert es ein Protein aus 2818 Aminosäuren. In funktionstüchtiger Form schützt es den Organismus vor den erwähnten Wucherungen und Fehlbildungen. Deshalb bezeichnet man es als Tumorsuppressorgen. Ist das genannte Gen in allen Zellen des Körpers mutiert, bricht die Krankheit aus und wird von Generation zu Generation weitervererbt. Andere sogenannte Tumorsuppressorgene bewahren den Organismus vor bestimmten erblichen Tumoren, etwa vor dem Retinoblastom, einer Krebsgeschwulst der Augennetzhaut.

Gipfelstürmung

Die Kleinhirnrinde

Es bedarf schon einer gewissen Phantasie, um neuentdeckte Mutanten zu taufen. Bestimmte fehlgebildete *Drosophila*-Larven erhielten – wie wir hörten – die Namen Schnecke oder Schlange, einäugige Zebrafische nannte man Zyklop und eine schwanzlos zur Welt gekommene Ratte *tailless*. Neurochemiker, die sich mit der Biochemie des Kleinhirns beschäftigten, legten seinerzeit eine besondere Originalität an den Tag, als sie einige bewegungsbehinderte Mäuse, die nicht richtig laufen konnten, mit den Bezeichnungen *staggerer* für "Stolperer" oder *shiverer* für "Zitterer" belegten.

Genetiker ziehen es vor, dem normalen Allel (das sie als Wildtyp bezeichnen) das Zeichen + beizugeben und das mutierte Gen mit einer Abkürzung in Kleinbuchstaben zu versehen, die auf die mutationsbedingte Anomalie verweist. (Ein Allel ist die Zustandsform eines Gens.) Zum Beispiel bedeutet das englische Wort *weaver* (*wv*) "Weber". Wenn man die Kleinhirnrinde der *weaver*-Maus untersucht, stellt man fest, daß eine (homozygote) *wv/wv*-Maus "schlecht gewebt" ist. Dabei ist es nicht so wichtig zu klären, ob die veränderte Kleinhirnrinde Folge eines vorzeitigen Zelltods ist oder ob vielleicht eine wegweisende Gliazelle aus dem Marklager "versagt" hat. Wie das Zellgewebe normalerweise aufgebaut ist, zeigt Abbildung 40, und wie es bei der *weaver*-Maus aussieht, ist in Abbildung 60 dargestellt. Über die molekularen Anomalien genetischen Ursprungs, die mit den *staggerer*-, *weaver*-, *shiverer*-Mäusen und anderen Mutationen in Zusammenhang stehen, weiß man heute vergleichsweise gut Bescheid. Einigen Forschern ist es sogar gelungen, Mausmutanten zu "heilen", indem sie sogenannte transgene Mäuse (denen sie neues Erbmaterial injiziert hatten) züchteten: Die "Zitterer" beispielsweise zittern dann nicht mehr und haben eine normale Lebenserwartung.

Die Großhirnrinde

Beim eigentlichen Cortex, wie die Großhirnrinde oft genannt wird, ist weniger das Gehirn der Maus als das des Menschen Hauptforschungsobjekt. Anomalien des corticalen Gewebeaufbaus lassen sich entweder auf die zu geringe Zahl nach oben

Kleinhirnrinde der *weaver*-Maus

äußere Körnerzellschicht

Molekularschicht

Purkinje-Zellschicht

innere Körnerzellschicht

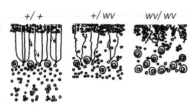

Großhirnrinde bei Menschen mit Zellweger-Syndrom

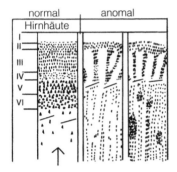

60 Gestörter Hirnrindenaufbau bei Maus und Mensch. *Oben*: Der Schnitt durch die Kleinhirnrinde von *weaver*-Mäusen zeigt die unterschiedlichen Phänotypen dreier Allelkombinationen: +/+ ist die homozygote Normalform, der sogenannte Wildtyp; +/*wv* ist die heterozygote Mutante mit gestörtem Aufbau der Kleinhirnrinde; *wv*/*wv* ist die homozygote Mutante mit schwer gestörtem Rindenaufbau. *Unten*: Beim Zellweger-Syndrom verläuft die Entwicklung der menschlichen Großhirnrinde anomal. Die Gliazellen sind derart verändert, daß sie den wandernden Neuronen nicht mehr den Weg in die entsprechenden Rindenschichten weisen können. Die Nervenzellen bleiben dann in einer Schicht hängen, in der sie normalerweise nicht vorkommen. (Nach G. Evrard.)

kletternder Zellen zurückführen oder auf Mängel der wegweisenden Glia- oder Stützzellen.

Bei dem Syndrom, das der amerikanische Kinderarzt H. Zellweger aus Iowa City in den frühen siebziger Jahren beschrieb, sind die wandernden Neuronen in ausreichender Zahl vorhanden. Doch fehlen die Gliazellen, die ihnen als Stütze und

Leitstruktur auf dem Weg in die Rindenschichten unentbehrlich
sind. Die Kletterer bleiben am Fuße der Gebirgswand zurück.
Das Neugeborene leidet unter einer Schlaffheit der Muskulatur;
es krampft und ist überdies blind und taub. Seine Leber und
Nieren arbeiten schlecht. Die Kernspintomographie des Gehirns
läßt die Anomalie erahnen. Das Kind stirbt, bevor es das erste
Lebensjahr vollendet hat. Die Autopsie bestätigt häufig die Diagnose (Abbildung 60). Biochemisch läßt sich das Phänomen
folgendermaßen erklären: Das Myelin, das die markscheiden-
bildenden Oligodendrocyten (aus dem Kreise der Neuroglia)
produzieren, enthält zu viele Fettsäuren mit sehr langen Ketten
aus mehr als 24 Kohlenstoffatomen. Und dies, weil das Enzym
fehlt, das diese Moleküle normalerweise funktionsfähig macht.
Die Krankheit ist erblich und wird mit einer Wahrscheinlichkeit
von 25 Prozent auf die Kinder der folgenden Generation über-
tragen. Allerdings läßt sie sich durch eine Fruchtwasseruntersu-
chung heute schon pränatal diagnostizieren.

Geheimnetze und Netzgeheimnisse

Wie finden die sich entwickelnden Neuronen zueinander, wie
erkennen sie sich, wie stellen sie Verbindungen untereinander
her? Gegen Ende des 19. Jahrhunderts beschrieb und identifi-
zierte Santiago Ramón y Cajal bewegliche Filamente, die ganz
am Ende der Nervenfasern saßen und ständig die Umgebung
abzutasten schienen. Er nannte sie Wachstumskegel. Kulturen
isolierter Neuronen inspirierten R. Sperry zu Beginn der sechziger Jahre zur Theorie der Chemoaffinität: »Der Weg, den jede
Nervenfaser zurückgelegt, ist das Ergebnis einer ununterbroche-
nen Folge von Entscheidungen. Diese beruhen auf den unterschiedlichen Affinitäten der explorierenden Filamente ... gegenüber den jeweiligen Elementen, auf die sie stoßen, während sie
die Umgebung sondieren.« Sogenannte Fadenfüßchen oder Filo-

podien sprießen aus dem Wachstumskegel hervor und breiten sich in alle Richtungen aus. Sie enthalten Aktin, ein äußerst raumgreifendes Protein des Zellskeletts, dehnen sich aus, bewegen sich vorwärts und können sich binnen weniger Minuten wieder zurückziehen (Abbildung 61).

Die sich entwickelnden Neuronen haben nur ein Ziel: Verknüpfungspartner zu finden. Während ihrer programmierten Wanderung läßt nichts darauf schließen, daß sie noch etwas anderes im Sinn hätten. Solange sie nicht auf andere Nervenzellen, mit denen sie zusammenarbeiten müssen, getroffen und mit ihnen in Kontakt getreten sind, haben sie nicht einmal ihre endgültige Form erlangt. Einige Zellen sehen später wie Pyramiden aus, andere wie Kugeln und wieder andere wie Sterne. Die definitive Gestalt zeugt davon, daß sie Stabilität erreicht haben. Im Neuron, das noch auf der Suche ist (Sarnat, 1987) sind nur bestimmte Gene aktiv: solche, die für die Synthese der Proteine der die Umgebung abtastenden Filopodien zuständig sind, und solche, die Moleküle codieren, die imstande sind, zu greifen, den Kontakt mit künftigen Partnern aufzunehmen und Unbekanntes zu meiden, selbst um den Preis eines großen Umwegs.

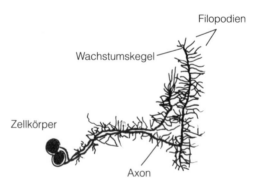

61 Axon mit Wachstumskegel und Filopodien. (Nach *Pour la Science* 2 (1985). S. 60.)

Doch diese besondere Chemie ist bislang kaum erforscht. Einige Neuronen oder ihre Fortsätze haben im Verhältnis zu ihrer Größe enorme Strecken zurückgelegt: Das Axon eines motorischen Neurons, dessen Zellkörper seinen Platz in der Großhirnrinde gefunden hat, wächst nach unten, kreuzt in Höhe des verlängerten Marks auf die Gegenseite (die rechte motorische Großhirnrinde steuert die linke Körperhälfte und umgekehrt) und gelangt schließlich ins Rückenmark, um Verbindung zu einem zweiten motorischen Neuron aufzunehmen. Beim erwachsenen Menschen hat es schließlich eine Länge von etwa einem Meter. Beim Blauwal hat das in Frage kommende Axon mehrere Meter zurücklegen müssen, bevor es zu einer der Synapsen gelangt, die die mächtigen Bewegungen der Schwanzflosse des größten Tieres der Welt steuern.

Die Moleküle der Nervenzellfunktion

Ein großes Unternehmen, das die Informationsübermittlung und Telekommunikation in einem festgelegten Gebiet neu einrichten und sicherstellen soll, geht im allgemeinen folgendermaßen vor:

- Es installiert Funktionseinheiten und Zentralen und baut diese zu einem Netz aus: Das ist die Installationsphase.
- Es erzeugt Kommunikationssignale, was so wirksam und so sparsam wie möglich geschehen muß, und leitet sie in speziell hierfür eingerichteten Leitungen fort: Das ist die Phase der Signalerzeugung und -leitung.
- Es versorgt die Schaltkreise, die es geschaffen hat, mit Energie und Information, erfüllt Aufträge, paßt sich der Nachfrage an und reguliert den Informationsfluß, wobei es gegebenenfalls seine Strukturen und Funktionen entsprechend verändert: Das ist die Phase der Signalübertragung und -verteilung.
- Es ist in der Lage, Schwachstellen, Mängel und Pannen selbst aufzuspüren, entwickelt Strategien der Vorsorge und des Krisenmanagements und folgt dabei einem Wartungsplan.

Was die moderne Telekommunikation unserer Tage zustande bringt, beherrscht das Zentralnervensystem schon seit Urzeiten. Egal, ob sich das betreffende Unternehmen dieser Parallelen bewußt ist oder nicht, es folgt dem Beispiel aus der Natur in jedem Fall, denn dieser Weg ist der richtige.

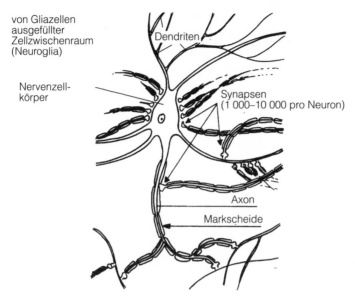

62 Neuron. Schematische Darstellung.

Installation

Ein ausdifferenziertes Neuron (Abbildung 62) besteht gewöhnlich aus:

- einem pyramiden-, stern-, kugel- oder andersförmigen Zellkörper mit einem Kern, der die Gene enthält, und einem Cytoplasma, das als Träger der Zellfunktionen die Proteine enthält, deren Synthese wiederum von den Genen gesteuert wird;
- zahlreichen afferenten (zum Zellkörper hinführenden) Fortsätzen, sogenannten Dendriten, die den Zellkörper wie eine Art Strauchwerk umgeben und dazu dienen, Informationen aus dem neuronalen Netzwerk zu empfangen;

189

— einer einzigen efferenten (vom Neuron wegführenden) Nervenfaser, dem Axon, das sich an seinem Ende in eine Vielzahl von Kollateralen (Seitenästen) verzweigen kann und häufig von einer Markscheide umhüllt ist, die eine schnellere Fortleitung des Nervensignals ermöglicht.

Im Innern des Axons findet ein stetiger Stofftransport (axonaler Transport) statt. Er sorgt unter anderem dafür, daß Neurotransmitter- und Neuropeptidmoleküle, die im Zellkörper gebildet werden, rasch an ihren Wirkort – das sind die Endstationen des Axons, die sogenannten synaptischen Endigungen – gelangen. Diese sind oftmals knopfartig aufgetrieben, weshalb man sie auch synaptische Endknöpfchen nennt.

Erreicht das Nervensignal die synaptischen Endigungen, schütten diese die Moleküle in den synaptischen Spalt aus, einen sehr schmalen, etwa 20 Nanometer breiten Raum zwischen der Axonendigung und der benachbarten Zelle. (Ein Nanometer ist ein Millionstel Millimeter.) Nur Bruchteile einer Tausendstelsekunde benötigen die Überträgermoleküle, um zur Dendritenmembran des nachgeschalteten Neurons, zur sogenannten postsynaptischen Membran, zu gelangen. Diese ist in der Lage, das zu übermittelnde Signal zu hemmen, es erneut auszulösen oder aber modulierend auf es einzuwirken. Der Komplex aus präsynaptischem Endknöpfchen, synaptischem Spalt und postsynaptischer Membran heißt Synapse.

Während Dendriten, Zellkörper und Axon das Signal in elektrischer Form weiterleiten, wird es an der Synapse in eine chemische Form umgewandelt – in eine mehr oder minder große Menge Neurotransmitter, der in der nachgeschalteten Zelle wieder elektrische Phänomene auslöst, seien sie impulshemmend oder impulsfördernd.

Signalerzeugung und Signalleitung

Die erste elektrische Batterie

Im Jahre 1757 stellte der französische Botaniker Michel Adanson bei einer Studienreise durch den Senegal die Hypothese auf, daß sich der senegalesische Zitterwels auf grundsätzlich ähnliche Weise entlädt wie eine Leidener Flasche. (Mit seinem elektrischen Organ erzeugt der Wels heftige Spannungsstöße zum Zwecke des Beutefangs oder der Feindabwehr.) Der Erfinder besagter Flasche, der holländische Physiker Pieter van Musschenbroek, stimmte dem zu und führte seinerseits Experimente mit Zitteraalen durch (siehe auch Abbildung 63). Leben konnte also eine ''dynamische'' elektrische Ausdrucksform annehmen, was im übrigen mit dem berühmten Versuch am isolierten (einstmals als ''galvanoskopisch'' bezeichneten) Schenkel samt Nerv des Frosches in Einklang stand. Ab dem Jahr 1800 verfügten die Wissenschaftler dank der Voltaschen Säule über soviel Strom, wie sie für ihre Experimente benötigten.

Bald sollte eine elektrochemische Theorie folgen: Jede organische Verbindung besteht aus dem Zusammenschluß positiver und negativer Teilchen. Wir werden später sehen, daß der molekulare Stoffwechsel der Gewebe elektromotorische Kräfte erzeugt. Sie resultieren aus Mechanismen, die jeder tierischen Zelle eigen sind und ihr ermöglichen, positiv und negativ geladene Teilchen voneinander zu trennen und polarisierte Moleküle auszurichten. Mittels Mikroelektroden lassen sich stabile, vorübergehende oder periodische Potentialunterschiede (Spannungen) registrieren, die von einer Zehntausendstelsekunde bis zu Stunden oder sogar mehrere Tage anhalten können.

Ein Herz, das man dem Körper entnommen hat, hört nicht so rasch auf zu schlagen. Die innere Batterie, die den Herzmuskelfasern periodisch Impulse übermittelt, besteht aus sehr ur-

63 Alex. (Cartoon, entnommen aus *Nature* 355 [1992]. S. 780.)

sprünglichen Zellen, die eine Art Mischform aus motorischen und sensorischen Zellen darstellen. Diese Batterie läßt sich, wenn sie versagt, durch Elektroschock (durch eine sogenannte Defibrillation) wieder in Gang bringen oder aber ersetzen, indem man einen künstlichen Herzschrittmacher einpflanzt.

Bei der Methode der Elektroencephalographie registrieren der Kopfhaut direkt aufsitzende Elektroden fortlaufend die elektrische Aktivität corticaler Neuronen. Deren Aktivität ändert sich je nachdem, ob der Mensch schläft oder wach ist und ob die Augen geöffnet oder geschlossen sind. Bekanntlich bedeutet eine Nullinie beim Elektroencephalogramm (EEG) rechtsmedizinisch, daß der Tod eingetreten ist.

Die üblichen Potentialschwankungen im EEG weisen eine Amplitude von nur 50 bis 100 Mikrovolt auf. Die sogenannten evozierten Potentiale, die man zu diagnostischen Zwecken als Antwort auf äußere Reize hervorruft, erzeugen sogar Amplituden von lediglich 0,5 bis fünf Mikrovolt. Störendes Hintergrundrauschen läßt sich bei diesem Verfahren durch spezielle Techniken beseitigen. Insbesondere die Seh- und Hörbahnen werden routinemäßig mittels Evokation untersucht. Bei Hörbahntests sitzen die Elektroden an verschiedenen Stellen des Nackens und des Hinterhauptes. Auf diese Weise läßt sich die Reizwelle, die vom Innenohr ausgeht, entlang ihres gesamten Weges "verfolgen" und vorhandene "Hindernisse" (beispielsweise ein Tumor) aufspüren.

Seit jener Zeit, als der erste Reflexbogen auf Erden entstand – er ließ bei einer Qualle, die mit Feind oder Beute zusammenstieß, einen Nesselfaden herausschießen –, bis heute, da neuronale Schaltkreise der menschlichen Großhirnrinde rationales Denken vermitteln, sind kaum 600 Millionen Jahre vergangen. Die natürliche Selektion begünstigte die Entwicklung von immer größere Kreise ziehenden und leistungsfähigeren Nervennetzen.

Membran und Nervenimpuls

Das Neuron ist eine Zelle, die Reize beantwortet, indem sie Erregung in Form von Spannungsänderungen an ihrer Zellmembran erzeugt. Die äußere Membran des Neurons ist eine fünf Nanometer dicke Barriere für alle größeren wasserlöslichen Substanzen. Sie ermöglicht der Zelle, in ihrem Innern Konzentrationen bestimmter Ionen und damit einen Ladungszustand aufrechtzuerhalten, der sich von der Ionenkonzentration und dem Ladungszustand ihrer Umgebung unterscheidet: So enthält die ruhende Nervenzelle zehnmal weniger Natrium als ihre Umgebung, doch zehnmal mehr Kalium. Diese gegenläufigen Konzentrationsgefälle erzeugen ein permanentes Ladungsgefälle, das im Zellinnern −70 Millivolt beträgt, das sogenannte Ruhepotential der Nervenzellmembran.

Um das Konzentrationsgefälle der gesamten Ionen an der Membran aufrechterhalten zu können, tauscht ein spezielles Membranprotein, die Natrium-Kalium-Pumpe, unablässig drei Natriumionen aus dem Zellinnern gegen zwei Kaliumionen aus der Umgebung aus. Des weiteren ist die Zellmembran der Neuronen mit speziellen Proteinkanälen ausgerüstet. Sie stellen selektive Schleusen dar, durch die entweder Natrium-, Kalium- oder aber Calciumionen in die Zelle hinein beziehungsweise aus ihr heraus gelangen können. Diese Ionenkanäle bilden die molekulare Grundlage für die Erregbarkeit des Neurons.

Sobald sich ein Nervenimpuls von einem Zellkörper aus in Bewegung setzt, öffnen sich unverzüglich die Natriumkanäle der Axonmembran. Daraufhin dringen Natriumionen, ihrem Konzentrationsgefälle folgend, aus der Umgebung des Neurons in großen Mengen in das Zellinnere ein. Dort, wo die Natriumionen einströmen, kehrt sich das Membranpotential des Axons praktisch ins Gegenteil: Für einen kurzen Augenblick wechselt es von dem negativen Wert des Ruhepotentials (−70 Millivolt) zu einem positiven Wert (+40 Millivolt). Man spricht von einem Aktionspotential. Der Vorgang der Ladungsumkehr heißt Depolarisation (Abbildung 64).

Dieser Vorgang erfaßt nacheinander alle nachfolgenden Membranabschnitte, und es entsteht eine Welle aus Aktionspotentialen, die mit einer Geschwindigkeit von mehreren Dutzend Metern pro Sekunde das Axon entlangrast wie Feuer entlang einer Zündschnur. Die Natriumionenkanäle öffnen sich, sobald die Welle eintrifft, und schließen sich hinter ihr sofort wieder. Schließlich erreicht die Depolarisationswelle die synaptische Endigung.

Die Aktionspotentiale sind hinsichtlich ihrer Amplitude und Dauer ziemlich konstant. Sie unterscheiden sich lediglich in der Frequenz, das heißt darin, wie viele Signale das Neuron pro Sekunde aussendet. Wie die frequenzmodulierenden modernen Radioempfänger (daher die Abkürzung FM), die für elektromagnetische Störungen, etwa durch Gewitter, Neonröhren und Anlasser von Automotoren, relativ unempfindlich sind, so verschlüsselt auch das Neuron Informationen, indem es die Frequenz von Signalen identischer Stärke variiert. Die Wellenbewegung läßt sich durch praktisch nichts beirren, dem sie auf ihrem Weg entlang des Axons ausgesetzt ist. So ist es dem Nervensystem möglich, in einer mehr oder minder stark von elektrischen Feldern gestörten Umgebung reibungslos zu funktionieren.

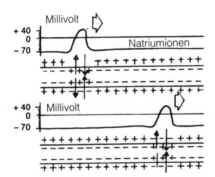

64 Ein Nervenimpuls pflanzt sich fort. Natriumionen strömen in die Zelle ein und depolarisieren die Membran. Es entsteht ein Aktionspotential, das sich saltatorisch ("in Sprüngen") fortpflanzt. Das Aktionspotential ist die elektrische Manifestationsform des Nervenimpulses.

Die Nervenzelle kann eigenständig und spontan fortlaufend elektrische Impulse erzeugen (vergleichbar mit denen eines künstlichen Herzschrittmachers) oder Resonanzphänomene an den Tag legen. Spontanerregung und Resonanz dürften unentbehrlich sein, wenn es darum geht, Neuronennetze in Betrieb zu halten, die Muskeltätigkeit zu koordinieren und Vigilanz (Wachheit) sowie Schlaf-Wach-Rhythmus regulierend zu beeinflussen.

Myelin und Markscheide

Über markhaltige oder myelinisierte, das heißt elektrisch besonders gut isolierte Axone verfügen nur die Wirbeltiere. Dieser Selektionsvorteil wurde im Laufe der Evolution bewahrt und weiter ausgebaut.

Das Myelin, das die peripheren, also die außerhalb des Schädels und der Wirbelsäule liegenden Nervenfasern umhüllt, stammt von den Schwann-Zellen. Diese Gliazellen gehen aus der Neuralleiste hervor. Innerhalb des Zentralnervensystems sind es die Oligodendrocyten (wörtlich die "Zellen mit wenigen Verzweigungen"), die das Myelin, die weiße Hirnsubstanz, synthetisieren (siehe Seite 85). Gemeinsam mit den sternförmigen Astrocyten gehören sie zur Neuroglia, die man als "Gesamtheit der Zellen des Zentralnervensystems, die selbst keine Neuronen sind, diese jedoch leiten, stützen und ernähren" definieren könnte. Ein Oligodendrocyt bildet Fortsätze, die die Axone buchstäblich in Myelin kleiden, indem sie diese mehrfach wie mit Tüchern umwickeln, so daß das Axon schließlich in einer engen Markscheide steckt. Diese besteht aus mehreren Schichten. Die Myelinhülle ist somit eine ausgezeichnet isolierende Schicht gegenüber der Umgebung im allgemeinen und benachbarten Axonen im speziellen.

Bereits im letzten Jahrhundert entdeckte der Lyoner Histologe L. A. Ranvier, daß die Myelinscheide entlang des Axons immer wieder Einschnürungen aufweist. Diese Ranvierschen Schnürringe sind echte Lücken in der sonst durchgängigen Markscheide, die sich genau in Höhe der Stellen der Nervenfasermembran befinden, an denen die Natriumionenkanäle in hoher Dichte auftreten, nämlich rund tausend Kanäle pro Quadratmikrometer!

An marklosen Nervenfasern, die bei Wirbellosen oder im autonomen Nervensystem der Wirbeltiere vorkommen, erzeugt der Natriumionenfluß – wie wir gesehen haben – dort, wo er einwirkt, einen elektrischen Strom, der die Membran depolarisiert. Nachdem die Depolarisation erfolgt ist, kann die Membran sich wieder vollständig repolarisieren, das heißt zum Ruhepotential zurückkehren. Vom Ort der Depolarisation breitet sich die Erregung kontinuierlich und ohne schwächer zu werden aus. In Nervenfasern mit Markscheiden strömen die Natriumionen nur an den Stellen in die Membran ein, an denen die Lücken, also die Ranvierschen Schnürringe, den Zugang zur Membran freigeben. Die Erregung "springt" sozusagen von einem Schnürring zum nächsten. Diese Form der Erregungsleitung wird als diskontinuierlich oder saltatorisch bezeichnet. Dabei pflanzen sich Aktionspotentiale viel schneller fort als bei der kontinuierlichen Erregungsleitung. Überdies können die Axone viel dünner sein als marklose Fasern mit gleicher Leitungsgeschwindigkeit, was Energie und Platz spart. Folglich lassen sich innerhalb eines markhaltigen Nervenstrangs wesentlich mehr Axone unterbringen als in einem gleich großen marklosen. Beim Frosch leitet ein zwölf Mikrometer dickes myelinisiertes Axon Impulse mit einer Geschwindigkeit von 25 Metern pro Sekunde weiter. Genauso schnell pflanzen sich auch die Aktionspotentiale im nicht myelinisierten Riesenaxon des Tintenfisches fort; doch benötigt dieses mit bloßem Auge erkennbare Axon für die gleiche

Leistung eine Dicke von einem halben Millimeter und das Fünftausendfache an Energie!

Axonaler Transport

Im Inneren des Axons herrscht ein stetiger langsamer Plasmafluß, der von seiner Geschwindigkeit her mit der rasanten Erregungsleitung nicht zu vergleichen ist. Er dient dem Transport von Molekülen – Lipiden und Proteinen für die Axonmembran etwa oder Enzymen für die Synthese von Neurotransmittern – zu Orten der Nervenzelle, wo sie gebraucht, abgebaut oder wiederverwertet werden. Die Plasmaströmung geht vom Zellkörper aus und durchzieht das Axon und die Dendriten mit einer Geschwindigkeit von zwei Millimetern bis zu einigen Zentimetern pro Tag. Wie lange der Transport im einzelnen dauert, hängt davon ab, welche spezifische Funktion das betreffende Neuron ausübt, wie groß die transportierten Moleküle sind und wie lang die zurückzulegende Strecke ist. Bei besonders langen Axonen kann der Transport an den Zielort zwei bis drei Wochen in Anspruch nehmen. Trennt man Axon oder Dendriten vom Zellkörper ab, zerfallen und verkümmern sie. Intakt gebliebene Zellkörper hingegen können neue Dendriten und ein neues Axon aussprießen lassen.

Neben den Aktinfilamenten, die zum Cytoskelett einer jeden Zelle gehören, und den Neurofilamenten, die man ausschließlich im Zellgerüst der Nervenzellen antrifft, gibt es in den Axonen und Dendriten noch eine weitere Gruppe wichtiger Strukturen: die Mikrotubuli. Diese aus dem Protein Tubulin bestehenden röhrenförmigen Gebilde spielen eine wesentliche Rolle beim axonalen Transport. Elektronenmikroskopische Serienschnittbilder zeigen, daß die Bläschen oder Vesikel, die vom Zellkörper in die Peripherie wandern, dies nicht im Innern der

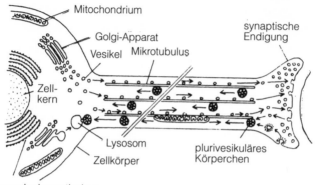

65 Axonaler Transport. Entlang den axonalen Mikrotubuli tauschen Nervenzellkörper und synaptische Endigung laufend Stoffe aus. Am Golgi-Apparat des Zellkörpers werden Neurotransmitter in Vesikel verpackt und anschließend in Richtung Synapse befördert. Die synaptische Endigung bildet die Kontaktstelle zur postsynaptischen Zelle. Überschüssiges Membranmaterial, das dort nach Freisetzung des Transmitters anfällt, wird von plurivesikulären Körperchen wiederaufgenommen und zu Lysosomen im Zellkörper gebracht, in denen es abgebaut wird. Mitochondrien, die "Kraftwerke" der Zelle, werden in beide Richtungen transportiert. Vesikel werden ständig hin und her befördert, Mitochondrien nur von Zeit zu Zeit. Bekanntlich bewegt ein Mikrotubulus Stoffe in beide Richtungen, doch ist noch nicht klar, wie er das macht. (Die Darstellung ist nicht maßstabsgerecht.)

Mikrotubuli tun, wie man zuvor glaubte, sondern auf deren Außenseite, und zwar in beide Richtungen, also anterograd (Richtung Synapse) wie auch retrograd (Richtung Zellkörper), ähnlich wie die Gondeln einer Seilbahn (Abbildung 65). Daß Moleküle und andere Partikel zurück zum Zellkörper geschafft werden, erklärt, wie molekulares Restmaterial und unbenutzte Zellmembranen beseitigt werden: Das überschüssige Material gelangt zu den Lysosomen des Zellkörpers, nahe dem Zellkern befindlichen Organellen, die es aufnehmen und abbauen.

Seitdem wir um diese Vorgänge wissen, können wir auch leichter erklären, welchen Weg das Tollwutvirus und das Toxin des Tetanusbazillus nehmen, nachdem sie durch eine tiefe Wunde in den Körper eingetreten sind, und warum mehrere Tage oder gar zwei bis zu drei Wochen vergehen, bis die ersten eindeutigen Symptome dieser lebensgefährlichen neurotropen (auf Nervengewebe einwirkenden) Infektionskrankheiten auftreten. Vergiftungen durch Metalle, insbesondere durch Blei (Saturnismus, meist beruflich bedingt) oder Quecksilber (denken Sie an den Umweltskandal von Minamata in Japan und die gleichnamige Minamata-Krankheit, eine schwere chronische Quecksilbervergiftung) und bestimmte Infektionskrankheiten wie die Lepra stören in erster Linie den axonalen Transport. Sie äußern sich klinisch unter anderem in mutilierenden (zur Verstümmelung führenden) Erkrankungen der peripheren Nerven.

Bei manchen Kindern tritt eine schreckliche, glücklicherweise sehr seltene Erbkrankheit zutage: die Dystrophia infantile neuroaxonale mit dem Zusatz Seitelberger, benannt nach ihrem Erstbeschreiber, dem österreichischen Neurologen F. Seitelberger (R. Noël, 1978). Nachdem sich die Kleinen in den ersten Lebensmonaten anscheinend normal entwickelt haben, büßen sie ihre motorischen und intellektuellen Fähigkeiten wieder völlig ein. Fortschreitende Lähmungen machen sich bemerkbar, die verhindern, daß die erkrankten Kinder jemals richtig laufen lernen. Sie erblinden und ihre geistige Entwicklung ist derart gestört, daß sie schwachgeistig werden. Meist sterben sie, bevor sie das fünfte Lebensjahr vollenden. Unter dem Elektronenmikroskop zeigt sich das Nervengewebe in typischer Weise verändert: Lipoprotein-Kohlenhydrat-Komplexe haben sich entlang der Axone der peripheren Nerven, des Rückenmarks, des Kleinhirns und der Sehbahnen abgelagert. Die Axone werden dadurch eines nach dem anderen erstickt und verkümmern.

Signalübertragung und Signalverteilung

Entstehung der Synapsen

Zwei bis drei Neuronen, die miteinander in Kontakt stehen, können bereits einen elementaren Reflexbogen bilden. Sind noch mehr Nervenzellen an der Verschaltung beteiligt, können sie sich zu einem neuronalen Netzwerk zusammenschließen. Eine der einfachsten Übungen eines solchen Netzwerks besteht darin, eine Austernschale aufklappen zu lassen, eine seiner komplexesten aber darin, ein Bild vor dem geistigen Auge oder einen Traum zu erzeugen. Man hat die verwirrenden Gespinste des menschlichen Gehirns lange Zeit für ein kontinuierliches Netz gehalten, das nicht aus einzelnen voneinander unterscheidbaren Einheiten besteht. Wie wir erst seit etwa hundert Jahren wissen, trifft dies nicht zu. Das physisch trennende und zugleich funktionell verbindende Element zwischen den Neuronen ist die Synapse (vom Griechischen *synapsis*, "Verbindung"). Platon benutzte diesen Ausdruck für den Akt des Verbindens oder den Verbindungspunkt an sich, Aristoteles für einen Sternenverband. In der Septuaginta, der griechischen Übersetzung des Alten Testaments aus dem Hebräischen, die eine Gruppe jüdischer Gelehrter auf der Insel Pharus (nahe der ägyptischen Stadt Alexandria) anfertigte, steht *synapsis* für "Bündnis" oder "Verschwörung".

Nachdem das Neuron seinen endgültigen Bestimmungsort erreicht hat, hört es auf, sich zu teilen. Für den Rest des Lebens sind nun ein einziger Kern und somit ein und dieselbe DNA dafür zuständig, die Zehntausende von Synapsen, die ein einzelnes Neuron des menschlichen Gehirns ausbilden kann, zu organisieren, zu betreiben und zu erhalten. Doch erscheint es »schwer vorstellbar, daß das Produkt der Gene eines einzigen Kerns selektiv an alle diese vielen zehntausend Synapsen verteilt wird«,

schrieb Jean-Pierre Changeux. »Man müßte schon an irgend-
einen mysteriösen ʺDämonʺ glauben, der das Produkt nach
einem festliegenden Schlüssel aufteilt und jeder einzelnen Synapse zukommen läßt, was sie braucht!« (J.-P. Changeux, 1984).

Bei der einfachsten Form der neuronalen Verschaltung tritt
ein signalsendendes präsynaptisches Neuron mit einem si-
gnalempfangenden postsynaptischen Neuron in Kontakt. Auf
diese Weise entsteht die axodendritische Synapse, bei der das
Nervensignal vom Endknöpfchen eines Axons auf den Dorn
eines Dendriten übergeht. Die wahren Verhältnisse – und dies
gilt insbesondere für die Großhirnrinde – sind allerdings komplexer, denn hier gibt es Synapsen zwischen Axonen und Zellkörpern (axosomatische Synapsen), zwischen Dendriten und
Dendriten (dendrodendritische Synapsen) und zwischen Axonen und Axonen (axoaxonische Synapsen). Überdies bilden parallel geschaltete Nervenzellen untereinander lokale Mikro-
schaltkreise aus, die für die neuronale Funktion außerordentlich
wichtig sind. So kann ein einzelnes Neuron theoretisch Informationen von etwa tausend anderen Neuronen empfangen und sie
seinerseits über die Kollateralen seines Axons an Zehntausende
von Synapsen weiterleiten!

Damit sich die Kaulquappe in einen Frosch verwandeln kann,
ist bekanntlich Thyroxin, das Haupthormon der Schilddrüse,
vonnöten. Beim menschlichen Fetus nimmt die Schilddrüse in
der 32. Schwangerschaftswoche ihre Arbeit auf. Sie muß hier
zwar keine Metamorphose steuern, doch sorgt sie dafür, daß
sich die Neuronen der Großhirnrinde vermehren und differenzieren. Fehlt Thyroxin in der fetalen Phase oder während der
ersten Lebensmonate des Säuglings oder ist es nicht in ausreichenden Mengen vorhanden, verzweigen sich die Dendriten nur
spärlich, so daß nicht genügend Synapsen entstehen, und auch
die Markscheiden bilden sich erst spät und sind brüchig. Dies
kann schwerwiegende intellektuelle Störungen nach sich ziehen.

Das Kind überlebt, bleibt jedoch geistig behindert, schwerhörig, kleinwüchsig und fettleibig; es leidet unter Weichteilschwellungen und hat manchmal auch einen Kropf. Der "Pascha von Bicêtre", der im Hospiz einer kleinen Stadt südlich von Paris lebte, dieser Mann, den die anderen Patienten der Anstalt beim Karnevalsumzug vor sich herschoben, lebt noch in der Gestalt von Menschen weiter, die an endemischem Kretinismus leiden. Heutzutage kommt diese Krankheit, die Mac Carrison 1908 erstmals beschrieb, etwa noch im Gilgit Valley in den Ausläufern des Himalaja vor und entlang des Jimi River in Papua-Neuguinea. Womöglich verursacht hier Jodmangel die Erkrankung (die Schilddrüse braucht unbedingt Jod, um Thyroxin zu bilden), vielleicht aber auch die Sitte der Verwandtenehe (wenn es sich nämlich um eine erbliche Störung des Schilddrüsenhormonstoffwechsels handelt).

Hierzulande tritt diese schwere geistige Behinderung nur noch sehr selten auf. Heutzutage ist es vorgeschrieben, daß jedem Neugeborenen ein Tropfen Blut aus der Ferse abzunehmen ist, um bestimmte erbliche Stoffwechselkrankheiten diagnostisch auszuschließen beziehungsweise frühzeitig behandeln zu können. Im Labor fiele ein Mangel an Schilddrüsenhormon deshalb sofort auf. Eine solche Diagnose wird bei einem von 3000 Kindern gestellt – eine Häufigkeit, die nicht unterschätzt werden sollte. Den Kindern fehlt die Schilddrüse entweder, oder sie arbeitet nicht richtig. Die Kinderärzte können den Hormonmangel beheben, indem sie ihren kleinen Patienten täglich einen Tropfen Thyroxin pro Kilogramm Körpergewicht verabreichen. Dendriten und Synapsen bilden sich nun normal aus. Die Zeiten des "Paschas von Bicêtre" sind glücklicherweise vorbei.

Plastizität der Synapsen

»[Die] Feten ruhen still im warmen, behaglichen Schoß der Säuger und verspüren dieses wohlige Gefühl Nacht für Nacht, während ihr Gehirn sich allmählich entwickelt. Vielleicht beeinflußt das Wohlgefühl auch die Richtung, die bestimmte Nervenfasern nehmen, während der Stoff des Gehirns gewoben wird?« So treffend formulierte es 1778 Hughes de la Scève, dessen Arbeiten der Neurobiologe und Traumforscher Michel Jouvet jüngst wiederentdeckt hat. Apropos Stoff: Bilden die *Canuts*, jene Lyoner Seidenarbeiter, auf die de la Scève im weiteren Verlauf seines Werkes zu sprechen kommt, nicht in gewisser Weise das Pendant zu den britischen "Webern" (jenen *weavers* nämlich, mit deren mißlungenem Webstück wir uns auf Seite 183 anläßlich der Kleinhirnrindenentwicklung beschäftigt hatten)?

Bei der Geburt befinden sich fast alle Neuronen bereits an Ort und Stelle. Doch behalten sie noch eine Zeitlang die Kontrolle über die Synapsen, die sie je nach Bedarf entstehen oder verschwinden lassen können. Dieses Phänomen ist als Plastizität des Nervensystems oder neuronale Plastizität bekannt.

Ramón y Cajal machte zu Beginn des Jahrhunderts darauf aufmerksam, daß die Axone der Purkinje-Zellen bei Neugeborenen 20 bis 24 Seitenzweige aufweisen, während es beim Erwachsenen nur noch vier oder fünf sind. Die frühen Lebensphasen zeichnen sich offensichtlich dadurch aus, daß die Neuronen sich vermehren, Fortsätze aussprießen und die Synapsen entstehen. Später jedoch sind die Talente eines Gärtners gefragt, der die Zweige ohne Zukunft stutzt und das Wachstum jener Äste fördert, die die besten Früchte zu tragen versprechen.

In den siebziger Jahren entwickelten J.-P. Changeux und A. Danchin die "Hypothese von der selektiven Stabilisierung". Sie baut auf der Annahme auf, daß vielfältige, immer wieder auftretende Sinnesreize die Synapsenbildung fördern und nur solche Verbindungen bewahrt werden, die auf diese Weise zustandegekommen sind. Was an diesem Phänomen ist nun angeboren, und was ist erworben? Angeboren ist den beiden Wissenschaftlern zufolge der Grundstock an Nervenzellen, über den jeder Organismus von Geburt an verfügt. Erworben wird eine stabile assoziative Eigenschaft. Aus der Vielzahl der Möglichkeiten, die sich der Entwicklung angesichts der zahlreichen labilen Synapsen eröffnen, werden nur bestimmte, stabile Pfade ausgewählt (J.-P. Changeux & A. Danchin, 1974, 1976).

Wenn man einem Sinnesorgan über einen längeren Zeitraum hinweg adäquate Reize vorenthält, so bringt dies Nervenverbindungen zum Verschwinden, die sich eigentlich hätten stabilisieren und erhalten sollen. Die Folgen einer solchen sensorischen Deprivation sind am intensivsten beim visuellen System erforscht worden. David Hubel und Torsten Wiesel von der Harvard-Universität haben diesen Untersuchungen in den sechziger Jahren den Boden bereitet. Seit langem wußte man schon, daß ein angeborener Grauer Star (Augenlinsentrübung, Katarakt) sehr frühzeitig operiert werden muß. Wartet man mit dem Eingriff zu lange, dann wird das Kind mit der getrübten Linse nie mehr richtig sehen können, selbst wenn man dieses Sehhindernis vollständig entfernt. Hubel, gemeinsam mit Wiesel Nobelpreisträger für Medizin des Jahres 1981, verschloß die Augenlider gerade geborener Katzen und öffnete sie nach unterschiedlich langen Zeiträumen wieder. Blieben die Augen zwölf Wochen lang verschlossen, waren die Katzen auf Dauer blind. Wurde nur einem Auge jegliche Seherfahrung vorenthalten, so erblindete lediglich dieses Auge. Bei erwachsenen Katzen wirkte sich der künstliche Augenverschluß nicht auf das Sehvermögen aus, auch dann nicht, wenn der Versuch ein Jahr dauerte.

Experimente jüngeren Datums, die sich immer noch mit dem visuellen System beschäftigen, fassen die Ergebnisse noch präziser (C. Aoki & P. Siekevitz, 1985): Die sogenannte sensible

Phase der neuronalen Plastizität existiert in der Tat. Sie erstreckt sich bei der Katze vom zweiten und bis zum vierten Lebensmonat, denn ausschließlich in dieser Zeit ist das für die Verarbeitung visueller Informationen zuständige Cortexgebiet, die Sehrinde, "plastisch", das heißt formbar genug, um seine Neuronennetze den Erregungsmustern anzupassen, die es von der Netzhaut empfängt. Bei Nagern und Primaten zeigte sich, daß die Neuronen der Sehrinde während dieses kritischen Zeitraumes noch arm an dendritischen Dornen sind (jenen kleinen "Spitzen", die sich normalerweise an der Oberfläche der Dendriten befinden und an denen sich der synaptische Kontakt in der Hauptsache abspielt).

Beim Säugling aktiviert jede Sinneserfahrung – also jeder Seh-, Hör-, Tast-, Geruchs- und Geschmacksreiz – bestimmte Nervenbahnen und verstärkt diese mit der Zeit. Die ungenutzten Schaltkreise werden entkoppelt, verkümmern und verschwinden letztendlich. Bevor das Gehirn des Kindes die Sinnesreize analysieren und verarbeiten kann, verändert es sich unter dem Einfluß seiner ersten Erfahrungen. Ja, einige dieser Reize erreichen, wie man mittlerweile weiß, sogar den Fetus, so daß er die mütterliche Umgebung zumindest teilweise wahrnehmen kann. C. Aoki und P. Siekevitz formulierten es 1989 so: »Das sich entwickelnde Gehirn ist einem am Reißbrett geplanten Landstraßennetz vergleichbar, das erst durch praktische Erfahrung bedarfsgerecht ausgestattet wird: Kaum befahrene Straßen werden aufgelassen, belebte verbreitert und – wo nötig – neue angebunden.«

Chemie der Synapsen

Einige Wissenschaftler stellen der "trockenen" Neurophysiologie gern die "feuchte" gegenüber. Im Grunde genommen ergänzen sie einander. "Trocken" sind beispielsweise die Elektroencephalographie und die Elektromyographie. "Feucht" ist hingegen die Chemie der Synapsen.

Die Nervenerregung pflanzt sich "auf physikalischem Weg", als elektrisches Phänomen, sehr schnell entlang des Axons bis zur synaptischen Endigung fort. Noch schneller erreicht das Nervensignal die Dendriten der postsynaptischen Membran, indem es "auf chemischem Weg" mittels einer Überträgersubstanz den synaptischen Spalt überwindet. Wie der Neurotransmitter auf die nachgeschaltete Zelle wirkt, hängt von seiner Menge, seiner chemischen Struktur und von der postsynaptischen Membran ab. Die Vorstellung, daß die Erregungsübertragung chemisch abläuft, ist ziemlich alt. T. R. Elliot äußerte am 21. Mai 1904 gegenüber den Mitgliedern der Londoner *Physiological Society*: »Adrenalin könnte das chemische Stimulans sein, das immer dann freigesetzt wird, wenn die Erregung an der Peripherie des Nerven eintrifft.« Am einfachsten lassen sich die zugrundeliegenden Mechanismen erläutern, wenn wir uns nacheinander mit dem präsynaptischen Neuron und den Substanzen, die es freisetzt, dem synaptischen Spalt, dem postsynaptischen Neuron und seinen Rezeptoren sowie möglichen Rückkopplungsschleifen an der Synapse beschäftigen (Abbildung 66).

Das präsynaptische Neuron und seine Wirkstoffe

Nach mehreren Tagen sind dank des axonalen Transports genügend wirkstoffbeladene Vesikel in den synaptischen Endknöpfchen des präsynaptischen Neurons angekommen. Die Vesikel

Eine Geschichte der Moleküle

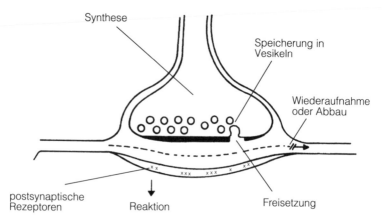

66 Präsynaptisches Endknöpfchen und postsynaptische Membran mit synaptischem Spalt. (Nach P. Magistretti, *Médicine et hygiène* 48 [1990]. S. 1778.)

speichern den synthetisierten Inhalt, und sie lagern ihn zuweilen weitab vom Zellkörper des Neurons und über eine sehr lange Zeit. Dann, auf einmal, setzen sie ihn ganz plötzlich frei, sobald ein eintreffendes elektrisches Nervensignal ihnen den unabweislichen Befehl dazu gibt.

Die Neurotransmitter

Mittlerweile kennen wir mehrere Dutzend Neurotransmitter. Am geläufigsten sind die fünf in der Folge beschriebenen:

Acetylcholin. Dieser Überträgerstoff, der, historisch gesehen, als erster isoliert wurde, löst die Muskelkontraktion aus. Er wirkt an der motorischen Endplatte, jenem hochwertigen Bindeglied zwischen Nerv und quergestreifter Muskelfaser. Auf den massiven Einstrom von Natriumionen hin verkürzen sich die Muskelfasern, und es kommt zu einer elementaren Muskelbewegung. Das Enzym Acetylcholinesterase inaktiviert sogleich die Acetylcholinmoleküle, indem es sie im synaptischen Spalt spaltet. Als Folge erschlafft der Muskel sofort. Die schnelle Inaktivierung des Transmitters verhindert eine Dauererregung der Muskelfasern und damit Muskelkrämpfe.

Noradrenalin. Adrenalin oder, genauer gesagt, Noradrenalin (dessen Molekül eine CH_3-Gruppe mehr trägt) ist der Neurotransmitter der Vigilanz und eine der Komponenten, die bei der Streßreaktion eine Rolle spielen. Im verlängerten Mark höherer Wirbeltiere hat man ein bläulich schimmerndes Kerngebiet, den Locus coeruleus, entdeckt, das aus etwa 20 000 Neuronen besteht. Von hier nehmen die zentralen Noradrenalinbahnen ihren Ausgang. Die Axone dieser Neuronen ziehen bis zu den Zellen der Großhirnrinde, insbesondere des Hippocampus, dem Vermittler des Langzeitgedächtnisses. Die engen Verbindungen zwischen Wachheit, Aufmerksamkeit und Gedächtnis, also den Grundvoraussetzungen des Lernens, finden in diesen Verknüpfungen ihre hirnanatomische Entsprechung.

Dopamin. Dopamin und seine Bahnen steuern einen Großteil der komplexen Bewegungen. Zwei symmetrische Kerngebiete des Mittelhirns bestehen aus dopaminhaltigen Neuronen. Auf einem anatomischen Schnitt lassen sie sich leicht identifizieren, denn sie beherbergen auch noch ein dunkles Pigment, das Melanin. Aufgrund dieser Färbung erhielten die Kerne die Bezeichnung Substantia nigra ("schwarze Substanz"). Verfallen ihre Neuronen, kommt es zur Schüttellähmung oder Parkinson-Krankheit. Abgesehen von seinen motorischen Aufgaben, übt Dopamin auch noch einen wichtigen Einfluß auf die Stimmung aus.

Serotonin (5-Hydroxytryptamin, 5-HT). Die Serotoninbahnen entspringen ebenfalls im Mittelhirn. Die Raphe-Kerne, die entlang der Mittellinie des Gehirns angeordnet sind, bestehen aus Neuronen, deren Axone zum Hypothalamus und zum Vorderhirn ziehen. Bei Ratten finden sich bereits in den ersten drei Wochen nach der Geburt deutliche Hinweise darauf, daß serotoninhaltige Nervenfasern in allen primären sensorischen Rindenfeldern des Großhirns vorhanden sind. Zerstört man die serotoninhaltigen Nervenstrukturen durch eine chemische Substanz, so leidet das Tier in der Folge unter völliger Schlaflosigkeit, die schließlich zum Tode führt. Offenbar ist diese Struktur für den normalen Schlaf-Wach-Rhythmus unentbehrlich.

Adrenalin, Dopamin und Serotonin haben, chemisch gesehen, zwei Eigenschaften gemein: Sie besitzen jeweils eine Aminogruppe, weshalb man sie auch zur Gruppe der Monoamine zusammenfaßt, und sie leiten sich von einer Aminosäure ab. Bei den beiden ersten ist es das Tyrosin, bei der letzten das Tryptophan. Die Nervenzelle benötigt lediglich bestimmte Enzyme, um "ihren" Neurotransmitter in großen Mengen aus den ohnehin in der Zelle zahlreich vorkommenden Aminosäuren herstellen zu können. Unter diesen Enzymen sind Tyrosinhydroxylase und Tryptophanhydroxylase die wichtigsten.

Jedes Enzym entsteht, wie wir wissen, unter der Einwirkung eines Gens. Unter der Leitung von Jacques Mallet haben zwei Forscherteams aus dem englischen Oxford und dem französischen Gif-sur-Yvette gemeinschaftlich die beiden Gene *TH* und *TPH* lokalisiert und sequenziert, die die Tyrosinhydroxylase beziehungsweise die Tryptophanhydroxylase codieren. Dies eröffnet neue Perspektiven für die Erklärung und Behandlung bestimmter psychiatrischer Erkrankungen, die man schon länger mit Störungen des Stoffwechsels der genannten Neurotransmitter in Verbindung bringt.

GABA. Der fünfte Neurotransmitter aus dem ersten Glied ist GABA, die Gamma-Aminobuttersäure. Auch GABA leitet sich von einer einfachen Aminosäure, der Glutaminsäure, ab. GABA ist der "Überträgerstoff, der nein sagt". Bislang war von erregenden, bahnenden Neurotransmittern die Rede, GABA ist jedoch eine hemmende, blockierende Substanz: GABA-Systeme bremsen die Neuronen, mit denen sie in Kontakt treten, und verhindern unter Umständen, daß sie elektrische Nervensignale weiterleiten. Die Aufgabe der sogenannten Tranquilizer (angstlösender, beruhigend wirkender Medikamente) besteht darin, die Effekte von GABA noch zu verstärken. Momentan bemühen sich Epilepsieforscher, diese neurophysiologischen Erkenntnisse zu nutzen, um eine neue Klasse von Medikamenten zu entwickkeln.

Die Neuropeptide

Neuropeptide sind komplexere und größere Moleküle als die einfachen Neurotransmitter. Sie leiten sich nicht aus einer einzigen Aminosäure (wie Tyrosin, Tryptophan oder Glutaminsäure) ab, sondern sind Ketten aus ein bis etwa zwei Dutzend Aminosäuren. Das Neuron bildet sie in seinem Zellkörper in der Umgebung des Zellkerns und befördert sie mittels axonalen Transports an ihren Zielort. Die Neuropeptide verstärken oder vermindern die Wirkung der Neurotransmitter, weshalb man vorschlug, sie als "Neuromodulatoren" zu bezeichnen.

Neuropeptide sind sehr vielfältig. Sie kommen nicht nur im Nervensystem vor, sondern auch in Blutgefäßen, der Speiseröhre, der Bauchspeicheldrüse und anderen endokrinen Drüsen. Einige Neuropeptide sind Neuromodulator und Hormon zugleich. Die Sekretion von Neurohormonen gibt es schon seit Urzeiten: Der gemeinsame Prototyp dieser Hormone findet sich bei bewimperten Einzellern (wie beispielsweise dem Wimpertierchen *Tetrahymena pyriformis*; siehe Seite 21), von denen man annimmt, daß ihresgleichen die Erde seit 700 Millionen Jahren bevölkert. Neurohormone sollen sogar bei höheren Pflanzen nachgewiesen worden sein. Die stammesgeschichtlich ältesten heute noch lebenden Fische, die Neunaugen, verfügen bereits über eine beträchtliche Palette dieser Stoffe. Und da die Peptidmoleküle selbst bei weit entfernten Arten gleich oder sehr ähnlich sind, läßt sich folgern, daß die codierenden DNA-Sequenzen, die die Synthese dieser Peptide steuern, praktisch während der gesamten Evolution konserviert wurden. Welch wundervolles Beispiel für die beständige Selektion eines erfolgreichen biochemischen Mechanismus!

Endorphine. Die Geschichte der Entdeckung der Endorphine verdient es, erzählt zu werden: Einige Neurophysiologen wollten wissen, wo und wie Morphin (das seit 1803 bekannt war und seinen Namen in Anspielung auf Morpheus, den griechischen Gott des Traumes, erhalten hatte) auf das Nervensystem wirkt. Damals, in den siebziger Jahren, stellten die Wissenschaftler folgende Überlegung an: Da Nervenzellen Morphin binden können (wodurch die bekannte schmerzlindernde Wirkung eintritt), sollte das Gehirn selbst eigentlich auch über morphinähnliche Stoffe mit vergleichbaren Eigenschaften verfügen. Diesbezüglich sensibilisiert, isolierten Neurochemiker 1976 die vermuteten Neuropeptide, die zunächst opioide (opiumähnliche) Peptide und schließlich Endorphine (zusammengezogenes Wort aus "endogen" und "Morphin") genannt wurden. Endorphinrezeptoren finden sich im Nervensystem aller Wirbeltiere. Bei den Wirbellosen fehlen sie – im Gegensatz zu den meisten anderen Neuropeptiden. Ihr molekularer Aufbau entspricht im großen und ganzen den Opiaten, die sich aus dem Schlafmohn (*Papaver somniferum*) extrahieren lassen. Im Hirngewebe stieß man überdies noch auf die Enkephaline, die ebenfalls zu den Hirnopiaten zählen. Von ihnen wird später noch die Rede sein.

Substanz P. Seinen Namen erhielt dieses Peptid, weil die ersten Gramm, die von dieser Substanz isoliert wurden, in der hohlen Hand an Pfefferpulver erinnerten. Substanz P besteht aus elf Aminosäuren und ist von fundamentaler Bedeutung für die Schmerzleitung des Rückenmarkes. Dort findet man es speziell in den Spinalganglienzellen der Hinterhörner, die Schmerzempfindungen aus der Peripherie des Nervensystems zum Zentrum leiten. Die Neuronen der Großhirnrinde besitzen diese Substanz nicht. Vielleicht erklärt dies, warum es keine Schmerzen verursacht, wenn Operateure während eines neurochirurgischen Eingriffs die Großhirnrinde abtasten. Über Substanz P verfügen hingegen namentlich der Kern des V. Hirnnervs, des Nervus trigeminus, von dem die furchtbar schmerzhafte Trigeminusneuralgie ihren Ausgang nimmt, ferner die Mandelkerne, das Septum (siehe Seite 129) und die Nervengeflechte des Verdauungstraktes, und zwar insbesondere diejenigen, die für Speiseröhre und Magenpförtner zuständig sind.

In Versuchen mit Ratten stellte sich heraus, daß Endorphine die Freisetzung von Substanz P aus präsynaptischen Nervenendigungen blockieren. Darüber hinaus sind Opiate die einzigen Wirkstoffe, die die Ausschüttung dieser Substanz sowohl im Rückenmark als auch im Gehirn zu verhindern vermögen.

VIP. Drittes Beispiel für ein Neuropeptid ist das sogenannte VIP, ein Molekül aus 28 Aminosäuren, das insbesondere von Schweizer Neurophysiologen erforscht wurde. Hinter der Abkürzung verbirgt sich die englische Bezeichnung *vasoactive intestinal peptide* ("gefäßaktives Darmpeptid"), denn dieser Stoff wurde zuerst in der Wand des Zwölffingerdarms von Schweinen isoliert. Erst später entdeckten dieselben Forscher es aber auch in der Großhirnrinde. VIP kommt hier in bestimmten Interneuronen vor, die die Hauptneuronen, die bekanntlich in vertikalen Säulen angeordnet sind, in rechtem Winkel quervernetzen und sich synaptisch mit ihnen verbinden.

In der Großhirnrinde verstärkt VIP die Wirkung des Neurotransmitters Acetylcholin, es weitet die Hirnhautarterien, erhöht den Glucosespiegel, mobilisiert energiereiche Moleküle und nimmt Einfluß auf die Astrocyten, die "Sternzellen" der Neuroglia, von denen man weiß, daß sie mehr als nur simple

Stützaufgaben erfüllen. Die Tatsache, daß ihre Membranoberfläche Rezeptoren für die meisten Neurotransmitter und Neuropeptide trägt, macht ganz offensichtlich, daß die Astrocyten keine passiven Strukturelemente sind: Auf Umweltveränderungen, denen das Gehirn ausgesetzt ist, reagieren sie ebenso komplex wie die Neuronen selbst.

Der synaptische Spalt

Präsynaptische Nervenfaserendigung und postsynaptische Membran sind nicht unmittelbar miteinander verbunden, wie man dies noch vor der Erfindung des Elektronenmikroskops glaubte: Sie trennt der etwa 200 Nanometer breite synaptische Spalt. Sobald eine Nervenerregung das Axon der Länge nach durchlaufen hat, wirkt sie auf die Vesikel ein, die sich im synaptischen Endknöpfchen befinden und von denen jedes Tausende von Neurotransmitter- und Neuropeptidmolekülen enthält (Abbildung 66). Die Vesikel verschmelzen mit der Membran des Endknöpfchens und schütten ihren Inhalt in den Spalt aus. Die freigesetzten Stoffe benötigen nur Bruchteile einer Tausendstelsekunde, um durch passive Diffusion bis zur postsynaptischen Membran zu gelangen, in der sich dann wichtige Vorgänge abspielen. Auf diese Weise ist, wie bereits erwähnt, in die im Grunde "trockene" elektrische Erregungsleitung zwischen zwei Neuronen ein "nasser" chemischer Vorgang zwischengeschaltet.

Die überschüssigen Neurotransmittermoleküle werden entweder wiederverwertet, indem sie unverzüglich wieder in die präsynaptischen Endigungen aufgenommen werden, oder an Ort und Stelle abgebaut, wie etwa Acetylcholin (Abbildung 66). Der synaptische Spalt wird ebenso schnell "gereinigt", wie die Neurotransmitter in ihn freigesetzt wurden. Verhindern Medikamente (bestimmte Antidepressiva) oder Stimulantien (wie etwa Amphetamine oder Kokain), daß die Neurotransmitter aus dem synaptischen Spalt entfernt werden, verstärkt dies deren Wirkung auf die postsynaptische Membran.

Das postsynaptische Neuron und seine Rezeptoren

Rezeptoren sind spezielle Moleküle der Neuronenmembran, die sich in großer Zahl an den Dendriten finden und für deren Erforschung die deutschen Neurophysiologen Erwin Neher und Bert Sakmann 1991 den Nobelpreis erhielten. Sie hatten die sogenannte Patch-Clamp-Technik entwickelt, mit der sich Rezeptoren eines winzigen Membranflecks einzeln untersuchen lassen. Die Glaspipetten, die sie verwenden, sind 25 000mal dünner als ein Haar (Abbildung 67).

Der Rezeptor ist im Falle der meisten Neurotransmitter ein Ionenkanal, der die Membran der Nervenzelle durchzieht. Zahlreiche Untereinheiten des Kanalproteins umschließen eine Pore und öffnen oder schließen diese je nach Situation, indem sie ihre Form verändern (Abbildung 68).

Ob das postsynaptische Neuron erregt oder gehemmt wird, hängt von verschiedenen Faktoren ab:

— von der Art des freigesetzten Neurotransmitters und der Art des Rezeptors;
— vom Zustand der Kanäle, ob sie nämlich geöffnet oder geschlossen sind;
— von der Art des positiv oder negativ geladenen Teilchens, das den durch den Transmitter geöffneten Kanal passiert (Natrium, Kalium oder Calcium etwa), und damit von der Art des Rezeptorkanals
— und davon, in welche Richtung dieses Ion strömt.

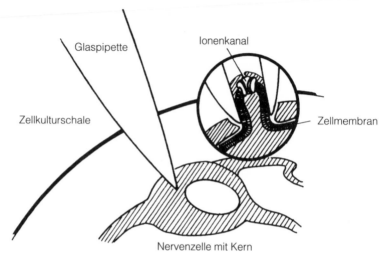

67   Die Patch-Clamp-Technik. Mit dieser Technik, bei der eine Mikropipette zum Einsatz kommt, die mit elektrisch leitender Flüssigkeit gefüllt ist, läßt sich ein einzelner Ionenkanal isoliert untersuchen. (Nach E. Neher und B. Sakmann, 1992.)

Treten negativ geladene Teilchen, beispielsweise Chloridionen (Cl^-), in das postsynaptische Neuron ein, ändert sich das Potential des Zellkörpers zum Negativen (Hyperpolarisation). Das Neuron wird gehemmt und die Erregung nicht fortgeleitet. Auf diese Weise wirkt der oben erwähnte Neurotransmitter GABA.

Treten positiv geladene Ionen ein, so erzeugt dies im postsynaptischen Neuron ein positiveres Potential (Depolarisation). Das Neuron wird erregt, und es gibt diese Erregung über sein Axon und dessen Endigungen an die nachgeschalteten Nervenzellen weiter.

Der postsynaptische Vorgang der Verrechnung aller einlaufenden Informationen setzt sich aus zwei Komponenten zusam-

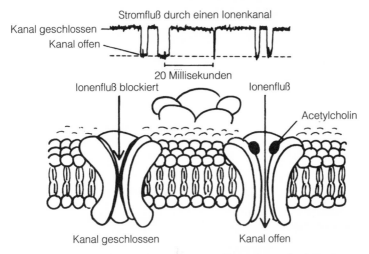

68 Wie Ionenkanäle in einer Nervenzellmembran funktionieren.
Acetylcholin-Moleküle bringen die Kanäle dazu, sich zu öffnen. (Nach E. Neher und B. Sakmann, 1992.)

men, einer zeitlichen und einer räumlichen: Die *zeitliche* Summation hängt davon ab, wie schnell hintereinander erregende und/oder hemmende Signale an der postsynaptischen Membran eintreffen und wie stark sie sich dabei überlappen und verstärken. Die *räumliche* Summation trägt der Tatsache Rechnung, daß ein Neuron theoretisch Informationen von 1000 anderen Neuronen gleichzeitig empfangen und über die Endverzweigungen seines Axons in Richtung Tausender Synapsen senden kann. Vor diesem Hintergrund verkörpert das einzelne Neuron, das Informationen über seine Dendriten entgegennimmt und sie über sein Axon weiterleitet, die Basiseinheit in einem Gefüge hochkomplexer, stark hierarchisierter Prozesse. Das Neuron registriert alle hemmenden und verstärkenden Eingangssignale, verrechnet sie zu jedem Zeitpunkt gegeneinander und gibt den "gemittelten" Wert dann in Form seines eigenen Entladungsrhythmus wieder. Bei der Integration der einlaufenden Signale können – abhängig von der individuellen Form des Neurons und der besonderen lokalen Verteilung der Signaleingänge – diese punktuell in Wechselwirkung treten, sich räumlich aufaddieren.

Zumeist sind die Neuronen und die von ihnen gebildeten Bahnen chemisch spezialisiert. Welchen Weg die Noradrenalin-, Serotonin- und Dopaminbahnen nehmen, ist ziemlich genau bekannt. Indem eine Forschungsgruppe um C. A. Altar die Möglichkeiten der Autoradiographie nutzte und sie mit einem digitalen Substraktionsverfahren kombinierte, konnte sie Bahnen in den Hirnschnitten von Ratten verfolgen. Wie die Wissenschaftler feststellten, sind die Neuronen mit den meisten Serotoninrezeptoren (den sogenannten S_2-Rezeptoren) in Schicht V der motorischen Großhirnrinde und in der Rinde des Gyrus cinguli lokalisiert. Die Neuronen mit der höchsten Dichte an Dopaminrezeptoren vom Typ D_2 fanden sie im Streifenkörper und in den olfaktorischen Tuberkeln. Dopaminrezeptoren des Typs D_5 trafen sie hingegen bevorzugt im limbischen System an (C. A. Altar et al., 1985).

In jüngerer Zeit gelang es molekularbiologisch arbeitenden Wissenschaftlern, die Sequenzen der Proteine, aus denen all diese Rezeptoren bestehen, Aminosäure für Aminosäure zu entschlüsseln. Dank der Arbeiten eines französischen Forscherteams stellte sich beispielsweise heraus, daß die Proteine des D_2-Rezeptors von Genen codiert werden, die zu einer "Großfamilie" gehören. Sie ähneln einander aufgrund ihrer gemeinsamen Urstruktur und bilden womöglich Angriffspunkte für bestimmte Medikamente, etwa gegen die Parkinson-Krankheit oder psychotische Erkrankungen. Die Sequenz des auf Chromosom 4 lokalisierten Gens, das die Proteine des D_5-Rezeptors codiert, wurde Baustein für Baustein entschlüsselt. Die Neuropharmakologie kann von diesen Forschungsleistungen nur profitieren.

Rückkopplung durch Stickstoffmonoxid

Anfang Oktober 1991 trafen sich Neurowissenschaftler im *Natural History Museum* in London und Anfang November desselben Jahres noch einmal in New Orleans. Bei beiden bedeutsamen Zusammenkünften beschäftigten sie sich mit nur einer Frage: Welche Rolle spielt das gasförmige Stickstoffmonoxid (chemische Formel NO) in den Schaltkreisen der Nervenzellen? Das wasserlösliche Molekül ist den Physiologen seit etwa 30 Jahren als natürlich vorkommender, gefäßerweiternder Stoff bekannt. Manche sagen ihm nach, es löse, wenn es in zu großen Mengen produziert werde, den septischen Schock aus, ein akutes, schweres, meist tödliches Kreislaufversagen, das im Rahmen einer Blutvergiftung (Sepsis) auftritt.

Stickstoffmonoxid entsteht, indem ein bestimmtes Enzym, die NO-Synthetase, auf eine häufig vorkommende Aminosäure, das Arginin (in seiner linksdrehenden Form) einwirkt. Die Lebensdauer der NO-Moleküle ist sehr kurz, sie beträgt nur wenige Sekunden. Dennoch gelang es mehreren Forscherteams aus den USA, Großbritannien und Frankreich, Stickstoffmonoxid nun auch in Nervenzellkulturen nachzuweisen, und zwar insbesondere in postsynaptischen Neuronen. Aufgrund weiterer aufsehenerregender Untersuchungen wurde das Gas erst kürzlich in den illustren Kreis der Neurotransmitter aufgenommen, genauer gesagt in den der "nichtadrenergen, nichtcholinergen (NANC-) Transmitter". Angeblich besitzt NO alle erforderlichen Eigenschaften, um als der lange gesuchte, bislang rein hypothetische "rückkoppelnde Botenstoff" zu agieren, als wesentliches Element einer Rückkopplungsschleife, die vom postsynaptischen auf das präsynaptische Neuron einwirkt (Abbildung 69). Eine derartige Wirkung, die unablässig die zunächst noch instabile Verknüpfung zweier gleichzeitig aktivierter Neuronen festigt, soll unentbehrlich für Lern- und Gedächt-

219

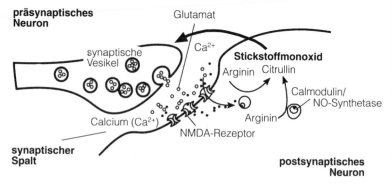

präsynaptisches Neuron

synaptische Vesikel

Glutamat

Ca²⁺

Stickstoffmonoxid

Arginin Citrullin

Calmodulin/ NO-Synthetase

Calcium (Ca²⁺)

Arginin

NMDA-Rezeptor

synaptischer Spalt

postsynaptisches Neuron

69 Der Rückkopplungseffekt von NO an der Synapse. Dieser Hypothese zufolge soll Stickstoffmonoxid (NO) aus dem postsynaptischen Neuron durch Rückkopplung auf das präsynaptische Neuron einwirken. Die schematische Darstellung der klassischen Synapse gerät hier etwas komplexer, da sie außer der mutmaßlichen Beteiligung von Arginin und Citrullin noch zwei weitere, bis vor kurzem kaum erforschte Phänomene mit einbezieht: das Eindringen von Calciumionen in die postsynaptische Nervenzelle und die Existenz eines regulierenden Gleichgewichts zwischen zwei Neurotransmittern, die im Text nicht erwähnt werden, nämlich zwischen NMDA (einem Derivat der Asparaginsäure) und Glutamat (dem Salz der Glutaminsäure).

nisprozesse sein. Ist die Rückkopplung jedoch zu heftig, kann sie angeblich das signalsendende Neuron zerstören – ein Phänomen, das man als Excitotoxizität bezeichnet und das womöglich für den Zerfall von Nervenzellen verantwortlich ist. Man darf gespannt sein, ob die weitere Erforschung des Stickstoffmonoxids die kühnen Vermutungen bestätigt oder gar für weitere Überraschungen sorgen wird.

Mängel, Pannen, Katastrophen

Bedenkt man, wie viele Gene daran beteiligt sind, das Nervensystem aufzubauen und funktionsfähig zu halten – also die Neuralrinne und später das Neuralrohr zu bilden, dieses Rohr am vorderen Ende zunächst in drei, dann in fünf Hirnbläschen aufzuteilen, die ursprünglich vorhandenen Nervenzellen extrem zu vermehren, sie auf Wanderschaft zu bringen, sie die richtigen Partner für ihre künftigen Verknüpfungen finden zu lassen, Myelinmoleküle der weißen Hirnsubstanz zu bilden und auszutauschen, Enzyme zu synthetisieren, die Neurotransmitter produzieren, und solche, die sie anschließend wieder aus dem synaptischen Spalt entfernen –, führt man sich diese ganze wunderbare Maschinerie vor Augen, dann kann man sich nur wundern, wie ein solches Unternehmen ordnungsgemäß ablaufen und reibungslos funktionieren soll. Und doch klappt es, zumindest in den meisten Fällen. Zu Fehlern und Pannen kann es allerdings von Beginn an kommen.

Mit diesem Thema beschäftigen sich intensiv die neuen medizinischen Spezialisten für Kinder vor und nach der Geburt, die Neurologen und die Psychiater. Ihre Beobachtungen helfen, besser zu verstehen, wie die Nervenzellen des Menschen sich entwickeln und funktionieren.

Mängel

Irrtümer der Natur können sich auf das Nervensystem be-
schränken oder das ganze Kind betreffen. Man spricht in beiden
Fällen von einer Dysmorphie, einer Fehlbildung.

Eine Entwicklungsstörung kann aber auch primär biochemisch verursacht sein. Normale, an die richtige Stelle plazierte
Neuronen verkümmern und sterben, weil bestimmte Enzyme in
anderen Körperregionen überhaupt nicht oder nur mangelhaft
produziert werden. Hierbei handelt es sich um eine sogenannte
Enzymopathie, eine Erkrankung infolge eines Enzymdefekts, an
der die Neuronen selbst keine Schuld tragen, der sie aber gleich-
wohl zum Opfer fallen.

Fehlerhafte Formen

Jede zweite befruchtete Eizelle geht in den ersten Schwangerschaftsmonaten durch einen Spontanabort verloren. Untersucht
man die ausgestoßene Frucht sorgfältig, so zeigt sich häufig, daß
das Zentralnervensystem schwer mißgebildet ist, was den Tod
des Feten unmittelbar erklärt. Dysraphien (also einen gestörten
Neuralrohrschluß), insbesondere die Spina bifida, haben wir bereits erwähnt. Die schwerste Dysraphie ist die Anencephalie, der
"Kröten- oder Froschkopf". Wie er aussieht, läßt sich den folgenden Zeilen entnehmen, die Michel Jouvets Buch *Château des
songes* entstammen. Die Szene trägt sich im November 1772 im
Hospiz von Châtillon-en-Dombes zu, und Jouvet gibt sie mit
den Augen seines Protagonisten Hughes de la Scève wieder:

»Die junge, leichenblasse Wöchnerin schien zu schlafen. Ganz
in der Nähe saß ihr Mann, hielt ihre Hand und weinte. Ich warf
einen Blick in die kleine Kinderwiege neben dem Bett und sah

222

einen großen lurchartigen Kopf, der einem völlig in Tücher gewickeltem Leib aufsaß. Dem Kopf fehlte die Schädeldecke. Statt dessen quoll dort eine hochrote, beulenförmige, weiche Geschwulst hervor. Eine Stirn ließ sich über den Brauen kaum ausmachen, die Nase war abgeplattet, der Mund stand weit offen, die Oberlippe sehr weit nach hinten gezogen, so daß sie das Zahnfleisch entblößte. Die Augen traten froschartig hervor:

›Das ist ein Anencephalus‹, flüsterte Monsieur Bothier mir zu, ›und er lebt.‹

Ich setzte mich neben dieses kleine Monstrum, das, wie mir schien, von der Mutter Oberin und von Bothier zum Hungertod verdammt worden war. Wie ließen sich Empfängnis und Entwicklung eines solchen Kindes ohne Gehirn erklären? War es der Zufall, oder waren es die Verirrungen einer blinden Schöpferkraft?«

Eine ganz andere Hirnmißbildung ist die Holoprosencephalie. Hierbei bildet der vordere Teil des Vorderhirns einen einzigen ungegliederten Block (*holos* ist griechisch und bedeutet "ganz"). Die beiden Hirnhälften haben sich nicht formiert, und auf Schnitten durch das Gehirn findet sich – anders als bei normal entwickelten Amphibien, Reptilien und Säugern – weder eine mittlere noch seitliche Hirnkammern, sondern lediglich eine einzige Tasche. Die Riechbahnen sind nur kümmerlich ausgebildet. In der Mitte des Gesichts ruht ein einziger Augapfel in einer einzigen Augenhöhle, und von oben hängt ein kleiner Rüssel herab, Relikt einer Nase, die sich nicht entfalten konnte. Polyphem lebt, und das neugeborene Menschenkind kommt als Zyklop zur Welt, so wie jener Fisch, bei dem die Mutation eines einzigen Gens dazu führte, daß sich die Nervenzellen seiner noch jungen Neuralplatte zerstreuten. Ein derart fehlgebildetes Kind stirbt meist früh im ersten Lebensjahr.

223

Bei Menschen mit einer anderen Anomalie befinden sich die Großhirnhälften zwar am rechten Platz, doch der Balken, der sie miteinander verbinden soll, fehlt ganz oder ist nur unzureichend ausgebildet. Man spricht dann von einer vollständigen oder partiellen Balkenagenesie, die häufig mit intellektuellen Einbußen und gelegentlich auch mit Krampfanfällen einhergeht. Nachweisen läßt sich diese Entwicklungsstörung mit modernen bildgebenden Verfahren wie der Computer- und der Kernspintomographie. (Mit diesen Methoden deckte man jüngst auch Balkenagenesien bei normal intelligenten Menschen ohne auffällige neurologische Störungen auf, die man wegen anderer Erkrankungen untersucht hatte.) Nicht selten kommt es vor, daß diese Anomalie unter Geschwistern mehrfach auftritt, denn sie ist erblich.

Die Großhirnwindungen und die Furchen, die sie begrenzen, bilden sich unter dem "Wachstumsdruck" der sich vermehrenden Neuronen. Je mehr Zellen vorwärtsdrängen, desto prägnanter die Windungen und desto tiefer die Furchen. Wenn sich die Neuronen aber nicht frei entfalten und folglich nur einen geringen Druck entwickeln können, bleibt das Gehirn zu klein (Micrencephalie) oder ohne Windungen. Opossum, Hase und Känguruh besitzen von Natur aus eine glatte, "lissencephale" Gehirnoberfläche (Abbildung 43). Sie ist bei diesen Tieren normal, beim Menschen jedoch nicht: Agyrie geht mit hochgradiger Debilität und verminderter Lebenserwartung einher. Ursache dieser Mißbildung ist die folgenschwere Mutation eines Gens, das auf dem kurzen Arm des Chromosoms 17 sitzt.

Das Gehirn eines Erwachsenen mit Down-Syndrom (Trisomie 21) wiegt selten mehr als 1200 Gramm. Anomalien der Großhirnrinde wie verflachte Furchen und verminderte Zellzahlen in Schicht III sind seit langem bekannt (bereits 1876 verfaßten J. Fraser und A. Mitchell ihren Artikel über die damals sogenannte *Kalmuk Idiocy*), doch nicht spezifisch für diese häufige

Chromosomenaberration, die bei einer von 600 Geburten vorkommt. Seziert man das Gehirn von Personen mit Trisomie 21, die in reiferem Alter verstorben sind, so zeigen sich häufig dieselben biochemisch verursachten Gewebeveränderungen, die sich auch bei der Alzheimer-Krankheit nachweisen lassen und auf die wir noch zurückkommen werden.

Zwei Dinge sollten wir uns als Quintessenz aus diesem kurzen Überblick über die "fehlerhaften Formen" des Zentralnervensystems merken:

— Damit sich die Eizelle harmonisch entwickeln kann, muß sie von Vater und Mutter unbedingt dieselbe Zahl von Chromosomen erhalten haben, nämlich jeweils 23. Man sagt dann auch, der Karyotyp, also die Gesamtheit der 46 Chromosomen einer Zelle, sei ausgewogen. Ein Chromosomenüberschuß (wie bei der Trisomie) wirkt sich ebenso fatal aus wie ein Chromosomenmangel (wie bei der Monosomie), und zwar vor allem auf die Entwicklung des Nervensystems.

— Durch sorgfältige Ultraschalluntersuchungen lassen sich in frühen Phasen der Schwangerschaft schwere Fehlbildungen des Kindes wie Anencephalie, Spina bifida, Holoprosencephalie und Balkenagenesie erkennen, in späteren Phasen dann auch andere Entwicklungsstörungen wie Microcephalie und Agyrie. Schwangeren über 35 Jahren empfiehlt man heutzutage, Methoden der pränatalen Diagnostik durchführen zu lassen, bei denen fetale Gewebeanteile der Placenta (Chorionzottenbiopsie) oder Fruchtwasser (Amniocentese) entnommen und untersucht werden. Sie ermöglichen, genetische Anomalien wie das Down-Syndrom festzustellen, das bei Schwangeren über 40 immerhin bei einer von 50 Geburten auftritt.

Funktionsunfähige Enzyme

Ein intaktes Nervensystem kann durch eine erbliche Stoffwechselstörung infolge eines defekten Enzyms beträchtlichen Schaden nehmen, obgleich das Enzym direkt gar nichts mit dem Nervensystem zu schaffen hat. Menschen mit bestimmten derartigen Stoffwechselstörungen bleiben im allgemeinen geistig behindert. Dies gilt beispielsweise für die Phenylketonurie, deren Folgen sich allerdings durch eine spezielle Diät vermeiden lassen. Diese Stoffwechselkrankheit kann man nach der Geburt durch einen Bluttest frühzeitig erkennen und so ihren katastrophalen Folgen wirksam vorbeugen. Eine andere Erbkrankheit, die Sphingomyelinose oder Niemann-Pick-Krankheit, beruht auf einem Enzymdefekt im Myelinstoffwechsel. Sie läßt sich zwar pränatal diagnostizieren, doch ist keine Therapie möglich. Die Kinder bleiben geistig zurück und leiden unter Krampfanfällen. Überdies erblinden und ertauben sie, da der Enzymdefekt dazu führt, daß die Seh- und Hörbahnen zugrunde gehen.

An Beispielen dieser Art mangelt es nicht. Wir kennen heute Hunderte angeborener Stoffwechselleiden, die durch Genmutationen bedingt sind. Die meisten von ihnen beeinträchtigen die Funktion der Nervenzellen und können diese schließlich zerstören. Jedes Krankheitsbild für sich genommen kommt selten vor. Berücksichtigt man jedoch alle zusammen, so treten sie häufig auf und stellen die medizinischen und sozialen Dienste, die sich mit den Erkrankungen von Neugeborenen und Kleinstkindern beschäftigen, vor große Probleme. Für die betroffenen Familien beginnt mit der Diagnose einer solchen Krankheit nicht selten ein schwieriges, aufopferungsreiches Leben.

Frühkindlicher Autismus

Ist es eine Entwicklungsstörung oder eine Funktionsstörung? Niemand kann bislang mit Sicherheit sagen, was den frühkindlichen Autismus verursacht. »Alle, die häufig mit Kindern zu tun haben, die an Entwicklungsstörungen des Nervensystems leiden, wissen, daß diese Kinder behindert *wirken* ... Meist sticht jedoch die berückende und irgendwie seltsam anmutende Schönheit des autistischen Kleinkindes ins Auge. Man kann sich kaum vorstellen, daß sich hinter diesem Puppengesicht ein subtiler, aber dennoch verheerender Defekt verbirgt, ein Defekt, der für das Kind wie für die Familie mit viel Leid verbunden ist« (U. Frith, 1989).

Es war Leo Kanner, der 1943 vorschlug, zwischen frühkindlichem Autismus und einer ähnlichen Symptomatik des Erwachsenenalters zu trennen. Sein Artikel erschien in der Zeitschrift *Nervous Child* unter dem Titel *Autistic Disturbances of Affective Contact* ("Autistische Störungen des affektiven Kontakts"). Die Einschlußkriterien, die Kanner seinerzeit empfahl, flossen 50 Jahre später nahezu Wort für Wort in die neueste Fassung der "Internationalen Klassifikation der Krankheiten" ein, die von der Weltgesundheitsorganisation WHO erstellt und ständig aktualisiert wird. Für jemanden, der Erfahrung im Umgang mit autistischen Kindern hat, sind erste Anzeichen der Störung schon lange vor Beginn des zweiten Lebensjahres erkennbar. Ein Säugling beispielsweise, der ins Leere starrt und weint, wenn man ihn auf den Arm nimmt, leidet womöglich unter Autismus. Wenn dieses Kind älter ist, reagiert es nicht auf Personen, die mit ihm spielen oder es für etwas interessieren wollen. Man hat den Eindruck, es sei von einer unsichtbaren Mauer umgeben. Bis zum Alter von etwa drei Jahren spricht es nicht, so daß man es manchmal fälschlicherweise für taub hält. Das autistische Kind interessiert sich nur für wenige, eintönige Dinge. Immer dasselbe

227

Spiel spielend, kann es stundenlang für sich allein bleiben. An irgendwelchen Gruppenaktivitäten mag es nicht teilnehmen. Besteht man dennoch darauf, fängt das Kind zu schreien an und wälzt sich auf dem Boden. Wenn es spricht, wiederholt es immer wieder dieselben, unpassend erscheinenden Redewendungen und Wörter. Es psalmodiert, stößt sich absichtlich den Kopf, hüpft wie rasend auf der Stelle und schlägt zwanghaft mit den Armen um sich. Erst spät lernt es, sich anzukleiden, zu essen und sich zu waschen. Das Kind entwickelt gleichförmige Tagesabläufe, die man nicht durchbrechen kann, ohne zu riskieren, daß es einen Wutanfall bekommt, bei dem Gegenstände zu Bruch gehen können.

Die Intelligenz von Autisten muß nicht unbedingt beeinträchtigt sein, zumindest nicht die Art von Intelligenz, die man mit den klassischen Intelligenztests mißt. Die intellektuellen Leistungen sind jedoch unbeständig und lückenhaft. Ihre Fähigkeiten im Kopfrechnen und ihre Gedächtnisleistungen versetzen mitunter in Erstaunen. Das Bild, das Dustin Hoffman in dem Film *Rain Man* vermittelt, in dem er einen erwachsenen Autisten spielt, der in der Lage ist, sehr rasch die Seiten eines Telefonbuches auswendig zu lernen, ist durchaus wirklichkeitsnah. Manchmal bessern sich die Symptome im Laufe des Lebens, so daß der erwachsene Autist imstande ist, seine Kindheitserfahrungen niederzuschreiben. Im Rahmen seiner begrenzten Möglichkeiten kann ein Autist sprechen, soziales Verhalten und technische oder künstlerische Fertigkeiten lernen. Dazu bedarf es jedoch immenser Geduld und großer Opfer seitens der Familie sowie der Unterstützung durch erfahrene Ärzte und Psychologen.

Die Zeiten der Anhänger einer radikalen psychosozialen Denkrichtung, die, wie Cyril Koupernik schreibt, »nie im Leben die Gelegenheit hatten, ein autistisches Kind auf dem Arm zu halten, das ihrem Blick ausweicht«, sind zum Glück vorbei.

Jahrelang haben diese Leute den Eltern, insbesondere der Mutter, die Schuld an der Erkrankung gegeben und sie für unfähig gehalten, ihr Kind zu lieben – was, wie sie meinten, die autistische Selbstisolation des Kindes zur Folge hatte. Die meisten Fachleute teilen demgegenüber heute Michael Rutters Ansicht, derzufolge der Autismus aus einer anlagebedingten Störung des kindlichen Nervensystems resultiert und nicht aus funktionellen Einflüssen, die eine an sich intakte Nervenzellmaschinerie von außen stören. In der Tat ist es nicht mangelnde Zuwendung oder Fürsorge, die jeden dritten autistischen Jugendlichen zum Epileptiker werden läßt (V. Lotter, 1967). Rutter untersuchte 20 Paare eineiiger Zwillinge, von denen zumindest ein Zwilling nachweislich Autist war. In vier Fällen galt dies auch für den anderen Zwilling (M. Rutter, 1983). Dies ist keine völlige Übereinstimmung, wie sie bei einer rein genetischen Ursache der Erkrankung zu erwarten wäre. Wir dürfen jedoch vermuten, daß es eine erbliche Prädisposition gibt.

Knaben mit dem sogenannten Fragilen-X-Syndrom weisen neben bestimmten körperlichen Fehlbildungen häufig Anzeichen autistischen Verhaltens auf. Das Rett-Syndrom, das der Wiener Neuropädiater Andreas Rett 1966 erstmals beschrieb, ist eine X-chromosomal bedingte Hirnerkrankung, die ausschließlich bei Mädchen auftritt. Bis zum Alter von acht Monaten wachsen die Mädchen normal heran. Dann gehen all ihre Fähigkeiten und Fertigkeiten verloren, die sie bis dahin erworben haben, und nach einer unterschiedlich langen autistischen Phase werden die Mädchen zunehmend dement und entwickeln Gangstörungen im Sinne einer Rumpfataxie. Die Tatsache, daß beide Syndrome jeweils nur bei einem Geschlecht auftreten, läßt sich nicht durch einen äußeren Einfluß erklären.

Um ihren Zustand therapeutisch zu beeinflussen, verabreichte man Autisten im Laufe zahlreicher Untersuchungen Neurotransmitter und Neuropeptide. Die Ergebnisse stimmten nicht in allen Fällen überein. Vor wenigen Jahren förderten kernspintomographische Bilder zutage, daß die Lappen VI und VII des Kleinhirnwurmes (in der Medianpartie des Kleinhirns) bei diesen Patienten anscheinend mangelhaft entwickelt sind (R. Courchesne, 1988). Diesem Befund sollte man nachgehen, nicht nur um des Ziels einer medikamentösen Behandlung willen, sondern auch um die Funktionsweise des Zentralnervensystems besser kennenzulernen wie auch die Störfälle, die sich in den letzten Schwangerschaftsmonaten zutragen können. Jedenfalls scheint die langwierige Kontroverse, die Tiefenpsychologen und Neurologen um die Entstehung des Autismus führten, nunmehr ihrem Ende entgegenzugehen.

Pannen und Katastrophen

Die Warnsignale, die ein krankes oder leidendes Neuron aussenden kann, sind vielgestaltig. Sie beunruhigen oder quälen den Patienten und führen den untersuchenden Arzt oftmals zur Ursache des Leidens, so daß es behoben oder zumindest beherrscht werden kann.

Der Schrei des Neurons

Zahnschmerzen, ein Krampfanfall, eine Panikattacke, ein akutes Delir bei hohem Fieber haben auf den ersten Blick kaum etwas gemeinsam. Aber jedes dieser Symptome bringt auf seine Art die Hilferufe bestimmter Nervenzellen zum Ausdruck.

Schmerz

Wirbeltiere verfügen über ein besonderes System, das der Noci-
ception dient, das heißt dem Zweck, Schmerzreize zu registrieren,
diese Informationen weiterzuleiten und den Schmerz schließlich
unter Kontrolle zu bringen. Dieser "heiße Draht" soll einen sinnvollen Schutz für das Gleichgewicht des Organismus, das Leben
des einzelnen und die Erhaltung der Art darstellen.

Nun gibt es aber Menschen, die von Geburt an unempfindlich für Schmerzen sind. Ursächlich ist eine seltene Erbkrankheit, die bei Kindern scheinbar gesunder Eltern auftreten kann –
mit katastrophalen Folgen. Bei drei Kindern aus Sao Paulo, die
medizinisch untersucht wurden, hatte sie zu schwerwiegenden
körperlichen Schädigungen geführt: »Das erste, zwei Jahre alte
Kind verspürte beim Laufen – trotz schlecht wiedereingerichte-
ter Brüche – keine Schmerzen. Es verbrannte sich häufig. Seine
Zunge, auf die es sich gebissen hatte, war verstümmelt. Sein
Nervensystem wies jedoch, abgesehen von dieser generalisierten
aufgehobenen Schmerzempfindung, keine Anomalien auf. Das
zweite Kind, ein zwölfjähriger Junge, befand sich in einer ähnlichen Lage. Das dritte Kind, sechs Jahre alt und Bruder des
zuvor genannten Kindes, rannte immer wieder mit dem Kopf
gegen Wände und nahm glühendheiße Bügeleisen in die Hand,
obwohl es mit einer normalen Intelligenz begabt zu sein schien.«
(A. O. Ramos & B. J. Schmidt 1964.)

Die Schmerzbahnen bilden eine Schleife, die bei den Säugern
Peripherie und Großhirnrinde miteinander verbindet. Das auf-
steigende (afferente) Faserbündel sammelt die Informationen
aus der Peripherie und leitet sie an das Gehirn weiter, wo sie
verarbeitet werden. Das absteigende (efferente) Faserbündel
wirkt anschließend daran mit zu entscheiden, wie der Organismus handeln soll, und sorgt durch modulierenden Einfluß dafür,
daß die Reaktion angemessen ist.

Afferenter Schenkel der Schmerzbahn. Die Dendriten des ersten Neurons des afferenten Schmerzbahnschenkels befinden sich in der Haut. Ihre Fortsätze sind feine, marklose Fasern und leiten daher langsamer als die markhaltigen Fasern anderer sensibler Leitungsbahnen. Die Nervenzellkörper dieser sogenannten C-Fasern liegen in Nervenknoten seitlich des Rückenmarks, in den Spinalganglien. Von dort leiten Axone die Schmerzinformationen zum Rückenmark, wo sich die Nervenfasern über Synapsen mit den Neuronen aufsteigender Nervenbahnen verbinden (Abbildung 70).

Auf diese Leitungsbahn hat es der Erreger der Syphilis, das Schraubenbakterium *Treponema pallidum*, vornehmlich abgesehen. Einige Jahre, nachdem sich die Erkrankung erstmals in Form eines harten, schmerzlosen Geschwürs im Genitalbereich manifestiert hat, treten die Bakterien in Spinalganglien und Rückenmark erneut in Erscheinung. Sie setzen sich dort fest und vermehren sich. Das Penicillin hat dieses Spätstadium der Syphilis, die Rückenmarkschwindsucht oder Tabes dorsalis, völlig zum Verschwinden gebracht. Noch im 19. Jahrhundert war die Krankheit weit verbreitet und bereitete den Betroffenen furchtbare Qualen. Beispielsweise war sie Ursache von Siechtum und Tod des französischen Schriftstellers Alphonse Daudet. In dem posthum veröffentlichten Werk *La Doulou*, dem Gedicht der Verzweiflung, enthüllt der Autor mit stoischem Gemüt, wie das Leiden, das man damals für unheilbar hielt, Tag um Tag unerbittlich fortschritt: »Meinen Kindern kann ich nur noch eines zurufen: ›Es lebe das Leben!‹ Von Schmerzen zerrissen, wie ich es bin, fällt es mir schwer.«

Die Substanz P kommt in großen Mengen in den Zellkörpern der Schmerzneuronen vor. Dort findet man auch die ”körpereigenen Morphine”, nämlich Enkephaline und opiumähnliche Endorphine, von denen bereits die Rede war. Diese Substanzen wirken nahe dem Ort, wo sich die Synapse zwischen dem ersten

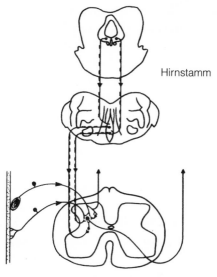

Hirnstamm

Rückenmark

70 Die Schmerzbahnen. Die Fasern der afferenten, zum Gehirn ziehenden Schmerzbahnen (*durchgezogene Linien*) wechseln unmittelbar nach ihrem Eintritt ins Rückenmark die Seite. Nachdem der Schmerz im Hirnstamm analysiert worden ist, übermitteln die Fasern efferenter, vom Gehirn kommender Bahnen (*gestrichelte Linien*) dem Organismus, wie er auf den Schmerz reagieren soll. (Stark schematisierte Darstellung, nach *Médecine/ Sciences.*)

und zweiten Neuron befindet, das heißt im Hinterhorn des Rückenmarkes. Deshalb lassen sich auch krebsbedingte Schmerzen in den darunterliegenden Segmenten vorübergehend beseitigen, indem man geringe Dosen "körperfremden" Morphins in die Gehirn-Rückenmark-Flüssigkeit injiziert (J.-M. Besson & Y. Lazorthes, 1985).

Die Fasern des zweiten Neurons ziehen unverzüglich zur Gegenseite und demonstrieren damit ihre Eigenständigkeit gegenüber den Neuronen der anderen sensiblen Systeme, deren Fasern erst nach viel längerem Verlauf weiter oben im verlängerten Mark die Seite wechseln. Auf der anderen Seite des Rückenmarks angelangt, steigen die Axone des zweiten Neurons als Tractus spinothalamicus nach oben zum Gehirn und enden, wie der Name der Leitungsbahn besagt, im Thalamus, der Sammel- und Sortierzentrale für sensorische Signale, einschließlich der Schmerzen. Kommt der Thalamus zu Schaden, weil beispielsweise eine Arterie verstopft ist, die ihn mit Blut versorgt, sind unerträgliche Schmerzen die Folge. Dieses Phänomen bezeichnet man in der Fachsprache als Hyperpathie. Gleichzeitig ist die Berührungsempfindlichkeit einer Körperhälfte aufgehoben (Hemianästhesie), was in krassem Gegensatz zu den Nervenschmerzen steht, die mit ihr im selben Bereich einhergehen. Diese Empfindungen des Zerquetschens, Verdrehens oder Verbrennens, die sich durch Schmerzmittel nicht lindern lassen, treten immer wieder in Form unerträglicher Anfälle in Erscheinung und treiben die Patienten zuweilen in den Selbstmord.

Bei allen Säugern pflanzt sich das Schmerzsignal über den Thalamus hinaus ins limbische System und zur Area (Feld) 6 der Großhirnrinde fort. Area 6 befindet sich unmittelbar neben Area 4, die einfache Bewegungen steuert (Abbildung 45). Die Schmerzwahrnehmung beschränkt sich hier nicht mehr darauf, zwischen einem Stich und einer Verbrennung zu unterscheiden oder die Intensität des Reizes zu messen. Sie verleiht dem Schmerz die emotionale Tönung, zieht die im Gedächtnis gespeicherten Erfahrungen zu Rate, aktiviert die Aufmerksamkeit und ermöglicht vielleicht auch die Wirksamkeit der Suggestion.

Efferenter Schenkel der Schmerzbahn. Den Organismus vor dem Schmerz zu schützen und, in gewissen Grenzen, modulierend auf ihn einzuwirken ist Sache der efferenten Neuronen. Ihre Zellkörper liegen in zwei genau umrissenen Bereichen des Hirnstamms: im zentralen Höhlengrau, das den Aquaeductus

Sylvii umgibt, also jenen feinen, liquorführenden Kanal, der dritte und vierte Hirnkammer miteinander verbindet; und im Nucleus raphe magnus der Formatio reticularis, die sich vom verlängerten Mark bis zum Zwischenhirn entlang der Mittelnaht erstreckt.

Die Axone dieser beiden Gruppen von Neuronen bilden ein Faserbündel, den Tractus bulbospinalis, der Rückkopplungssignale zum Hinterhorn des Rückenmarkes leitet (Abbildung 70).

Der Markt für schmerzstillende Medikamente ist grenzenlos. Denn viele Menschen leiden unter Schmerzen, die für sie häufig so unerträglich sind, daß sie zu Medikamenten greifen müssen. Um den Preis von Tierversuchen, die im Kreuzfeuer der Kritik von Tierschutzverbänden stehen, macht dieser schwierige Forschungsbereich Fortschritte. Als letzten Ausweg griff man geraume Zeit auf die Hilfe von Neurochirurgen zurück: In den sechziger Jahren durchschnitten sie kurzerhand die Schmerzbahnen, das heißt die Hinterwurzeln (Radikotomie) oder den Tractus spinothalamicus (Chordotomie), oder sie verkochten die zuständigen Thalamuskerne im Rahmen eines stereotaktischen Eingriffs mittels Strom. Statt dieser verstümmelnden Operationen kommt heutzutage bei Patienten mit extremen Schmerzen die Neurostimulation zum Einsatz: Ziel des Verfahrens ist es, den Fluß der Schmerzinformation durch elektrische Reizungen zu blockieren, die sich der Patient bei Bedarf selber verabreichen kann. Hierzu pflanzt man Elektroden in die Haut an eine Stelle ein, die dem Nerv gegenüberliegt, oder aber in eine tiefere Schicht in Kontakt mit einer Nervenwurzel oder dem Rückenmark selbst. Insbesondere die unerträglichen "Phantomschmerzen", unter denen Menschen leiden können, denen ein Bein oder ein Arm abgenommen wurde, lassen sich zuweilen erfolgreich auf diese Art behandeln.

Sauerstoff- und Nährstoffmangel

Insbesondere das geistig sehr aktive Gehirn verbraucht extrem viel Energie. Von allen inneren Organen höherer Wirbeltiere benötigt das Gehirn den meisten Sauerstoff. (Dieser wird zur "Verbrennung" der Nährstoffe gebraucht, und sein Verbrauch ist ein Maß für die Stoffwechselaktivität.) Die neuen Felder der Großhirnrinde sind, wie bereits weiter oben erwähnt, besser durchblutet als die alten. Doch auch der Hypothalamus, der stammesgeschichtlich viel älter und schon bei Reptilien vorhanden ist, verfügt über ein dichtes, fein verzweigtes Gefäßnetz. Die Neuronen des menschlichen Gehirns verbrauchen insgesamt 50 Milliliter Sauerstoff in der Minute, das heißt etwa ein Fünftel des Gesamtvolumens, das der Körper in derselben Zeit aufnimmt! Wird das Gehirngewebe nur mangelhaft mit Sauerstoff versorgt, nimmt es sehr leicht bleibenden Schaden, da solcherart unterversorgte Nervenzellen schnell absterben.

Während alle anderen Arten tierischer Zellen zur Ernährung auf unterschiedliche energiereiche Verbindungen zurückgreifen können, sind die Neuronen ausschließlich auf Glucose (Traubenzucker) angewiesen. Die Nährstoffreserven des Gehirns sind gering, sie belaufen sich auf etwa zwei Gramm Glykogen, einer Speicherform der Glucose. Sinkt die Glucosekonzentration im Blut von Normalwerten um 100 Milligramm pro 100 Milliliter auf unter 50 Milligramm ab, haben wir es mit einer Hypoglykämie zu tun, die die Nährstoffversorgung der Gehirnnervenzellen gefährdet. Ein "ausgehungertes" Gehirn läßt uns müde und schlaff werden, manchen vielleicht auch gereizt und aggressiv. In schweren Fällen kann der Glucosemangel Krampfanfälle provozieren, oder es kommt sogar zur Bewußtlosigkeit, zum sogenannten hypoglykämischen Koma. Hält der Zustand länger an, beispielsweise nach einer Überdosis Insulin, die ein Diabetiker sich versehentlich verabreicht, kann dies tödlich enden.

Epilepsie

Die im Volksmund auch Fallsucht genannte Epilepsie hielten die Menschen der Antike für eine Manifestation von Göttlichkeit. (Die weitere Bezeichnung "Komitienleiden" nimmt darauf Bezug, daß man in Rom die öffentlichen Komitienfeierlichkeiten sofort abbrach, wenn ein Anwesender, der unter dieser Krankheit litt, zu Boden fiel und krampfte) *Epilepsia* bedeutet "Überraschung", aber auch "Ergreifen" oder "Anfall": Die Neuronen der Großhirnrinde entladen sich plötzlich in einem heftigen elektrischen Gewitter. Zu Zeiten, als man hochgradig depressive Patienten regelmäßig einer Elektrokrampftherapie unterzog, mit der sich bisweilen ganz ausgezeichnete Ergebnisse erzielen ließen, tat man nichts anderes, als bei den Patienten dieses Gewitter experimentell auszulösen. Die Definition der Epilepsie hat sich kaum verändert, seit der englische Neurologe John H. J. Jackson sie vor über hundert Jahren formulierte: »Exzessive, anfallsweise auftretende, hypersynchrone und kreisende Entladung unterschiedlich großer Populationen von Nervenzellen der grauen Substanz des Gehirns.« Diese übersteigerte elektrische Hirnaktivität kann beim *Grand mal*, beim "Großen Anfall", den ganzen Menschen erfassen: Der Kranke verliert plötzlich das Bewußtsein, krümmt sich, verletzt sich bisweilen beim Sturz und verfällt in Krämpfe. Erst nach mehreren Minuten beginnt er langsam wieder aus der Bewußtlosigkeit zu erwachen. Bisweilen fällt er auch in tiefen Schlaf. Hinterher erinnert sich der Epileptiker nicht mehr an das Ereignis. Dem *Grand mal* kann – als eine Art Vorbote – eine Aura (lateinisch für "Lufthauch", "Schein") vorausgehen. Diese Bewußtseinseinengung oder -trübung dauert meist einige Sekunden und kann alleiniges Anfallssymptom sein. Häufig breitet sich der Anfall jedoch über die gesamte Großhirnrinde aus, und die Krämpfe erfassen den ganzen Körper. Die Art und Weise, in der Patienten die gefürchteten Vorzeichen erleben, erlaubt es manchmal, den Ausgangspunkt der epileptischen Erregung zu lokalisieren.

Motorische Herdanfälle. Sie äußern sich zunächst in Form von Muskelzuckungen des Mundwinkels, die sich über das halbe Gesicht ausbreiten können und oft auch Hand und Arm erfassen (wobei die Gliedmaßen derjenigen Körperseite betroffen sind, die der Seite des Epilepsieherdes gegenüberliegen, da die motorischen Fasern ja die Seite wechseln).

Adversivanfälle. Der Patient wendet Blick und Kopf wie auf ein unsichtbares Ziel hin zu der Seite, die dem Epilepsieherd gegenüberliegt. Manchmal folgt hierauf eine Rumpfdrehung mit Krampfen einer Gliedmaße, das in ein generalisiertes *Grand mal* übergehen kann, bei dem der Patient schließlich zusammenbricht.

Sensible Anfälle. In Fingerspitzen und Mundwinkeln der Seite, die dem Anfallsherd gegenüberliegt, macht sich ein Kribbeln bemerkbar, das sich allmählich über die ganze Körperhälfte ausbreitet. Manchmal ist die Empfindung komplexerer Natur: Der Patient hat das Gefühl, daß eine seiner Körperhälften unproportional wächst oder schrumpft oder daß sie ihm jäh weggerissen wird.

Sensorische Anfälle. Unvermittelt sehen die Patienten in einer Hälfte ihres Gesichtsfeldes bunte Punkte oder Flecken, sie hören bizarre Geräusche, haben einen sehr unangenehmen Geschmack im Mund und den Eindruck, sie würden übelriechenden Speichel produzieren. Ein Kranker rief noch aus: »Ach je, was für ein Geruch!«, bevor er in einem großen epileptischen Anfall zusammenbrach.

Temporallappenepilepsie. Bei dieser Anfallsform tauchen blitzartig Bilder aus der Vergangenheit auf. Der Kranke sieht beispielsweise seine vor langer Zeit verstorbenen Eltern vorbeigehen, und zwar immer in dieselbe Richtung und in derselben Hälfte des Gesichtsfeldes. Er hört ätherische Klänge und fühlt sich wie in einem Traum, in einer Art "Dämmerzustand". Hinzu kommt ein Gefühl der Angst, gepaart mit vermeintlichem Wiedererinnern und vagen Eindrücken eines *Déjà vu* (Neues erscheint vertraut) oder eines *Jamais vu* (Bekanntes erscheint fremd). Andererseits können sich euphorische Zustände mit entfesselten schöpferischen Leistungen einstellen, wie es möglicherweise bei dem russischen Schriftsteller Fjodor Dostojewskij der Fall gewesen ist.

Unabhängig von Art und Ursache des Krampfanfalls reagiert die Nervenzelle immer wieder auf dieselbe Weise. Egal, ob erstickt, überhitzt, ausgehungert, geprügelt, zusammengepreßt, vergiftet oder von seinesgleichen isoliert, immer bekommt sie einen Anfall:

Erstickt. Dieses Phänomen tritt beispielsweise bei dem Krampfanfall des Tauchers auf, der zur Wasseroberfläche zurückkehrt, ohne die Dekompressionsstufen eingehalten zu haben. Eine Hirnarterie wird dann von einer Luftblase blokkiert, wodurch die Sauerstoffversorgung des Nervengewebes unterbunden wird. Bei älteren Menschen kann ein erstmals aufgetretener Krampfanfall dadurch bedingt sein, daß die Halsschlagader verstopft ist.

Überhitzt. Hohe Körpertemperaturen setzen die Krampfschwelle herab, und es kann zu sogenannten Fieberkrämpfen kommen. Dieses Phänomen tritt nicht selten bei Säuglingen auf, deren Nervenfasern bekanntlich nicht von der Myelinscheide geschützt und ernährt werden, obwohl die Neuronen zu diesem Zeitpunkt zahlenmäßig schon vollständig sind. Der Kinderarzt verordnet daraufhin krampflösende Medikamente und fiebersenkende Mittel, um die hohen Temperaturen unter Kontrolle zu bringen. Weitere Krampfanfälle bleiben meist aus, es sei denn, es kommt zu einem erneuten unkontrollierten Fieberschub.

Ausgehungert. Schwere Hypoglykämien können Krampfanfälle provozieren. Das trifft insbesondere für Neugeborene zu, die auf einen Glucosemangel sehr empfindlich reagieren. Ihr normaler Blutzuckerspiegel liegt im Mittel zwischen 50 und 60 Milligramm pro 100 Milliliter und damit niedriger als der des Erwachsenen; fällt er unter 30 Milligramm pro 100 Milliliter, so hat auch das Neugeborene die Schwelle zur Hypoglykämie überschritten. Krampfen Kinder am ersten Lebenstag, muß man daher unbedingt den Blutzuckerspiegel bestimmen und im Notfall eine Zuckerlösung direkt ins venöse Blut infundieren.

Geprügelt. Bisweilen löst ein direkter Schlag oder Stoß auf den Schädel die "neuronale Krise" aus. Dieser Krampfanfall verläuft, egal ob er sofort oder erst später erfolgt, besonders heftig. Seine Ursache ist entweder eine verhärtete, geschrumpfte und reizende Hirnhautnarbe, die über einer alten Verletzung der Großhirnrinde sitzt, oder aber ein Bluterguß, der mehr oder minder tief in die Hirnhäute eingedrungen ist. In den Geschichtsbüchern steht geschrieben, daß Karl VIII. von Frankreich am 7. April 1498 im Schloß von Amboise die Königin abholen wollte, um in ihrer Begleitung einem Ballspiel beizuwohnen, das in den Schloßgräben stattfand. Obwohl von kleinem Wuchs, stieß der König mit der Stirn an den Rahmen einer Tür, die zu den Gemächern der Königin führte. Er sammelte sich sofort wieder und wohnte der Partie bei, wobei er in einem fort plauderte. Plötzlich fiel er hintenüber, verlor das Bewußtsein und hauchte zur allgemeinen Bestürzung einige Stunden später sein Leben aus. Der französische Chirurg Ambroise Paré, der die Kunst des Schädelbohrens beherrschte, hätte ihn wahrscheinlich retten können. Doch er kam erst zehn Jahre später zur Welt. So fand die Herrschaft des Hauses Valois-Orléans ihr vorzeitiges Ende.

Zusammengepreßt. Ein epileptischer Anfall kann das erste Symptom eines Hirntumors sein. Die Schädelhöhle vermag sich, sobald sich die Fontanellen in der frühen Kindheit geschlossen haben, nicht mehr auszudehnen. Geschwulste, die nicht expandieren, bleiben oft jahrelang folgenlos und unbemerkt. Rasch wachsende Tumoren hingegen führen sehr bald zu äußerst starken Beschwerden seitens des Gehirns. Der Hirndruck steigt und provoziert Kopfschmerzen, Erbrechen, Sehstörungen und Schwindelgefühl. Das Großhirn versucht dem Druck auszuweichen, beispielsweise durch das Hinterhauptloch, zieht dabei das Kleinhirn mit sich, das hierdurch das verlängerte Mark quetscht – mit katastrophalen Folgen! Den Keim des Tumors bildet in der Regel eine Gliazelle (weshalb diese Tumoren etwa Gliom, Astrocytom oder Oligodendrocytom heißen), seltener eine neuronale Zelle (beispielsweise das Neuroblastom des Kindes).

Vergiftet: Alkohol ist in seiner Wirkung "GABA-ähnlich": er beeinflußt die Funktionsschwelle hemmender GABA-Neurone (siehe Seite 210). Er "täuscht" die postsynaptischen Neuronen, indem er sich an deren Rezeptoren bindet und die Wirkung des Neurotransmitters nachahmt. Entzieht man den Alkohol zu schnell, sind diese Nervenzellen ihrer Bremse beraubt, und es kommt zu einem Krampfanfall. Unterbricht man eine Behandlung mit Antiepileptika (Medikamenten gegen Anfallsleiden), die bis dahin wohldosiert und gut verträglich war, zum falschen Zeitpunkt, so kann dies ähnliche Entzugserscheinungen hervorrufen.

Angst, Panik und Phobien

Angst. Der Begriff Angst stammt von dem lateinischen Wort *angustus* ("beengt", "eingezwängt") ab. Etymologisch ist es übrigens auch mit dem Wort Angina verwandt. Im Französischen unterscheidet man zwischen *angoisse*, der körperlichen Seite der Angst, die sich beispielsweise in einem Enge- und Erstickungsgefühl äußert, und *anxiété*, der mehr psychischen Komponente, die in einem undefinierbaren Unsicherheitsgefühl zum Aus-

241

druck kommt (Brissaud, 1890; U. H. Peters, 1990). Die deutsche Sprache differenziert nicht zwischen diesen beiden Ausdrucksformen der Angst, sondern eher zwischen Furcht und Angst. Angst steht für einen Gefühlszustand, in dem sich die Psyche auf eine Gefahr vorbereitet hat, die sie erst erwartet (U. H. Peters, 1990). Sie entsteht als Reaktion auf eine wirklich erlebte oder auch bloß vorgestellte Situation, die dem Menschen vielleicht nicht einmal voll bewußt war, die er jedoch als lebensbeeinträchtigend oder gar lebensbedrohlich empfand. Demgegenüber bezieht sich Furcht auf ein konkretes Objekt oder eine konkrete Bedrohung, der man sich durch Flucht entziehen oder durch entsprechende Gegenwehr begegnen kann (Meyers Kleines Lexikon Psychologie).

Panik. Der griechische Gott Pan, halb Mensch, halb Bock, schwang das Zepter bei den Waldfesten und verbreitete bei Nymphen und Hirten oft Angst und Schrecken. Der Begriff "Panik" (von Pan abgeleitet) tauchte im 16. Jahrhundert auf und bezeichnet eine durch »plötzliche Bedrohung, Gefahr hervorgerufene übermächtige Angst, die das Denken lähmt und bei größeren Menschenansammlungen zu kopflosen Massenreaktionen führt« (Duden, Deutsches Universalwörterbuch A–Z). In der Tat kann Panik bisweilen ansteckend wirken, und der "Selbstmord" der skandinavischen Berglemminge, die sich in Massen über Felsklippen ins Meer stürzen, findet ihre Parallele in der Geschichte von Panurgs Schafen: Panurg, eine der Hauptfiguren in François Rabelais' Werk *Gargantua und Pantagruel*, wirft einen Hammel über die Klippen ins Meer, worauf sich die ganze Herde blindlings hinterherstürzt.

Angstzustände können eine Depression maskieren, aber auch deren erstes Symptom sein und in der Folge zu Alkoholmißbrauch und Medikamentenabhängigkeit führen.

Generalisierte Angststörungen und Panikstörungen. Der

242

Angstanfall sei, wenn er wiederholt auftrete, ein Ausdruck der Angstneurose, schrieb Sigmund Freud gegen Ende des letzten Jahrhunderts. Diese Form der Angst kann sich vornehmlich körperlich äußern, sich "somatisieren": Der Hilferuf des Neurons, der sich mal als Schmerz, mal als epileptischer Anfall manifestiert, tritt hier in Gestalt eines klinischen Symptoms in Erscheinung, das ein Organ betrifft. Der behandelnde Arzt läuft dann Gefahr, sich in zwei einander entgegengesetzte Richtungen fehlleiten zu lassen: In der einen Richtung kommt er irrtümlicherweise zu dem Ergebnis, daß das Organ nicht wirklich geschädigt und alles nur "nervös" bedingt sei, und verschreibt vielleicht ein Beruhigungsmittel; in der anderen Richtung aber nimmt er, weil er besorgt ist, eine Reihe unnützer und teurer Labor-, Ultraschall- und Röntgenuntersuchungen vor, obgleich das betreffende Organ an sich normal funktioniert. Typische körperliche Symptome von generalisierten Angst- und Panikstörungen sind Herzklopfen und "Herzschmerzen", asthmaähnliche Atemnot, plötzliche Durchfälle oder anfallsweises heftiges Schwitzen, Kloßgefühl im Hals mit Schluckbeschwerden, Kribbeln in Armen und Beinen, Zittrigkeit und Schwindelgefühl.

Die Grenze zwischen funktionellen und organischen Beschwerden ist natürlich fließend. Manchmal reicht die Angst an sich aus, um ein Organ zu schädigen. Dies ist beispielsweise der Fall, wenn Ratten, die man experimentell immer wieder großem Streß aussetzt, ein Magengeschwür – ein sogenanntes Streßulcus – entwickeln. Den Begriff "Streß" führte Hans Selye im Jahre 1949 ein, um einen Zustand zu beschreiben, in dem die Nebennieren unter einem bestimmten widrigen Einfluß (einem größeren Blutverlust) vermehrt Hormone ausschütten. Heutzutage findet der Ausdruck auf alle möglichen Situationen und Faktoren Anwendung, die den Körper belasten. Ist der Streß seelischer Natur, bezeichnet man die hieraus entstehenden Krankheitssymptome als "psychosomatisch": »Die Hirnnervenzellen besitzen kein Armaturenbrett. Das Gehirn bedient sich des Körpers als Bildschirm, auf den es seine Warnmeldungen projiziert« (D. Roume, 1992).

Einige Neurophysiologen (F. N. Pitts & F. N. McClure, 1967) stellten fest, daß sie bei Angstpatienten "panikerzeugende" Effekte erzielen konnten, wenn sie ihnen Natriumlactat, das Natriumsalz der Milchsäure, intravenös verabreichten. Die Substanz setzt pharmakodynamisch an den Rezeptoren des limbischen Systems an, dessen komplexe hirnanatomische Struktur wir bereits erläutert haben (Abbildung 37).

Möglicherweise spielt der Mandelkern beim Menschen eine besondere Rolle für das Angstverhalten, während er beim Tier über *fight or flight*, Kampf oder Flucht, zu entscheiden scheint (H. Ursin et al., 1981). Injiziert man demgegenüber ein Beruhigungsmittel (aus der Gruppe der Benzodiazepine) in ebendiese Hirnstruktur, wirkt dies sehr stark angstlösend.

Septum und Hippocampus stehen unter dem Einfluß serotoninhaltiger Neuronen der Raphe-Kerne und noradrenalinhaltiger Neuronen des Locus coeruleus. Auf Unsicherheit, eine Drohung, einen Mißerfolg oder eine Frustration reagieren sie, indem sie ein gehemmtes Verhalten und einen intensiveren Wachzustand hervorrufen (J. A. Gray, 1982).

Phobien. Phobien entwickeln sich aus einem angstähnlichen Gemütszustand heraus. Sie bestehen in massiven Angstattacken, denen der Patient um jeden Preis Einhalt zu gebieten sucht, und zwar auf zweierlei Weise: Entweder vermeidet er das angstauslösende Verhalten, oder er wagt die "Flucht nach vorn". Hat er das Gefühl, in einem Raum zu ersticken, stürzt er nach draußen, um frische Luft zu schnappen; kann er es in öffentlichen Verkehrsmitteln nicht aushalten, steigt er aus dem Bus aus; hat er Angst vor dem Alleinsein, ruft er seinen Nachbarn an; soll er eine Brücke oder einen Platz überqueren, tut er dies nur in Begleitung, und sei es an der Hand eines Kindes; in der Kirche setzt er sich nach hinten, in die Nähe des Portals (Paul Savy, ein berühmter Klinikarzt aus Lyon, sprach in diesem Zusammenhang vom *signe du bénitier*, vom "Zeichen des Weihwasserbeckens"; das Weihwasserbecken befindet sich in Kirchen am Ausgang.) Ist das Lampenfieber mit all seinen – glücklicherweise vorübergehenden – Begleiterscheinungen dieser Art von Angst nicht sehr ähnlich?

Verstimmung und Erregtheit

Die Neuronen schreien ihren Schmerz heraus, und die Ärzte verordnen lindernde Medikamente, von schmerzstillender Acetylsalicylsäure bis hin zu betäubendem Morphium. Die Neuronen machen auf ihre Krise aufmerksam, indem sie ihre Umgebung durch epileptische Anfälle alarmieren. Mit Antiepileptika lassen sich diese Anfälle verhindern. Generalisierte Angst- und Panikstörungen repräsentieren eine andere Form des neuronalen Chaos, das auf Beruhigungsmittel anspricht. Verstimmungen (oder Dysthymien, wie man früher sagte, vom griechischen Wort *thymos* für "Stimmung") sind quasi Ausdruck einer angeschlagenen Moral, die einer Behandlung mit stimmungsaufhellenden Medikamenten zugänglich sein kann. Dies erklärt die große Nachfrage nach solchen Medikamenten, deren Wirksamkeit ständig verbessert wird.

Bei der therapeutischen Erforschung dieser Substanzen kann das Tierexperiment das "Modell Mensch" nicht ersetzen. Die Testergebnisse bestätigen oder verwerfen Hypothesen der Forscher, wie das betreffende Molekül an bestimmten Synapsen eines bestimmten neuronalen Schaltkreises wirkt. Auf diese Weise schreitet die Neuropharmakologie voran.

Major Depression. Sie hieß früher auch Melancholie, "Schwarzgalligkeit", nach einem Begriff aus der antiken Säftelehre. Eine bis dahin ausgeglichene Frau reagiert auf einmal überempfindlich und reizbar. Sie leidet unter Angstzuständen. Ihre Gestik wird langsamer, ihr Mienenspiel ausdruckslos, der Blick starr. Sie spricht nur noch selten, und wenn, dann mit monotoner Stimme. Die Frau weigert sich zu essen, vernachlässigt ihre Körperpflege. Schuldgefühle quälen sie. Wenn es ganz schlimm kommt, leugnet sie, daß sie selbst überhaupt existiert, denkt an Selbstmord oder gibt einem plötzlichen Todeswunsch nach.

Wenn Menschen derart antriebsarm und willensgehemmt sind und Angst- und Schuldgefühle sie quälen, bedürfen sie dringend ärztlicher Behandlung. Bevor es Antidepressiva gab, war die Elektrokrampftherapie oftmals die einzige medizinische Alternative – mit häufig eindrucksvollen Resultaten (Cerletti, 1938). Heutzutage bleibt dieser künstlich herbeigeführte generalisierte Krampfanfall, der eine heftige Ausschüttung von Neurotransmittern auslöst, auf Fälle schwerster Depressionen beschränkt, bei denen modernere Behandlungsmethoden keine Erfolge erzielen.

Die effektivsten Antidepressiva wirken auf jene Moleküle, die in den synaptischen Spalt ausgeschüttet werden, oder auf die Rezeptoren, an die sich diese Moleküle binden. Limbisches und hypothalamisches System regulieren die Stimmung mittels hirneigener Monoamine, nämlich Serotonin und Noradrenalin. Falls deren Wirkung zu schwach ist, muß alles getan werden, um die beeinträchtigte neurochemische Signalübertragung wieder in Gang zu bringen. So hemmen einige Antidepressiva die Monoaminoxidase (MAO), also jenes Enzym, das für den Abbau der Monoamine sorgt. Andere Pharmaka hemmen die Wiederaufnahme der Neurotransmitter in das präsynaptische Neuron (Abbildung 66). Wieder andere chemische Verbindungen lassen die Rezeptoren der postsynaptischen Membran empfindlicher auf die Transmittersubstanzen reagieren.

Manie. In der Umgangssprache bedeutet manisch, von etwas

besessen oder mit einem extremen Sinn für Ordnung und Gewohnheiten behaftet zu sein. In der Psychiatrie hat der Ausdruck eine ganz andere Bedeutung, wie die folgenden Zeilen klarmachen: »Ohne jemals müde zu werden, legt dieser junge Mann ein unerschöpfliches Bedürfnis nach Aktivität an den Tag. Alles ist einfach, das Leben ist schön, es wimmelt nur so von Plänen, und nichts scheint unmöglich. Dieser heitere, redegewandte Mann tätigt Einkäufe und stürzt sich dabei in beträchtliche Unkosten, schließt Verträge ab und erschafft die Welt neu. Seine Schlafstörungen werden zu völliger Schlaflosigkeit, seine Unruhe zur Hyperaktivität, er vergißt zu essen und zu trinken, schreibt täglich 30 Briefe, redet fortwährend, beleidigt andere und fällt ihnen ständig ins Wort. Die anfängliche Euphorie weicht einem überschwenglichen Spielverhalten, der Mann singt, genießt, scherzt. Lustige Geschichten und Wortspiele unterbricht er von Zeit zu Zeit nur, um sich in unpassender und häufig aggressiver Form über Leute lustig zu machen, die sich in seiner Nähe aufhalten.... Weh' dem, der sich ihm widersetzt: Auf die Beleidigung folgt der gewalttätige Akt, und ein medizinisch-juristisches Nachspiel setzt diesem großen Fest der Maßlosigkeit ein Ende.« (E. Zarifian, 1988.)

So sieht das klinische Bild einer akuten Manie aus. Der Zustand ist die Folge einer gravierenden Störung in den Schaltkreisen von Nervenbahnen, deren Neurotransmitter Noradrenalin ist, und macht gewöhnlich eine Behandlung in einer Fachklinik erforderlich. Mittel der Wahl zur Therapie der Manie sind Lithiumsalze, gegebenenfalls in Kombination mit antipsychotisch wirksamen Neuroleptika. Bereits 1949 hatte der Australier John Cade herausgefunden, daß Lithium psychotisch erregte Menschen beruhigen kann. Regelmäßige Anwendung findet die Substanz jedoch erst seit dem Jahr 1970, als der Däne Mogens Schou die Eigenschaften der Lithiumbehandlung neu entdeckte. Unter kontrollierten Bedingungen verabreicht, vermochte das

Carbonat oder Gluconat des Lithiums die Symptome bei zwei Dritteln aller manischen Menschen zu lindern. Sie konnten die psychiatrischen Kliniken verlassen. Und auch die Elektrokrampftherapie kam nach Einführung des Lithiums wesentlich seltener zum Einsatz.

Bipolare Störung. Früher nannte man sie manisch-depressive Erkrankung und davor auch Zyklothymie oder "zirkuläres Irresein". »So wie die Wintersonnenwende auf die Sommersonnenwende folgt« (Cyril Koupernik), so wechseln bei manchen Menschen manische und depressive Zustände einander ab. Zwischen diesen Episoden liegen unterschiedlich lange Intervalle, in denen die Stimmung ausgewogen und die berufliche Leistungsfähigkeit nicht beeinträchtigt ist. Die regelmäßige Einnahme von Lithium verzögert oder verhindert Rückfälle.

Diese Erkrankung zieht das besondere Interesse der Humangenetiker und Neurobiologen auf sich, da sie erbliche Komponenten hat. Auf der Suche nach mutierten Genen untersuchten Wissenschaftler große zusammenlebende Sippen, etwa die Amish-People in den Vereinigten Staaten wie auch einige isländische Familien. Die Forschung zu diesem Thema ist noch nicht abgeschlossen; mehrere, an unterschiedlichen Stellen lokalisierte Gene dürften für die Erkrankung verantwortlich sein.

Wahn und Verwirrtheit

Wahn braucht nicht mit Verwirrtheit einherzugehen. Gemeinsam kennzeichnen sie das Delir. Im Französischen heißt *délire* sowohl Wahn als auch Delir. Im Lateinischen bedeutet *delirare* "die Ackerfurche (*lira*) verlassen". Umgangssprachlich ließe es sich mit "neben der Schiene laufen", "nicht richtig ticken", "nicht recht bei Trost sein" übersetzen. »Von Hippokrates' *phrenitis* an bis hin zu Bleulers Schizophrenie schleppt die Geschichte der Psychiatrie das grundlegende Problem des Delirs (des Wahns) mit sich herum und vermochte es, obgleich seit dem 19. Jahrhundert Gegenstand wissenschaftlicher Forschung, bis in unsere Tage nicht zu lösen.« (G. Deshaies, 1990.)

Wahnvorstellungen können sich im Rahmen schwerer Verstimmungen einstellen und beim Depressiven in Form von Schuldgefühlen und Selbstbestrafung, beim gefährlichen Maniker in Wutanfällen zum Ausdruck kommen. Henri Ey unterschied zwischen akutem Delir, bei dem sich die Bewußtseinsstruktur auflöst, und chronischem Wahn, bei dem sich die Persönlichkeitsstruktur auflöst. In jedem Fall bedeutet ”im Delir zu sein”, die Wirklichkeit verlassen zu haben, ohne sich dessen bewußt zu sein.

Akute Delirien. Anschaulich beschrieb Emile Zola in seinem Werk *L'Assommoir* (”Die Schnapsbude”) das Delir seines Protagonisten Coupeau, dem abrupt der Alkohol entzogen worden war. In dem Film *Vier im roten Kreis* (Originaltitel *Le cercle rouge*) stellte Regisseur Jean-Pierre Melville den Schauspieler Yves Montand vor eine schwierige Aufgabe. Er spielt darin einen alkoholkranken, aus dem Polizeidienst entlassenen, ehemaligen Scharfschützen, der nicht mehr sicher schießen kann, da ihm die Hände zittern. Seine Komplizen setzten ihn kurzerhand auf Entzug. Daraufhin sieht er Würmer am Kopfende seines Bettes kriechen, Leguane über seine Arme und Beine schleichen und Krebse miteinander kämpfen. Alkoholsüchtige im Entzug delirieren und zittern (”Delirium tremens”). Sie ”durchleben” ihr Delir, da sie das, was sie wahrnehmen, für Wirklichkeit halten, und brüllen vor Angst, in Schweiß gebadet. Diese Menschen verlieren massiv Flüssigkeit, sie trocknen gewissermaßen aus und sterben, wenn nicht sofort eine geeignete Behandlung erfolgt, die das Unwetter zum Verziehen bringt, das auf die Nervenzellen und Synapsen von Großhirnrinde und Stammhirn niedergeht.

Acetylcholin ist daran beteiligt, die Funktionseinheiten der corticalen Neuronennetze zu synchronisieren. Einige Gifte bringen den Transmitter bei dieser Aufgabe aus dem Takt. Dies ist beispielsweise bei der Atropinvergiftung der Fall, zu der es unter anderem kommt, wenn man die Früchte der Tollkirsche (*Atropa belladonna*) gegessen hat. Der Vergiftete entwickelt eine starke Unruhe und hat akustische, visuelle oder auch traumähnliche Halluzinationen. Er wird immer verwirrter und weiß schließlich absolut nicht mehr, zu welcher Zeit all dies mit ihm passiert und wo er sich befindet. Behandeln läßt sich dieser Zustand mit Substanzen, die als Gegenspieler des Atropins an den Synapsen auftreten. Halluzinationen und Verwirrtheit klingen hierunter vollständig ab – wie sich auch jene Verwirrtheit zurückbildet, die auf einen Krampfanfall folgt. Diese vorübergehende "Sendestörung" erklärt sich dadurch, daß die Neuronen eine gewisse Zeit brauchen, um die verbrauchten Neurotransmitter zu ersetzen und wieder voll funktionsfähig zu werden. Die Großhirnrinde ist also nur für kurze Zeit außer Gefecht gesetzt.

Die Kranken reagieren nicht alle in gleicher Weise auf die unterschiedlichen "Aggressoren" – seien sie thermischer (Fieberdelir), toxischer (Alkoholdelir, Drogenentzug) oder traumatischer (Gehirnerschütterung) Natur –, die das Neuron mit Wahn und Verwirrung bedrängen. »Nicht jeder verfällt ins Delir, und nicht alle delirierenden Menschen erleben das Delir auf dieselbe Art« (G. Deshaies, 1990).

Chronischer Wahn. Der chronische Wahn hat eine unheilvolle Bedeutung, denn damit steht praktisch fest, daß der betreffende Mensch unter einer Psychose (etwa einer halluzinatorischen, paranoiden, chronischen oder schizophrenen Psychose) leidet. Um sein Ich wiederherzustellen, erschafft der Kranke eine neue Welt, in die er seine Erinnerungen einflicht, nachdem er sie neu geordnet hat. Das Bewußtsein ist klar, der innere Zusammenhalt bleibt meist gewahrt. Doch die Krankheitssymptome verschlimmern sich unaufhaltsam.

Der Tod des Neurons

Der Tod des Neurons dezimiert die Nervenzellpopulation des Gehirns. Dies kann durch normale Alternsvorgänge bedingt sein, aber auch Erkrankungen zur Ursache haben, die sich manchmal heilen lassen.

Angeblich verkümmern und verschwinden beim Erwachsenen tagtäglich Millionen von Gehirnnervenzellen. Wenn wir uns beispielsweise vor Augen führen, welche Schwierigkeiten es ab einem gewissen Alter bereitet, eine Fremdsprache zu erlernen, wird uns klar, daß wir dem Verschleiß des Gehirns nicht entgehen können. Und dennoch erholen sich die Gehirne alternder Menschen auch nach schweren Schädigungen wie Schlaganfällen, Blutergüssen oder Abszessen – manchmal entgegen allen Erwartungen. Geschädigte, doch nicht völlig zerstörte Neuronen sollen imstande sein, neue dendritische Verzweigungen aussprossen zu lassen und so neue Verknüpfungen zu bilden. Selbst in fortgeschrittenem Alter bleibt die Plastizität des Nervensystems in gewissen Grenzen erhalten. Oft überraschen Achtzig-, Neunzig- oder gar Hundertjährige durch ihre geistige Beweglichkeit und ihr gutes Gedächtnis. Reize aus der Umgebung spielen hierbei allerdings eine wesentliche Rolle. Ein alter Mensch, der sich nicht aufgegeben hat und, eingebettet in einen familiären Rahmen, seine Interessen pflegen kann, dürfte sich eine größere Neuroplastizität bewahren als ein deprimierter alter Mensch, der von seiner Familie abgeschrieben worden ist.

In der Tat schreitet das Altern und Sterben der Nervenzellen des Gehirns von Mensch zu Mensch so unterschiedlich rasch fort, daß es schon ungerecht erscheint. Von Demenz sollte man allerdings nur reden, wenn einmal erworbene Fähigkeiten wieder verlorengehen, so daß sich Gefühlswelt und Regsamkeit des Kranken wie auch sein Verhalten gegenüber den Mitmenschen merklich und dauerhaft ändern.

Senile Demenz

Jeder kennt Menschen aus seinem Bekanntenkreis, deren Gehirn nicht so gut "durchgehalten" hat wie das anderer. Ein Beispiel: Familie und Freunde einer Frau in den Achtzigern machen sich darüber Sorgen, daß sie sich seit einiger Zeit anders verhält als früher. Sie ist körperlich nicht mehr so rege, beschäftigt sich geistig mit immer weniger Dingen und reagiert auf Belanglosigkeiten übertrieben emotional, während wirklich ernste Begebenheiten sie eher kalt lassen. An lange zurückliegende Ereignisse kann sie sich gut erinnern, doch hat sie Schwierigkeiten, sich Vorkommnisse jüngeren Datums zu merken. Sie hat kaum noch einen Begriff von der Stunde, dem Tag und dem Jahr, in dem sie lebt, und kann nicht so recht sagen, wo sie sich gerade aufhält. Die Frau erzählt erfundene Geschichten, etwa daß man sie verfolge, wiederholt immer dieselben Sätze und faselt kindisches Zeug. Sie verläßt ihr Zimmer nicht mehr, ja nicht einmal ihren Sessel, und döst, nachdem sie für kurze Zeit gelesen oder sich unterhalten hat, schon wieder erschöpft ein. Manchmal legt sie eine verworrene Betriebsamkeit an den Tag, geht auf die Straße und verirrt sich in ihrem Wohngebiet. Dann wird sie von Nachbarn oder der Polizei aufgegriffen und nach Hause gebracht. Beim Sprechen gerät sie bei bestimmten Wortsilben ins Stocken und verwechselt manche Wörter. Ihr Wortschatz schrumpft. Die alte Frau hat Angst, ihr Geld zu verlieren, und trägt in der zugenähten Rocktasche ein Vermögen mit sich herum. Einsamkeit und Schicksalsschläge in der Familie (Trauerfälle, insbesondere der Tod des Partners) oder in der übrigen sozialen Umgebung (Wechsel des Pflegepersonals zu Hause oder im Heim) verschlimmern ihren Zustand noch.

Nach einigen Monaten stirbt die alte Dame. Bettlägerig geworden, hatte sie sich zuletzt geweigert, zu essen und zu trinken. Ihre Muskeln verkümmerten, und es stellten sich Symptome schwersten körperlichen Verfalls ein. Wie die Autopsie ergibt, sind die Windungen des Gehirns verschmälert, die Furchen verbreitet und die Kammern aufgrund des Gewebeschwundes erweitert. Die graue Substanz zeigt sich vermindert, die weiße mit Lücken durchsetzt, die Arterien hingegen praktisch normal. Diese Demenz hing nicht mit der Hirnerweichung zusammen, die sich im nachhinein entwickelt hatte, sondern es handelte sich um eine Presbyophrenie, eine Form der Altersdemenz, deren Leitsymptom Merkfähigkeitsstörungen sind.

Doch kann die Demenz auch Personen mittleren Alters betreffen. Hauptursache hierfür sind zwei Hirnkrankheiten, von denen die eine praktisch aus der Welt, die zweite hingegen höchstaktuell ist.

Progressive Paralyse

Neben der Tabes dorsalis, die Alphonse Daudet soviel Pein bereitete, bildete die progressive Paralyse eine weitere wichtige Form der Syphilis des Nervensystems. Während bei der Tabes der Befall des Rückenmarkes im Vordergrund steht, zieht die progressive Paralyse vorrangig das Gehirn in Mitleidenschaft. Beide Krankheitsbilder sind praktisch verschwunden, seitdem sich das derbe syphilitische Geschwür, mit dem die Erkrankung beginnt, antibiotisch behandeln läßt. Der französische Schriftsteller Guy de Maupassant erkrankte im Alter von 20 Jahren an Syphilis. Mit etwa 30 zeigte sich bei ihm eine verräterische Starre der Pupillen, die sich bei Lichteinfall nicht mehr verengten. Als Siebenunddreißigjähriger nahmen seine geistigen Fähigkeiten ab. Als er zunehmend schwere Verhaltensauffälligkeiten an den Tag legte, wurde er in eine Klinik eingewiesen. Maupassant starb dement und bettlägerig im Alter von 43 Jahren. Fernand Destaing berichtet von der Leidensgeschichte des Schriftstellers:

253

»Im Jahre 1888 wird er verletzlich und sehr empfindlich, er bedroht den Direktor des *Figaro*. Er befindet sich im Rechtsstreit mit seinem Hauswirt, später auch mit seinem Verleger. Sein Leben ist zu einem wahren Martyrium geworden. Er schreibt: ›Diese Unmöglichkeit, meine Augen zu gebrauchen... das ist die Katastrophe meines Lebens.‹ 1891 vertraut er seiner Mutter an, daß seine Gedanken sich verwirren, sobald er eine halbe Stunde gearbeitet habe. Er erzählt, daß der See von Divonne über die Ufer getreten sei und das erste Stockwerk seiner Villa erreicht habe. Auf seinen Spaziergängen sieht er bisweilen Schatten, Geister. 1892 verschlechtert sich sein Zustand rapide. Im Januar versucht er, seinem Leben ein Ende zu bereiten, und er muß in die Klinik von Doktor Blanche eingewiesen werden, wo sich sein Größenwahn ungebremst entfaltet.... Im Jahre 1893 ist er verblödet und leckt die Wände seiner Zelle ab. Im Juli macht er seinen letzten Atemzug.«

Freunde von ihm bewahrten lange Zeit die Seite auf, auf die er seinen letzten, für immer unvollendeten Satz schrieb: »Das Schaf, das ...«

Alzheimer-Krankheit

Wenn auch das Altern des Gehirns unvermeidbar scheint, so wird sich jene Krankheit, die Alois Alzheimer 1906 erstmals beschrieb, eines Tages vielleicht doch erfolgreich behandeln lassen.

Die ersten Zeichen dieser Erkrankung machen sich gewöhnlich im sechsten Lebensjahrzehnt bemerkbar. Gedächtnisstörungen sind das erste Symptom der Alzheimer-Krankheit, und sie treten zuweilen so unvermittelt auf, als sei die Festplatte eines Computers durch einen falschen Befehl versehentlich gelöscht worden. In anderen Fällen lassen Irrtümer oder Versäumnisse bei der Arbeit die Kollegen aufmerken. Die Kranken sind sich dieser Vergeßlichkeit nicht bewußt, obgleich sie unvermindert wach und aufmerksam bleiben. Sie leugnen kategorisch, Fehler gemacht und Dinge versäumt zu haben.

Die Alzheimer-Krankheit tritt also zunächst als Amnesie, als Störung des Erinnerungsvermögens, in Erscheinung. Nachdem sie zwei bis drei Jahre lang fortgeschritten ist, entwickelt sich ein Symptomenkomplex, den die Neurologen (mit drei verneinenden *a*) als Aphasie-Apraxie-Agnosie-Syndrom bezeichnen:

— Aphasie: Die Patienten sprechen nur noch Kauderwelsch, wobei die Sprachmelodie zwar erhalten bleibt, die Sätze und Wörter jedoch unverständlich sind (Jargonaphasie). Ihre Sprache ist gekennzeichnet durch fehlende Grammatik, ungehemmten Redefluß und ständige Wiederholung desselben Wortes.
— Apraxie: Die Patienten sind nicht mehr imstande, erworbene Fertigkeiten auszuüben. Sie können sich nicht mehr ankleiden, nicht mehr basteln, Auto fahren und später auch nicht mehr laufen.
— Agnosie: Die Patienten sind nicht mehr in der Lage, Schrift zu entziffern, Gegenstände im Spiegel zu identifizieren und vertraute Gesichter wiederzuerkennen.

Höhere intellektuelle Fähigkeiten wie logisches Denken, Urteilsvermögen, Abstraktionsfähigkeit und Kreativität gehen bei der Alzheimer-Krankheit nach und nach verloren. Das Wesen der betroffenen Menschen ändert sich, doch bleibt ihre grundlegende Persönlichkeitsstruktur erhalten. Die Kranken können ängstlich-erregt sein oder völlig apathisch. Der Verlust von Zeit- und Ortsgefühl macht es den Patienten unmöglich, sich in der Wohnung oder im Krankenzimmer zurecht- und das Bett wiederzufinden.

Der spezifische Hirnabbauprozeß, der bei der Alzheimer-Krankheit die Nervenzellen degenerieren läßt, spielt sich primär in den "neuen" Großhirnrindenfeldern ab: im multimodalen Gebiet des Assoziationscortex und im präfrontalen Cortex (Abbildung 47). »Das Neuron findet sich plötzlich und auf immer vereinsamt. Soweit es auch seine Dendritenäste reckt, es erhält keine Botschaften mehr aus seiner Umgebung. So weit es auch sein Axon streckt, es findet keinen Kontakt mehr zu anderen Nervenzellen. Und zuweilen bekommt es, angesichts des Untergangs seiner gewohnten Welt, einen *Anfall*« (D. Roume, 1992). Erst die Autopsie kann die zu Lebzeiten nur vermutete und gefürchtete Diagnose "Alzheimer-Krankheit" sichern: Die Nervenzellen der Großhirnrinde sterben auf seltsame Art, die sich in typischen Gewebeveränderungen niederschlägt, nämlich in

- Neuronenschwund;
- senilen Plaques: Gebilden aus zusammengeknüllten Nervenzellfortsätzen mit abnorm gestalteten Mitochondrien und Neurofilamenten;
- Alzheimer-Fibrillen: haarlockenförmigen Strukturen aus spiralig gewundenen Doppelfäden, die die Reste der Neurofibrillen und der Mikrotubuli darstellen;
- Amyloidablagerungen in den Wänden kleiner Gefäße.

Amyloid heißt wörtlich "stärkeähnlich". Diesen Namen erhielt die Substanz, die die senilen Plaques zusammenpappt und sich in den Gefäßwänden ablagert, weil sie sich beim histologischen Anfärben ähnlich verhält wie Stärke. Als man das Amyloid analysierte, stellte sich jedoch heraus, daß es in Wirklichkeit das Bruchstück eines speziellen Proteins ist und aus 43 Aminosäuren besteht. Das Gen, das dieses Protein codiert, hat man ebenfalls aufgespürt: auf Chromosom 21 – also auf jenem Chromosom, das beim Down-Syndrom (Trisomie 21) in jeder Zelle statt doppelt dreifach vorhanden ist. Menschen mit Down-Syndrom weisen, wenn sie im Alter von mehr als 30 Jahren sterben, bei der Autopsie die gleichen Hirngewebeveränderungen auf, die wir eben beschrieben haben. Diese Entdeckung setzte großzügig subventionierte Forschungen auf diesem Gebiet in Gang, deren Ergebnisse noch nicht schlüssig sind. Mittlerweile vermutet man, daß ein Gen auf dem Chromosom 14 für die Krankheit mit verantwortlich ist.

Chorea Huntington

»Die erbliche Chorea, wie ich sie nennen würde, betrifft glücklicherweise nur wenige Familien und wurde in ihnen seit finsterster Vergangenheit von Generation zu Generation weitergegeben. Wer weiß, daß er den Keim zu dieser Krankheit in seinem Blute hat, redet mit Grauen davon und spricht das Thema selbst niemals an, es sei denn, dies ließe sich absolut nicht umgehen. Die Erkrankung manifestiert sich mit den Symptomen einer gewöhnlichen Chorea, doch in einem viel stärkeren Grad; sie tritt erst in den mittleren Jahren in Erscheinung und breitet sich in der Folge langsam, aber sicher aus, bis der unglückselige Patient nur noch ein zitternder Schatten seiner selbst ist. Treten Zeichen der Erkrankung bei einem Elternteil zutage, werden nahezu unweigerlich ein oder mehrere Kinder, sofern sie das Erwachsenenalter erreichen, diese Krankheit erleiden. Haben die Kinder jedoch das Glück, ihr ganzes Leben ohne irgendein Krankheitszeichen verbringen zu können, zerreißt der Faden der Vererbung, und die Enkel und Urenkel des ursprünglichen Zitterers können ruhig schlafen in der Gewißheit, niemals von diesem Leiden befallen zu werden. Wie verrückt und bizarr andere Aspekte dieser Krankheit zuweilen auch sein mögen, es ist ganz und gar gewiß, daß sie niemals eine Generation überspringt, um erst in der übernächsten wieder in Erscheinung zu treten. Ist sie ihrer Rechte erst einmal verlustig gegangen, erlangt sie sie nie wieder... Ich habe niemals gesehen, daß ein Kranker geheilt oder sein Leiden auch nur gelin-

257

dert wurde. Das ist dem Kranken und seinen Freunden so wohlbekannt, daß ein Arzt nur sehr selten zu Rate gezogen wird. Die
Neigung zum Irrsinn und manchmal zu jener Form von Ver-
rücktheit, die in den Selbstmord mündet, ist stark ausgeprägt.
Schreitet die Krankheit weiter voran, nehmen die Fähigkeiten
des Kranken ab, und Körper und Geist verfallen allmählich, bis
der erlösende Tod eintritt.«

So beschrieb im Jahre 1872 ein 22 Jahre alter Medizinstudent in
einer medizinischen Zeitschrift aus Philadelphia den "Veitstanz": Es war George Huntington, dessen Vater und Großvater
Ärzte auf Long Island waren, jener Halbinsel, die man vor der
Landung in New York in ihrer ganzen Länge überfliegt.
    Seit Anfang des 19. Jahrhunderts hatten Großvater und Vater
sorgfältig Buch über alle derartigen Krankheitsfälle geführt, die
sie zu Gesicht bekamen. Viele Jahre später konnte George seinem Vater folgende Worte in den Mund legen:

»Vor 50 Jahren begleitete ich meinen Vater zu Pferde auf einer
seiner Runden und sah die ersten Fälle dieser Störung, wie die
Einheimischen diese schreckliche Krankheit nannten. Ich erinnere mich so deutlich daran, als wäre es gestern gewesen …
Nachdem ich mit meinem Vater eine Allee überquert hatte,
standen wir plötzlich vor zwei Frauen, Mutter und Tochter. Sie
waren beide groß, sahen aus wie Leichen, krümmten und wan-
den sich und schnitten dabei Grimassen. Ich war völlig starr vor
Staunen, fast verschreckt. Was war das? Mein Vater hielt an,
um mit ihnen zu reden, und setzte danach seinen Weg fort.
Seitdem ist das Interesse, das ich dieser Krankheit entgegen-
bringe, nicht mehr erloschen.«

Die auf Long Island lebende Familie W., die von den drei Hun-
tingtons hauptsächlich untersucht wurde, konnte ihren Stamm-

baum bis in das Jahr 1750 zurückverfolgen. Nach den Mendelschen Gesetzen trägt ein Kind, dessen eines Elternteil an Chorea Huntington leidet, ein Risiko von 50 Prozent, ebenfalls krank zu werden, und – im Erkrankungsfalle – das gleiche Risiko, das anomale Gen seinerseits weiterzuvererben. Gewöhnlich macht sich die Chorea Huntington innerhalb einer Familie stets im selben Lebensalter bemerkbar, im allgemeinen zwischen 40 und 50 Jahren (man spricht hier von "Homochronie"). Überschreitet einer diese Altersgrenze, ohne Krankheitszeichen entwickelt zu haben, kann die Familie aufatmen: Weder er noch seine Kinder oder Enkel werden von diesem Leiden befallen werden, da sie mit Sicherheit keine Generation überspringt.

Nach Ausbruch der Chorea Huntington verbleiben den Betroffenen noch etwa zehn bis fünfzehn Jahre. Anfangs beginnen sie, sich abnorm zu bewegen. Die Gesichtsmuskeln zucken, und ihre Arme und Beine beugen, strecken, spreizen sich unwillkürlich und rasch hintereinander. Wenn die Patienten gehen oder auf der Stelle stehen, erwecken ihre Bewegungen den Eindruck, als tanzten sie – was die volkstümlichen Bezeichnungen Veitstanz und Chorea erklärt (*chorein* kommt aus dem Griechischen und heißt "tanzen"). Dann vermindern sich auch die intellektuellen Leistungen. Innerhalb weniger Jahre werden die Betroffenen dement, und viele von ihnen setzen ihrem Leben ein Ende, sobald sie begriffen haben, daß der Fluch sie getroffen hat. Schließlich sind die Patienten ans Bett gefesselt. An die Stelle der Muskelzuckungen treten Muskelsteifheit und Bewegungsarmut. Am Ende haben sie keinen Appetit mehr, und ihre Körper zehren aus und verfallen, bis sie wenige Wochen darauf sterben.

Die anatomischen Befunde lassen verstehen, warum die Erkrankung in dieser Weise Schritt für Schritt verläuft:

Zunächst gehen die Nervenzellen des Nucleus caudatus, des Schweifkernes, zugrunde. Dieser liegt im vorderen Teil des Streifenkörpers und wirkt normalerweise daran mit, unerwünschte

Bewegungen zu unterdrücken. In späteren Stadien enthüllt das Computertomogramm des Gehirns, daß der präfrontale Cortex verkümmert und bisweilen auf ein Drittel seiner normalen Größe geschrumpft ist. Gewebeuntersuchungen zeigen, daß die Schichten III, IV und VI der Großhirnrinde nahezu vollständig verschwunden sind. Anstelle der Nervenzellen findet man dort ein verhärtetes Gewebe. Diese Veränderungen dürften die Demenz erklären. Im Endstadium ist dann der Hypothalamus betroffen, was der Grund dafür sein kann, daß der Patient abmagert und auszehrt.

Neuerdings gibt es Hoffnung für die Kranken und ihre Familienangehörigen: Das mutierte Gen, das von Generation zu Generation weitervererbt wird, konnte am äußersten Ende des kurzen Armes von Chromosom 4 lokalisiert werden. Bleibt noch, das anomale Protein zu identifizieren, das von dem Gen codiert wird und das aller Wahrscheinlichkeit nach die Hauptursache der Krankheit darstellt. Vermutlich stört dieses Protein die Funktion cholinerger Bahnen (siehe weiter oben). Jedenfalls läßt sich ein bestimmtes Enzym, die Cholinacetylase, im Streifenkörper von Patienten, die an Chorea Huntington leiden, nur in halb so großen Mengen nachweisen wie üblich. Dies ist einer von mehreren Befunden, an dem die Forscher ansetzen können.

Parkinson-Krankheit

Im Jahre 1817 veröffentlichte der englische Chirurg Sir James Parkinson in London seinen *Essay of the Shaking Palsy*, seine "Abhandlung über die Schüttellähmung". Darin beschrieb er jene Krankheit, die später seinen Namen erhielt. Parkinson sprach sich dafür aus, zur Behandlung Ätzmittel und Zugpflaster auf den Hals aufzubringen.

Tatsächlich handelt es sich bei der sogenannten Schüttellähmung nicht um eine Lähmung im eigentlichen Sinne. Daher prägte man für diese Krankheit später andere Begriffe wie etwa Akinesie-Rigor-Syndrom, hypokinetisch-hypertones Syndrom oder *"statue qui tremble"* ("zitternde Statue"). Wer unter fortschreitender Akinesie leidet, wird allmählich bewegungsarm bis bewegungslos. Zugleich sind die Muskeln eigentümlich steif, ein Phänomen, das man als Rigor bezeichnet. Erfahrene Beobachter erkennen rasch die typischen Zeichen der Erkrankung: Die Patienten bewegen beim Gehen die Arme nicht mehr automatisch mit, ihr Oberkörper ist leicht nach vorn gebeugt, der Gesichtsausdruck starr und maskenhaft. Ihr rhythmisches, fein- bis mittelschlägiges Zittern verstärkt sich in Ruhe und wird schwächer, wenn die Kranken sich bewegen. Sind sie jedoch müde oder erregt, nimmt es wieder zu. Das Zittern betrifft hauptsächlich die Hände, wobei der Patient eine Geste macht, als zerbrösele er Brot, als zähle er Geldstücke oder als drehe er Pillen.

Selbstverständlich trachtete man schon lange danach, den Ursachen dieses Leidens auf den Grund zu gehen. Dabei stellte sich heraus, daß einige Parkinson-Patienten etwa zwischen 1916 und 1927 eine besondere Form der epidemischen Hirnentzündung durchgemacht hatten, die unter den Namen "Encephalitis epidemica sive lethargica", "Economo-Krankheit" (nach ihrem Erstbeschreiber, dem Wiener Neurologen C. E. Economo) oder auch "Europäische Schlafkrankheit" in die Medizinbücher einging. Die Überlebenden dieser schweren Erkrankung blieben starr und bewegungslos, sprachen meist nicht mehr und waren Gefangene ihrer Krankheit – als stünde die Uhr ihres Lebens still. Jahrzehnte später entdeckte der Neurologe und bekannte Autor Oliver Sacks einige dieser Kranken in einem Heim am Stadtrand New Yorks, in dem er arbeitete. Sacks war damals einer der ersten, die Dopamin zur Behandlung des Leidens einsetzen. Daraufhin begannen die Patienten, wie er schreibt, wieder zu sprechen und zu laufen, und sie fanden ihre Lebensfreude wieder. Allerdings bezahlten einige dafür einen hohen Preis: Sie litten unter Halluzinationen oder paranoiden Wahnvorstellungen (O. Sacks, 1991). Die bewegende Geschichte der Kranken und ihrer (vorübergehenden) medikamentösen Heilung ist unter dem Titel *Zeit des Erwachens* verfilmt worden.

Ein ehemals übliches Verfahren zur Herstellung von Kunstseide, bei dem Arbeiter mit Schwefelkohlenstoff in Kontakt kamen, hat ebenfalls Symptome der Parkinson-Krankheit hervorgerufen – man spricht vom toxischen Parkinsonismus. Die Produktionsmethode ist daher seit langem verboten.

Zu Parkinson-Symptomen, etwa Unruhe in den Beinen, kommt es überdies häufig bei Patienten, die wegen einer Psychose hochwirksame Neuroleptika erhalten. Aber auch wiederholte Schläge oder andere Gewalteinwirkungen auf den Kopf, wie es beispielsweise bei Boxern der Fall ist, die mehrfach k.o. gegangen sind, können ein Parkinson-Syndrom provozieren.

Keine dieser Ursachen trifft auf die vielleicht 250 000 Patienten in Deutschland zu, die an der eigentlichen Parkinson-Krankheit leiden. Erbliche Komponenten stehen außer Frage. Die Hauptursache der Erkrankung kennen wir zwar noch nicht, dafür aber die Strukturen des Zentralnervensystems, die sie angreift, und die Schäden, die sie dort hervorruft.

Zunächst sterben die Neuronen der Substantia nigra des Mittelhirns ab. Dieses subcorticale Nervenzentrum steuert das extrapyramidalmotorische System, dessen Aufgabe es ist, Bewegungen modulierend zu beeinflussen, die von der Großhirnrinde in Gang gesetzt werden. "Nigra", also "schwarz" (von lateinisch *niger*), ist dieses Kerngebiet, weil die Körper seiner Nervenzellen viel Melanin enthalten (das griechische *melos* bedeutet ebenfalls "schwarz"). Wenn die Parkinson-Krankheit die schwarze Substanz befällt, hinterläßt sie deutliche Spuren, die sich mit bloßem Auge erkennen lassen. Der Untergang der Neuronen bringt den schwarzen Farbstoff zum Verschwinden. Die

Substantia nigra, die normalerweise mit ihrer hellen Umgebung kontrastiert, läßt sich nicht mehr ausfindig machen, und das Mikroskop enthüllt, daß über 80 Prozent der Neuronen dieses Kerngebiets verschwunden sind.

Nun ist die schwarze Substanz die dopaminreichste Struktur des gesamten Körpers. Dopamin und Melanin sind chemisch eng miteinander verwandt. Der zunehmende Mangel an Dopamin läßt sich anfangs noch ausgleichen, indem die noch lebenden Neuronen ihre Produktion verstärken und die Empfängerneuronen die Zahl ihrer Dopaminrezeptoren erhöhen. Doch ab einem bestimmten Punkt reicht dies alles nicht mehr aus, um die dopaminvermittelte Funktion sicherzustellen, und die Krankheit nimmt ihren Lauf. Später verfallen dann auch die Nervenbahnen, die die Substantia nigra mit dem Streifenkörper, dem Striatum, verbinden (sie werden als nigrostriatale Bahnen bezeichnet).

Zu Beginn der sechziger Jahre erkannte man, daß der Nervenzellschwund der Substantia nigra mit dem Dopaminmangel im Streifenkörper zusammenhängt. Natürlich versuchte man, hier therapeutisch anzusetzen, und verabreichte Patienten eine hirngängige Vorstufe des Dopamins, nämlich Dihydroxyphenylalanin in seiner linksdrehenden Form, kurz L-DOPA genannt, um auf diese Weise das fehlende Dopamin zu ersetzen. Auch heute noch ist L-DOPA der wichtigste Wirkstoff zur Therapie der Parkinson-Krankheit. Zunächst wirkt die Substanz frappierend gut. Patienten, die sich nur noch langsam und ungeschickt bewegten, erlangen ihre motorische Geschicklichkeit teilweise oder ganz wieder. Die Wirksamkeit der alleinigen Medikation von Parkinson-Kranken mit L-DOPA hält oft mehrere Jahre an. Dann aber geraten die motorischen Leistungen mitunter wieder beträchtlich ins Wanken, und die Patienten verlieren zeitweise die Kontrolle über ihre Bewegungen und erleben auf schmerzliche Weise jene schwere Akinesie wieder, unter der sie zuvor ständig gelitten hatten. Um solchen Rückfällen zuvorzukommen, kombiniert man L-DOPA frühzeitig mit weiteren Substanzen, etwa Bromocriptin. Außerdem ist der Nutzen einer krankengymnastischen Behandlung nicht zu unterschätzen.

Die Lebenserwartung des Menschen nimmt stetig zu. Krankheiten des Alters, die Ärzte wie Alzheimer und Parkinson seinerzeit als selten beschrieben, sind mittlerweile Gegenstand intensiver Forschungen geworden, da sie angesichts der "Vergrauung der Gesellschaft" immer häufiger auftreten. Viel ist noch zu tun, bis sie optimal behandelt oder gar geheilt und verhindert werden können. Da die Kranken und ihre Familienangehörigen sich zu Selbsthilfegruppen zusammengeschlossen und große, einflußreiche Interessenverbände gegründet haben, ist der Öffentlichkeit die Notwendigkeit umfangreicher Forschungen bekannt. Neuronen, die krankheitsbedingt frühzeitig sterben, beunruhigen also die Gemüter. Betroffene viel seltenerer Krankheiten, wie der Friedreich-Ataxie oder des Charcot-Marie-Tooth-Hoffmann-Syndroms, haben ähnliche Selbsthilfegruppen gegründet. Die genannten Erkrankungen wirken sich stark auf Beruf, Alltag und Psyche der Erkrankten und ihrer Familien aus. Erst jetzt nimmt die Gesellschaft der Gesunden sie wahr. Zu Zeiten, als die Neuronen eines Vierzigjährigen die eines alten Menschen waren, gab es solche Krankheiten praktisch nicht.

Durch die Fortschritte der biomedizinischen Forschung und die damit einhergehende Entwicklung neuer Techniken tun sich inzwischen völlig neue – allerdings kontrovers diskutierte – Behandlungsmethoden auf: Fast jeder dürfte von den Gewebetransplantationen gehört oder gelesen haben, die man unternommen hat, um Parkinson-Kranke mit "Ersatznervenzellen" zu versorgen. Die methodischen Schwierigkeiten, denen die Mediziner hierbei gegenüberstehen, sind enorm. Um dies deutlich zu machen, sollen zuallererst die Probleme aufgezeigt werden, die das Züchten von Zellen aufwirft.

Nervenzellkulturen. Die Züchter von Lymphocyten, Bindege-
webs- oder Krebszellen verstehen ihr Handwerk. Nervenzellen
in Kultur zu halten und zu vermehren ist eine ganz andere Sache
– faszinierend, doch schwierig, und die Ergebnisse können von
Forschungsgruppe zu Forschungsgruppe unterschiedlich ausfal-
len. Vielleicht spielt das "Rezept" dabei eine wichtige Rolle.

Zunächst einmal braucht man nicht im Traum daran zu denken, man könne eine Kultur reifer, aus ihrem vernetzten Gewe-
beverband herausgerissener und vereinzelter Nervenzellen anle-
gen. Die bei der Präparation notwendigerweise verletzten Zellen
wachsen nicht an. Ausgewachsene Neuronen teilen sich zudem
bekanntlich nicht mehr. Ursprungszellen des peripheren Nervensystems gedeihen hingegen gut, auch wenn keine Gliazellen
vorhanden sind. Aus Untersuchungen an noch nicht ausgereif-
ten Zellen des Zentralnervensystems geht überdies hervor, daß
jeder Nervenzelltyp auf einem für ihn typischen Nährboden
wächst. Doch kommt es vor, daß die künstlich gehaltenen Neuronen nach einigen Tagen ihre Form ändern. Es stellt sich also
die lästige Frage, ob die Zellkultur nicht doch ein Artefakt, ein
experimentelles Kunstprodukt, ist. Von Zweifeln werden die
Nervenzellzüchter häufig geplagt. Will man zweien ihrer be-
rühmtesten Vertreter, G. Banker und K. Goslin (1991), Glauben
schenken, so »lernt man ein spezielles Verfahren der Neuronen-
züchtung am besten kennen, indem man einen Pionier auf diesem Gebiet besucht und ihn über das Wie und Warum befragt«.
Trotz der Hindernisse ist es beispielsweise gelungen, *in-vitro-*
Kulturen von Nervenzellen anzulegen, die man dem Hippocampus, der Großhirnrinde und der Kleinhirnrinde junger Mäuse
entnommen hatte. Die Dendriten und die Axone wuchsen aus
und suchten ihre Partner, und man beobachtete, wie sich Minia-
tursynapsen ausbildeten und meßbare elektrische Potentiale
entstanden.

Nervenzelltransplantation. R. Snyder ging noch weiter. 1992

kultivierte er Kleinhirnzellen, machte sie durch spezielle mole-
kularbiologische Verfahren "unsterblich", markierte sie mit
einem radioaktiven Isotop und brachte sie dann erneut in das
Gehirn eines lebenden Organismus ein. Monate vergingen, und
die eingepflanzten Zellen lebten immer noch. Mehr noch, sie
paßten sich dem Ort ihrer Wahl an, gliederten sich in die Struktur der neuen Zellumgebung ein und funktionierten normal
(A. Malgaroli & R. W. Tsien, 1992). Je nachdem, ob ein junges
"Stammneuron" in den Hippocampus oder ins Kleinhirn injiziert wird, wird es zum Hippocampus- oder zum Kleinhirnneu-
ron. Daraus wird geschlossen, daß in diesen Versuchen die neue
Umgebung einen stärkeren Einfluß auf die transplantierte Zelle
ausübt als die genetische Information in ihrem Kern. Die Wissenschaftler sind zuversichtlich, daß Parkinson-Patienten eines
Tages von diesen Erkenntnissen profitieren können.

Ziel der Nervenzelltransplantation ist, dopaminproduzie-
rende Neuronen in genau den Hirnabschnitt einzubringen, in
dem sie am dringendsten benötigt werden: in das Putamen (lateinisch für "kleine Nußschale"), die äußerste Schicht des Streifenkörpers. Als Transplantatquelle verwendet man meist Mit-
telhirngewebe abgetriebener menschlicher Feten. Das *Comité
national d'éthique*, die nationale französische Ethikkommis-
sion, genehmigte fürs erste fünf Transplantationen, mit denen
hochspezialisierte Ärzteteams betraut wurden. In anderen Ländern hingegen (insbesondere in Schweden, den USA und Großbritannien) erfolgten zwischen 1989 und 1992 bereits an die
hundert derartige Eingriffe. Für die ersten Operationen hat man
besonders schwere Fälle ausgewählt, die nicht (mehr) auf das
oral verabreichte DOPA reagierten. Die unmittelbaren Ergebnisse der stereotaktisch durchgeführten Hirnoperationen geben
Anlaß zu berechtigten Hoffnungen. Erfolg oder Mißerfolg der
Transplantation lassen sich mittels Positronenemissionstomographie prüfen. Verläuft der Eingriff erfolgreich, bessern sich

binnen Jahresfrist die klinischen Symptome der Parkinson-Patienten. Nach dieser Zeit der Besserung scheint die Krankheit aber in gewohnter Weise fortzuschreiten, vermutlich weil die eigenen Zellen des Patienten, denen man keinen "Beistand" gewährt hat (die Operation wird nur auf einer Seite durchgeführt), weiterhin zugrunde gehen.

Den Mut (oder die Tollkühnheit?), die die Wissenschaftler bei diesen Behandlungsversuchen an den Tag legen, kann man nur bewundern. Die Veröffentlichung ihrer Arbeiten ist mehr als ein Erfolg, wenn er auch nur vorübergehender Natur ist. »Das ist der Lohn für die Jahre des Kampfes, der um so schwerer war, als wir uns dabei nicht nur mit wissenschaftlichen Argumenten auseinandersetzen mußten, sondern es sich auch um eine politische Entscheidung handelte.« (M. Peschanski, 1993.)

Die Grundsatzdiskussion über die Transplantation von Hirngewebe menschlicher Feten ist angesichts der Häufigkeit und Schwere der Parkinson-Krankheit noch nicht abgeschlossen. In der westlichen Welt bildet sie eines der Kernthemen, mit denen sich die Bioethik heute auseinandersetzt (Freed et al., 1993; Linke, 1993).

Drittes Abenteuer

Das Neuron und die Außenwelt

Gehirn und Umwelt im Wechselspiel

Der neuronale Darwinismus

Die Neuronen der Vergangenheit haben keine fossilen Überreste hinterlassen. Wir besitzen jedoch eine beträchtliche Anzahl indirekter Zeugnisse über ihre Größe, den Verlauf und die mutmaßlichen Schaltstellen ihrer Nervenbahnen und über bestimmte Verhaltensweisen, die von ihnen ausgelöst wurden.

Den Neuronen der Gegenwart oder – besser gesagt – ihren Wirkungen begegnen wir in jeder Geste, jeder Pose, jedem Gedanken unseres Gegenübers. Diese Signale zu entschlüsseln heißt, das Handeln des anderen vorherzusehen und, sofern Sprache im Spiel ist, das von ihm Gesagte vorwegzunehmen. Mancher Philosoph dürfte diese Leistung als einen Beweis dafür ansehen, daß es eine *res cogitans*, eine Art "Primärbewußtsein" gibt. Es unterscheidet sich fundamental vom "Wachbewußtsein", das bei Menschen im Koma ausgeschaltet ist, und auch vom "Reuebewußtsein", das sich bei denjenigen in den Vordergrund schiebt, die von Gewissensbissen geplagt werden.

Die Neuronen der Zukunft werden wohl keine "Superneuronen" sein. Vorausschauend läßt sich vielmehr sagen, daß sie sich untereinander – und zwar insbesondere in den präfrontalen Feldern – immer engmaschiger verflechten werden, stets bereit, Verknüpfungen aufzugeben, wenn sich diese im Laufe der ersten Versuche als unnütz herausstellen sollten. Die Großhirnrinde paßt ihre Struktur also eigenständig den aktuellen Erfordernissen und Umweltbedingungen an. Ihr Grundgerüst unterscheidet sich von Mensch zu Mensch nur unwesentlich. Die feinen Endverzweigungen jedoch differieren selbst bei eineiigen Zwillingen, zumal wenn diese getrennt aufgewachsen sind.

Wie kann man nun, da man all dies weiß, noch "Reduktionist" sein? Ein Leberläppchen, ein Lungenläppchen mit seinen Alveolen oder einen Nierenglomerulus zu zerlegen, zu untersuchen und zu beschreiben und deren Aufbau und Funktionen anschließend mit denen anderer Wirbeltiere zu vergleichen, mag ja noch angehen. Einmal ausgereift, können diese Strukturen allerdings nur noch altern und vergehen. Dies ist seit Jahrmillionen ihr Schicksal. Gewiß, diese Organsysteme arbeiten allen Widrigkeiten der Umwelt zum Trotz zufriedenstellend. Daß sie aber neuartige Problemlösungsstrategien entwickeln werden, läßt sich nur schwer vorstellen.

Anders die Neuronen: Ihre Zellpopulationen scheinen die einzigen zu sein, die sich von der Evolution unmittelbar beeinflussen lassen. Zwar ist ihre Zahl von Geburt an begrenzt, da sich ausgereifte Neuronen nicht teilen können. Doch bleiben ihre Fortsätze lange Zeit flexibel und reagieren auf die für sie maßgeblichen äußeren Reize, indem sie mit augenscheinlicher Leichtigkeit Verbindungen knüpfen und auflösen.

Gerald M. Edelman, der Anfang der siebziger Jahre den Nobelpreis für die Aufklärung der Struktur der Immunglobuline erhalten hatte, führte 1987 den Begriff des "neuronalen Darwinismus" ein. Edelman sieht Ähnlichkeiten zwischen den grundlegenden Mechanismen, die Immungedächtnis und Ultrakurzzeitgedächtnis kennzeichnen – eine Vorstellung, die dem Biochemiker Francis Crick mißfiel; er bezeichnete sie deshalb spöttisch als "neuronalen Edelmanismus". Diese Kritik fand Edelman »sicherlich schmeichelhaft«, zugleich aber »albern und deplaziert«. Zugegebenermaßen ist es nicht einfach, ihren Kern in wenigen Worten zusammenzufassen.

Der neuronale Darwinismus vollzieht sich in drei aufeinanderfolgenden Schritten, und bei jedem einzelnen stößt man auf die Begriffe "Variation" und "Selektion".

Der erste Schritt erfolgt während der embryonalen Entstehung des Zentralnervensystems, von der in diesem Buch bereits häufig die Rede war: Zellen und Hirnstruktur prägen sich unter dem steuernden Einfluß der genetischen Information in den Zellkernen aus. Die Mutation eines Gens der befruchteten Eizelle hätte zur Folge, daß sich die Struktur oder Eigenschaft, die es normalerweise codiert, nicht normal oder gar nicht ausprägt. Führt dieser Zwischenfall allerdings "zufällig" dazu, daß sich eine Struktur ausbildet, die besser an die augenblickliche Umweltsituation angepaßt ist, bleibt dieses Merkmal in den folgenden Generationen erhalten. Häufiger ist jedoch das Gegenteil der Fall: Bei mehr als der Hälfte der Fehlgeburten, die sich in den ersten beiden Schwangerschaftsmonaten ereignen, zeigen sich Anomalien des Zentralnervensystems, die ein Weiterleben unterbinden. Um so sicherer können wir sein, daß die dynamischen Prozesse der Embryogenese bei lebensfähigen Organismen ein Nervensystem entstehen lassen, das nach einem allgemeinen tierspezifischen Muster aufgebaut ist. Doch bereits in diesem Stadium unterliegen die Vorgänge einer stochastischen (zufallsabhängigen) Variabilität, ja, es fiel in diesem Zusammenhang schon der Begriff der "chaotischen Ordnung". Beispielsweise hängt das wahrscheinliche Verteilungsmuster, das die Zellen der Neuralleisten bei ihrer Wanderschaft annehmen, davon ab, wie stark die Wanderzellen ihren Leitstrukturen anhaften. Der Grad der Adhäsivität unterliegt selektiven Einflüssen und wirkt sich bei jenen Nervenzellpopulationen aus, die am Wettstreit um ihre künftigen Standorte im Nervensystem teilnehmen.

Der zweite Schritt des neuronalen Darwinismus entspricht dem Phänomen, das Changeux und Danchin als "selektive Stabilisierung von Synapsen" bezeichnet haben. Dieser Mechanis-

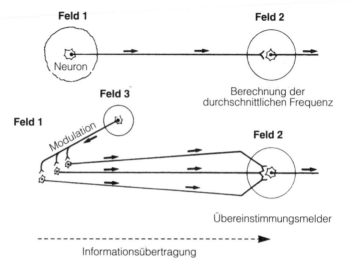

71 Gerald Edelmans "Hypothese von der Rezirkulation von Signalen". Edelman zufolge stellen drei Arten von Rindenfeldern die Informationsübertragung sicher. (Nach *La Recherche*.)

mus wählt und feilt durch Selektion die funktionellen Schaltkreise aus, die am häufigsten "von außen" angesteuert werden, während die unbenutzten Synapsen verkümmern.

Der dritte Schritt schließlich umfaßt die "Rezirkulation von Signalen" (Abbildung 71): Sobald die beiden genannten Selektionsvorgänge ein primäres und ein sekundäres Repertoire unter den Nervenzellgruppen geschaffen haben, tritt eine dritte Art von Signalen in Aktion. Diese sind in der Lage, in die beiden bereits existierenden Systeme einzutreten und ihnen aktualisierte Informationen zu übermitteln, die aus einer immer noch gleichen oder veränderten Umwelt stammen. Damit ähneln, so Edelman, die Schaltkreise des Gehirns also keineswegs denen einer Telefonzentrale und noch viel weniger denen eines Computers. All dies erinnere eher an ein riesiges Aggregat für interaktive Ereignisse, die aus der Tiefe eines Urwaldes auftauchen (G. M. Edelman, 1993).

Im Grunde kann ein solches neuronales System, das sich durch aufeinanderfolgende Schleifen selbst erzeugt, nur funktionieren, wenn es über eine Unzahl von neuronalen Verknüpfungen verfügt. Ein Neuron allein kann nicht mit einem einzigen anderen Neuron so verknüpft sein, daß es zwischen ihnen zu einer Rezirkulation von Signalen kommt. Innerhalb einer Gruppe von Neuronen besitzt keine Nervenzelle die Eigenschaften, die sie aufwiese, wenn sie isoliert wäre. In der Großhirnrinde von Säugetieren kann das einzelne Neuron deshalb nicht die Selektionseinheit bilden.

Edelmans Vorstellungen decken sich meiner Ansicht nach mit denjenigen, die J. Bullier, P. Salin und P. Girard 1992 präsentierten. Ihre Theorie entstand im Gefolge zahlreicher neurophysiologischer Untersuchungen, die sie an den Sehbahnen von Katzen und Schimpansen unternommen hatten. In Zusammenhang mit der Wahrnehmung eines Bildes durch die Netzhaut stellten sich die drei französischen Forscher die Frage, welcher Code wohl erlaube, eine solche Fülle von Informationen in so kurzer Zeit auszutauschen. Vermutlich werden die Mitglieder ein und desselben "Clans" corticaler Nervenzellen gleichzeitig aktiviert. »Die Art und Weise, wie die Großhirnrinde erregt wird, erinnert weniger an eine Welle, die das Ufer umspült, als an Waldbrände, die an weit entfernten Stellen ausbrechen und, geschürt von einem starken Mistral, fast gleichzeitig eine riesige Waldfläche entflammen« (Bullier et al., 1992). Ein Gesicht erkennen wir in weniger als einer Sekunde, obgleich dieser Vorgang die Aktivität mehrerer Millionen Neuronen erfordert. Eine Synchronisation der elektrischen Aktivität ließ sich in Seh-, Hör- und Stirnrinde nachweisen und könnte eine wichtige Rolle bei Phänomenen wie Gedächtnis und Lernen spielen (Engel et al., 1993).

Des Menschen beste Freunde

Der Mensch wußte sehr früh, vermutlich schon vor dem Beginn der Jungsteinzeit, die Leistungen von Säugetieren aus seiner näheren Umgebung für seine Zwecke zu nutzen. Viel später setzte er sie auch zur Kriegsführung ein (man denke nur an das Pferd), vor allem aber hielt er Nutz- und Haustiere als Rohstoff- und Nahrungsquelle sowie zur Erleichterung der Arbeit. Indem er Tiere bestimmter Arten abrichtete und andere miteinander kreuzte, "experimentierte" der Mensch vergangener Zeiten, ohne sich darüber im klaren zu sein, mit Neuronen.

Sowohl Lernvorgänge als auch Kreuzungen (und wahrscheinlich die Domestikation im allgemeinen) verändern die neuronalen Netze nach denselben Gesetzmäßigkeiten (Erregung oder Hemmung, positive oder negative Verstärkung, zeitliche und räumliche Summation) und auf vergleichbare Weise (Fortschritt wird belohnt, Fehler werden bestraft). An bestimmten, vermutlich genetisch fixierten Phänomenen und Eigenschaften läßt sich jedoch auch durch die klassische Züchtung nicht rütteln. Katzen, die ja als besonders individualistisch und unabhängig gelten, sind vom Menschen früh domestiziert worden. Sie schätzen ihr Heim und lernen schnell, die Menschen zu erkennen, die sie lieben beziehungsweise ablehnen. Im Gegensatz zu Hunden, die sich den Aktivitätsrhythmen ihres Besitzers anpassen, bewahren Katzen ihre Eigenständigkeit: Sie schlafen, wenn *sie* müde sind, wachen auf und spielen, gehen nach draußen, jagen oder kämpfen mit Artgenossen, wann *sie* wollen. Katze bleibt eben Katze, Hund bleibt Hund.

Bilder von Wildschweinen zieren schon die Höhlenwände von Lascaux und Altamira (13 000 beziehungsweise 8000 Jahre vor Christus). Archäologischen Zeugnissen zufolge wurden diese Tiere vor etwa 7000 Jahren domestiziert, das heißt, zu Haustieren gemacht. An verschiedenen Fundorten auf Zypern, Kreta,

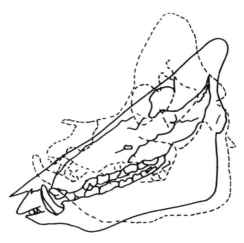

72 Zweierlei Schwein. Vergleich des Schädelskeletts eines Wild-schweins (*durchgezogene Linie*) mit dem eines Hausschweines (*gestrichelte Linie*). (Nach Y. Brassel, 1982.)

in Oberägypten und Ungarn stieß man auf Knochen des Wild-schweins (*Sus scrofa scrofa*) und des Hausschweins (*Sus scrofa domesticus*). Die stolze Gestalt des Wildschweines ist uns allen bekannt: 50 bis 190 Kilogramm Gewicht, ein relativ schweres Gehirn und ein Hinterteil, das verhältnismäßig wenig Muskeln und kaum Fett aufweist. Bei etwa gleichem Körperge-wicht kann das Gehirngewicht des Hausschweins um bis zu 40 Prozent geringer sein als das seiner wilden Verwandten. (Die Veränderungen des Kopfskeletts zeigt Abbildung 72.) Wild-schweine hören sehr gut, Hausschweine hingegen um 20 Pro-zent schlechter. Der Hippocampus des Hausschweins enthält, wie das limbische System überhaupt, weniger Neuronen. Die Gedächtnisleistungen der domestizierten Form sind schwächer, ihre Angriffslust ist praktisch gleich Null. Überdies haben die

277

Kerne des Hypothalamus entscheidende funktionelle Veränderungen erfahren: Hausschweine haben keine jahreszeitlich gebundene Paarungszeit mehr; die Sau ist das ganze Jahr über fortpflanzungsfähig.

Anders als Maultier und Maulesel, den unfruchtbaren Bastarden zweier verschiedener Arten (Pferd und Esel), kann sich der Schweinebastard fortpflanzen. Dies ist sehr außergewöhnlich angesichts der Tatsache, daß sowohl Wild- als auch Hausschwein je nach Population 36 oder 38 Chromosomen pro Zellkern aufweisen. (Man spricht in diesem Zusammenhang von Chromosomenpolymorphismus.) Infolgedessen gibt es fruchtbare Schweinebastarde mit einem ungeradzahligen Chromosomensatz von 2n = 37, der zahlenmäßig zwischen dem der Kreuzungspartner liegt (eine Parallele zu Maultier und Maulesel)! Solche Bastarde durch Paarung von Hausschwein und Wildschwein können für Evolutionsforscher, aber auch für Neurogenetiker von Interesse sein. Das Fleisch der Bastarde ist übrigens äußerst schmackhaft. Bei Wurfgrößen von bis zu zehn Frischlingen ist die Fruchtbarkeit der verwilderten Bastarde gegenüber den Ursprungsformen so gut wie unbeeinträchtigt.

Kein Wunder, daß die Jäger es leid sind, immer nur bläßliche, träge Tiere mit Hängebauch und kurzem Fell vor die Flinte zu bekommen, die eine allzu leichte Beute sind. Deshalb wurde in Frankreich von behördlicher Seite vor einiger Zeit verfügt, daß männliche Hausschweine daran gehindert werden sollen, sich außerhalb ihrer Einfriedung herumzutreiben, und daß weibliche Hausschweine nicht mehr von ihren wilden Vettern gedeckt werden dürfen.

Synapsen im Rausch

Bereits zu Zeiten der frühen Hochkulturen suchte der *Homo sapiens sapiens* sich durch die Wirkungen von Pflanzen künstliche Paradiese zu schaffen. Bei Ausgrabungen in Äthiopien entdeckten Prähistoriker 5000 Jahre alte Feuerstellen, unter deren Steinen sich Reste Indischen Hanfes (*Cannabis*) fanden. Die Soldaten der schönen Helena berauschten sich mit Opium, und die Ureinwohner Amerikas wußten schon lange vor Kolumbus um die belebende Wirkung der Kokablätter.

Ärzte des letzten Jahrhunderts erweiterten das bis dahin recht magere Arzneibuch um schmerzlindernde und betäubende Mittel, die sie aus Opium und Kokain gewonnen hatten.

»Ich gab der alten Dame aus Antwerpen, die an einer Gesichtsneuralgie litt, zunächst 15 bis 20 Zentigramm Morphin am Tag. In weniger als zwei Wochen erhöhte ich die Dosis bis auf vier Gramm Morphinsulfat. Die Besserung war gewaltig ... Die finanziellen Mittel der Patientin waren begrenzt, und da sie wieder Schmerzen bekam, nachdem sie das Medikament acht bis zehn Tage lang nicht eingenommen hatte, überredete ich einen Apotheker, ihr Rohopium zum Einkaufspreis der Apotheke zu überlassen. Sie stellte daraus selbst Pillen her, die jeweils ein Gramm Opium enthielten. Sie nahm, je nach Bedarf, fünf, zehn, 20 Pillen am Tag.« (A. Trousseau, 1845.)

Diese kurze Passage deutet an, was solche Nervenzellgifte, insbesondere Opium, kennzeichnet: nahezu augenblickliche Wirkung, Rückkehr der Schmerzen bei Absetzen und Entzugserscheinungen. Die Patienten werden psychisch und körperlich abhängig und entwickeln eine ”Toleranz” gegenüber dem Pharmakon, so daß die Dosis ständig erhöht werden muß, um weiterhin die gewünschte Wirkung zu erzielen.

Dem Augenarzt Carl Koller (1884) verdanken wir die Entdek-
kung, daß Kokain lokalanästhetisch, das heißt örtlich betäu-
bend, wirkt. Bringt man es direkt auf Haut oder Schleimhaut
auf, verhindert es vorübergehend, daß sich das Aktionspotential
entlang sensibler Nervenfasern fortpflanzen kann. Die örtliche
Betäubung kommt heute häufig zum Einsatz, insbesondere in
der Zahnheilkunde und der Geburtshilfe. Die verwendeten Substanzen werden synthetisch hergestellt und imitieren die unmittelbare Wirkung des Kokains, mehr nicht. Auf dem Sektor der
"medizinischen", therapeutisch wirksamen Gifte stellt die phar-
mazeutische Industrie Schmerzmittel und Lokalanästhetika wie
Procain oder Lidocain bereit, die mit dem, was man landläufig
unter "Drogen" versteht, nichts gemein haben. Die echten Drogen sind, von wenigen Ausnahmen abgesehen, pflanzlicher Herkunft, wirken allesamt unmittelbar auf bestimmte Synapsen des
Gehirns ein – und machen süchtig.

Kokain

In der Sprache der bolivianischen Aymará-Indianer heißt *coca*
"Baum" oder "Pflanze". Im 11. Jahrhundert erhoben sie den
Kokastrauch (*Erythroxylum coca*) zur heiligen Pflanze, von den
Inkagöttern geschaffen, um Hunger und Müdigkeit zu lindern.
Von der Pflanze Gebrauch zu machen war das Privileg der
Häuptlinge, Priester und der Soldaten im Kampf. Sie kauten die
Blätter des Strauches oder tranken einen Aufguß. Zu Pulver zer-
rieben, legten sie die Blätter auf Wunden. So wie es in Asien
üblich ist, Opium zu rauchen, so rauchen die Einheimischen in
den Kokain-Herkunftsländern Kolumbien, Peru und Bolivien
noch heute eine Masse aus gedörrten Kokablättern, Kerosin und
Schwefelsäure, die sie in getrocknetem und zerkleinertem Zustand "Crack" oder "Rock" nennen. Seit Anfang des 20. Jahr-

hunderts weiß man jedoch das reine Alkaloid aus den Blättern zu isolieren. Sein Salz, das Kokainhydrochlorid, ist ein weißes kristallines Pulver, das geschnupft oder in wäßriger Lösung intravenös gespritzt wird.

Wie erklärt sich die euphorisierende Wirkung? Kokain hemmt Enzyme, die an bestimmten Synapsen des Papez-Leitungsbogens dafür sorgen, daß Noradrenalin in die Nervenfaserendigung zurücktransportiert wird. Auf diese Weise kann der Neurotransmitter im synaptischen Spalt länger wirken und so das charakteristische Hochgefühl erzeugen.

Opium

Schlafmohn (*Papaver somniferum*), eine Mohnart mit weißen oder violetten Blüten, wird in Indien und Südostasien angebaut. Aus dem Milchsaft seiner unreifen Fruchtkapsel läßt sich Opium gewinnen. Die zahlreichen Alkaloide des Opiums, unter anderem Morphin und sein Derivat Heroin, wirken gewöhnlich nur, wenn sie direkt in die Blutbahn gelangen. Bereits Anfang des letzten Jahrhunderts gab es berühmte Schriftsteller, die sich diese Substanzen spritzten. So soll R. L. Stevenson unter dem Einfluß der Alkaloide in nur zwei Tagen und zwei Nächten seinen Roman *Dr. Jekyll and Mr. Hyde* geschrieben haben, und bekanntlich machte ja auch Sherlock Holmes, die Lieblingsfigur Conan Doyles, reichlich vom Opium Gebrauch.

Wie wir weiter oben bereits erwähnt haben, verfügen bestimmte Hirnzentren über ihre "persönlichen Morphine", die opioiden Peptide oder Endorphine. Pharmazeuten bemühen sich darum, heroinanaloge Ersatzdrogen herzustellen, die sich bei der Behandlung Süchtiger anstelle des Heroins einsetzen lassen. So bringt Methadon, das im übrigen oral gut wirksam ist, den Drogenabhängigen innere Ruhe, unterdrückt das Gefühl, die Droge zu benötigen, und läßt die Entzugserscheinungen verschwinden.

Haschisch

Das Harz, das sich aus den Drüsenhaaren an Blüten, Blättern und Stengeln der weiblichen Pflanze des Indischen Hanfes (*Cannabis sativa*) gewinnen läßt, trägt unterschiedliche Bezeichnungen. Sein Name wechselt je nach Herkunftsregion (Mittlerer Orient, Marokko, Mexiko) oder der Art und Weise, in der es zubereitet wird: ”Gras” oder ”Marihuana” besteht aus den getrockneten Blättern; ”Haschisch” ist ein zu Platten gepreßtes Gemisch aus Harz und getrockneten Blättern, dem aromatische Substanzen beigegeben sind.

Mit seiner Abhandlung *Du haschich et de l'aliénation mentale* (”Über Haschisch und Geisteskrankheit”) lieferte Moreau de Tours bereits 1842 eine ausführliche Beschreibung des Rauschgiftes Haschisch. Doch erst seit wenigen Jahren weiß man, wo sein Hauptwirkstoff Delta-9-Tetrahydrocannabinol im Gehirn ansetzt. Zielorte sind vor allem postsynaptische Rezeptoren des Kleinhirns, des Hippocampus und bestimmter Regionen der Großhirnrinde. Die Positronenemissionstomographie läßt erkennen, daß sich der Hirnstoffwechsel in den genannten Bereichen unter dem Einfluß der Droge ändert. Die Entdeckung spezifischer Bindungsorte für Wirkstoffe des Haschisch bedeutet möglicherweise, daß wiederum ähnlich wirkende körpereigene Substanzen mit ”rauschartiger Wirkung” existieren. Man darf gespannt sein, was die weiteren Forschungen erbringen werden.

Tabak

Nikotin wirkt nicht direkt auf die Psyche, es ist also nicht psychotrop. Tabakrauch gilt allgemein als Verursacher von Lungenkrebs, genauer gesagt von Bronchialkarzinomen. Allerdings finden sich immer wieder Fälle von Bronchialkrebs bei Nichtrauchern und sogar bei Menschen, die nicht einmal in der Umgebung von Rauchern gelebt haben. Neben den Cancerogenen des Tabakrauches existieren demnach weitere Bronchialkrebs auslösende Substanzen oder Expositionswege. Andererseits gibt es unter uns immer noch jene dem französischen Schriftsteller Honoré de Balzac so teuren "Lokomotiven", die mit neunzig Jahren an Altersschwäche sterben. Es lebe die unverwüstliche Gesundheit!

Ein Bild, das ich nie vergessen werde, ist das Foto eines toten Kaninchens auf einem Marmortisch. Das Tier lag ausgestreckt neben einer häufig benutzten Pfeife, die man gründlich ausgewaschen hatte. Die Spülflüssigkeit war dem Tier kurz zuvor gespritzt worden. Es starb infolge dieser Injektion. Das Foto stammte übrigens aus einem Grundschullehrbuch. Nikotin wirkt in hoher Dosis stark giftig. Zu dieser Erkenntnis gelangte man erst verhältnismäßig spät gegen Ende des 17. Jahrhunderts, nachdem der Diplomat und Gelehrte Jean Nicot weniger als 100 Jahre nach der Entdeckung Amerikas bereits die heilenden Eigenschaften dieses Krautes gerühmt hatte (Nicot führte den Tabak in Frankreich ein, wo er zunächst *nicotiane* hieß; daher auch die Bezeichnung Nikotin.)

Nikotin – ein weiteres Alkaloid in der Liste der Arzneistoffe, aber auch in der Welt der Drogen und des Verbrechens: Gibt man ein oder zwei Tropfen reines Nikotin auf die Zunge oder in das Auge eines Hundes, bringt man das Tier damit augenblicklich um, da diese Substanz – wie auch das südamerikanische Pfeilgift Curare – die Atmung tödlich lähmt. Nun mögen Sie sagen, Tabak sei, wenn er geraucht werde und Nikotin somit nur in nichttoxischen Dosen in den Körper gelange, ein probates Mittel gegen ängstliche Unruhe und zuweilen ein (vermeintlich) unabdingbarer Bundesgenosse der schöpferischen Kraft. In der Tat wüßten die Nervenzellen einiger Menschen, die unter Ängsten leiden, und mancher schriftstellerischen Genies ohne ihn – mit oder ohne Kaffee – nicht auszukommen.

Wo im Körper wirkt Nikotin, und wie entfaltet es diese Wirkung? Das fettlösliche Nikotin, das über den Rauch in den Körper gelangt, reichert sich in den lipidreichen Organen, insbesondere im Nervensystem, an. Anfangs verstärkt es die Adrenalinproduktion des Nebennierenmarks um ein Beträchtliches. Zu einem viel späteren Zeitpunkt – und dies betrifft insbesondere Kettenraucher – bringt es dann die Verteilung der Serotoninspeicher durcheinander und hemmt die Proteinsynthese. Das Herz schlägt schneller, der Blutdruck steigt, die endständigen, dünnen Arterien verkrampfen und verschließen sich (ab einem gewissen Alter reagieren die Nervengeflechte der Herzkranzgefäße sowie der Arterien von Fingern und Zehen besonders empfindlich). Nikotin fördert überdies die Arterienverkalkung – und eines Tages stehen dann Herzinfarkt, Bypassoperationen oder Gliedmaßenamputationen ins Haus.

Psilocybin und andere Halluzinogene

Terence McKenna gelang 1992 mit seinem Buch *Food of the Gods* ein Bestseller. Darin vertritt er die Auffassung, die Evolution des Hominidengehirns habe zu der Zeit ihren Anfang genommen, als diese Primaten begannen, den Rauschpilz *Stropharia cubensis* zu verzehren, der auf dem Kot bestimmter Tiere wächst. Dieser Pilz enthält ein potentes Halluzinogen, das Psilocybin. Dem Pilzliebhaber McKenna zufolge rührten Intelligenz,

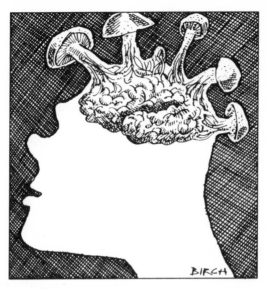

73   Die Wirkung von Psilocybin auf den prähistorischen Menschen.
(Nach Terence McKenna [1992], in der Überarbeitung von Birch, *Nature*
356 [1992]. S. 635.)

Sprache, Träume, Pläne und schöpferische Kraft unserer Vorfahren daher, daß sie das Gewächs als Rauschmittel konsumier-
ten. Die kritischen Stimmen zu dieser Theorie brachte Birch,
bekannter Karikaturist der Zeitschrift *Nature*, auf den Punkt
(Abbildung 73).

Muscarin ist ein Alkaloid des Fliegenpilzes (*Amanita musca-
ria*). Atropin läßt sich aus der Tollkirsche gewinnen (das Atro-
pindelir haben wir bereits weiter oben kennengelernt). Ergotamin ist im Mutterkorn (*Secale cornutum*) enthalten, einem Pilz,
der parasitisch auf Getreide, insbesondere Roggen, wächst. Das
Alkaloid verursacht das "Antoniusfeuer", auch "Kribbelkrank-
heit" genannt, bei der es zu derart starken und anhaltenden Ge-

fäßkrämpfen kommen kann, daß die Gliedmaßen absterben. Die Lebensmittelvergiftung mit Ergotamin galt seit dem Mittelalter als ausgerottet. In den fünfziger Jahren meldete sie sich jedoch nach dem Genuß von Brot wieder, das ein bestimmter Bäkker aus Pont-Saint-Esprit (Département Gard) aus ein und demselben Mehl hergestellt hatte. Von den mehreren Dutzend Fällen verliefen einige tödlich. Die Mutterkornalkaloide liefern auch den Grundstoff für Lysergsäurediethylamid, kurz LSD, das der Schweizer Chemiker A. Hoffmann 1943 isolierte und dessen halluzinogene Wirkung er an sich selbst testete.

Alkohol

Der Genuß von Ethylalkohol oder Ethanol, das man durch Gärung und Destillation pflanzlicher Kohlenhydrate (aus Weintrauben, Malz, Roggen, Hopfen, Rüben, Getreide und so weiter) gewinnt, kann zu einer der am weitesten verbreiteten Formen von Drogensucht führen – zum Alkoholismus.

In seinem *Traité des excitants modernes* ("Abhandlung über moderne anregende Mittel") erzählt Honoré de Balzac, daß er sich eines Abends im Jahre 1822 "betrank", um die Wirkungen der Trunkenheit zu untersuchen: »Die Trunkenheit wirft einen Schleier über das wirkliche Leben. Sie löscht das Bewußtsein von Kummer und Leid und erlaubt, sich der Bürde des Denkens zu entledigen ...« Balzac zufolge begünstigen »ruhige« Zeiten den Konsum von Alkohol (und Tabak), weil man sich »austoben« muß. Währt der Friede ewig, saufen die Leute »wie die Löcher« und rauchen »wie die Schlote«.

Alkohol ist ein Fettlöser, und die protein- und lipidreichen Membranen der Nervenzellen bieten ihm ein dankbares Ziel. Chronischer Alkoholismus kann die präfrontale Großhirnrinde verkümmern lassen (Alkoholdemenz), das limbische System angreifen (Korsakow-Syndrom, siehe Seite 132 und die Zellen des peripheren Nervensystems schädigen (Alkoholpolyneuropathie).

Das kurze Ethanolmolekül kann mühelos die Placentaschranke passieren und in den Körper des Feten eindringen: Schwangere, die trinken, stören die Entwicklung des fetalen Zentralnervensystems und können beim Kind Microcephalie und verschiedene motorische oder geistige Schäden verursachen. Bei der Geburt fällt dem Kinderarzt auf, daß das Gesicht des Neugeborenen ganz eigentümliche Merkmale aufweist: eine dreieckige Form; eine gewölbte Stirn, die eine gerade Nase überragt, deren Wurzel abgeflacht ist; ein kleines Kinn und verengte Lidspalten. »Dieses Gesicht bleibt in den ersten beiden Jahren ausgesprochen charakteristisch. Mit zunehmendem Alter verändern sich die Gesichtszüge, doch behält das Kind einen kleinen, runzligen Kopf mit fliehendem Unterkiefer, eine eingesunkene Nasenwurzel über einer trompetenförmigen Nase und abstehende Ohren« (P. Lemoine et al., 1968).

Die Alkoholisierung trächtiger Ratten führt dazu, daß sich die Nervenzellen ihrer Feten sowohl quantitativ als auch qualitativ verändern und verzögert reifen (Abbildung 74). Die Schädigungen herrschen an den Synapsen der Kleinhirnrinde und des Hippocampus vor, was vor allem unter dem Elektronenmikroskop gut zu erkennen ist (B. Volk, 1984).

Ist die Neigung zum Alkoholismus erblich? Komplexes Verhalten, welcher Art es auch sei, läßt sich nicht einfach erklären, und im Falle dieser speziellen Sucht müssen wir eine Reihe von Untersuchungsergebnissen einer gründlichen Betrachtung unterziehen:

»Wer einmal trinkt, trinkt immer« – diese volkstümliche französische Redensart faßt den ersten relevanten Faktor kurz und knapp zusammen: die Rolle von Trieb und Abhängigkeit. Wenn

man im Käfig gehaltenen Ratten derselben Art alkoholische
oder alkoholfreie Getränke anbietet, die sie sich über Pipetten
jederzeit zuführen können, verhalten sich die Tiere individuell
unterschiedlich. Rasch wird deutlich, daß einige Ratten Alkohol
spontan ablehnen, während andere ganz wild danach sind.
Kreuzt man Ratten mit ähnlichem Verhalten über die nächsten
Generationen hinweg, gelangt man schließlich zu Stämmen von
"Trinker-" und "Nichttrinkerratten". Anscheinend gibt es ein
genetisch bedingtes Verlangen nach Alkohol, zumindest bei den
Versuchsratten. Neigung und Abneigung sollen auf funktionellen Unterschieden in den Bahnen des Geschmackssinns beruhen, zu denen die Geschmackspapillen am Zungengrund, der
Nervus glossopharyngeus (IX), limbische Schaltkreise und cor-
ticale Rezeptoren der Insula gehören, einer Großhirnrindenre-

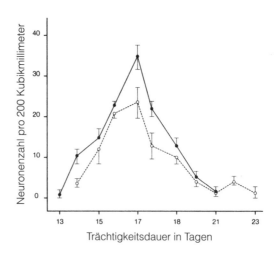

74 Alkohol und Hirnentwicklung. Die Graphik veranschaulicht, wie
sich Alkohol auf die corticale Nervenzellbildung bei Rattenfeten zwischen
dem 13. und 21. Tag nach Befruchtung auswirkt. Durchgehende Linie:
Kontrollgruppe; gestrichelte Linie: Feten, die Ethanol ausgesetzt waren.

gion, die von den umgebenden Teilen des Stirn-, Scheitel- und Schläfenlappens verdeckt und manchmal auch "Geschmacksrindenfeld" genannt wird.

Wenn der Volksmund behauptet, er oder sie sei "trinkfest" – oder auch nicht –, bringt er den zweiten wichtigen Faktor ins Spiel, die Alkoholverträglichkeit. Den Alkohol bauen hauptsächlich zwei Enzyme ab: Die Alkoholdehydrogenase wandelt Alkohol zu Acetaldehyd und die Aldehyddehydrogenase Acetaldehyd zu Essigsäure um. Die Synthese dieser Enzyme wird von mindestens vier verschiedenen Genen gesteuert (von daher ist die Suche nach dem einen "Alkoholismus-Gen" zum Scheitern verurteilt). Diese Gene variieren von Mensch zu Mensch. Es gibt Leute, die schon von einem einzigen Glas Wein krank werden: Ihr Gesicht rötet sich, die Körpertemperatur steigt, das Herz jagt. Andere Menschen nehmen täglich beträchtliche Alkoholmengen zu sich, scheinbar ohne daß es ihnen das Geringste ausmacht. Da das Gift jedoch im Gewebe nachwirkt, neigen sie zu Leber-, Hirn- und Nervenschäden, die sich schon verhältnismäßig früh im Leben einstellen können. Äußerst detaillierte Studien konnten zeigen, daß beispielsweise Chinesen in dieser Hinsicht genetische Konstellationen aufweisen, die von unseren sehr stark abweichen (H. R. Thomasson, 1991).

Einige *Drosophila*-Arten (unter anderem auch die Taufliege *Drosophila melanogaster*) fühlen sich in Kellern, in denen Wein gärt, äußerst wohl. Andere Fliegenarten hingegen, die nicht über eine Alkoholdehydrogenase verfügen, sterben in einer solchen Umgebung sehr rasch (J. David, 1978).

Manche Menschen werden traurig, wenn sie Alkohol getrunken haben, oder aber aggressiv. Alkohol gilt allgemein als ein Rauschmittel, das Angst unterdrücken kann. Manch einer, der unter einer Angst- oder Mißerfolgsneurose leidet, greift gern auf dieses natürliche, auf pflanzlicher Basis hergestellte Beruhigungsmittel zurück. Verhältnismäßig günstig im Preis, ist es fast überall auf der Welt in ausreichenden Mengen erhältlich. Bekanntlich gibt es gesellschaftliche und berufliche Anlässe, die zum Trinken anregen, und wir wissen, wie verführerisch die unmittelbare Umgebung hierbei wirken kann und warum man unter bestimmten Bedingungen gerade dieses Getränk wählt. Die Mediziner raten zur Entziehungskur und unterstützen den "trockenen" Alkoholiker durch eine sehr streng reglementierte psychotherapeutische Behandlung. Rückfälle sind allerdings allzu wahrscheinlich, denn Versuchungen lauern überall.

Bis zum heutigen Tag kommt der von der jeweiligen Gesellschaft geduldeten Droge vor allem integrativer Wert zu: »Sie verbindet alle, die zur selben gesellschaftlichen Gruppe gehören, und ihre psychotrope Wirkung übt einen günstigen, dämpfenden Effekt aus angesichts der Schwierigkeiten des Lebens: Sei es Alkohol in der westlichen Welt, Kath in Ostafrika, Kif in Nordafrika, Kokablätter im Andenhochland oder Opium im Fernen Osten – alle haben zugleich den Rang "sozialer" Heilmittel.« Allerdings gibt es heute, anders als in allen anderen Zeiten und Ländern, nicht nur eine einzige Droge, sondern eine Drogenflut: Amphetamine mit ihren Derivaten MDMA oder "Ecstasy", LSD und mißbrauchte Medikamente. Die Drogen sind unterschiedlichen Ursprungs, das heißt pflanzlicher oder synthetischer Art, und sie wirken in verschiedener Weise auf die Nervenzellen: Beim "Trip" geht man auf die Reise, "Speed" vermittelt Allmachtsgefühle, und der "Flash" löst Euphorie aus. Diese Vielfalt bleibt, historisch wie auch soziologisch, schwer zu erklären (M. Ribstein, 1992). Rauschmittel dienen nicht mehr der kollektiven Ausdrucksform, sondern der einzelne nimmt sie in Abhängigkeit von persönlicher Not und Problematik in der eigenen Entwicklung (C. Olievenstein, 1987).

Schenkt man dem neuronalen Darwinismus Glauben, so ist das Rauschgift sein Feind. Die schöpferischen Genies, Schriftsteller, Dichter, Musiker, seltener Wissenschaftler, die sie benutzt haben, starben, soweit bekannt, ohne Nachkommen hinterlassen zu haben. Jeder "externe" molekulare Eingriff in die Chemie der Synapsen birgt, selbst wenn er unter dem Deckmantel des Galgenhumors und des Zynismus erfolgt, den Keim zum Selbstmord künftiger Generationen in sich.

Lust auf Hedonismus

Hēdonē bedeutet "Sinnenlust" im doppelten Sinne. Ist Lust – im Gegensatz zur Droge – ein Quell positiver Entwicklung? Wirbellose lassen, obgleich sie über Nervenzellen verfügen, keinerlei Lustanwandlungen erkennen: Der Schutzreflex einer Qualle, die ihre Nesselhaken in den Körper eines Angreifers oder einer Beute schlägt, stützt sich auf Neuronen, die in Reihe geschaltet sind. Andere Arten mit getrennten Geschlechtern greifen im Zuge der sexuellen Fortpflanzung auf direkte Neurosekretion zurück, die in zyklischer Manier Hormone ausschüttet, die Befruchtungen nach sich ziehen, ohne die es heutzutage keine Nachkommen dieser Tiere mehr gäbe. Die Konsequenzen dieser Liebschaften, die immer grausam sind und oftmals tödlich für einen der beiden Sexualpartner enden, kennen wir nur zu gut, denken Sie nur an die Ringelwürmer und an die Gottesanbeterin.

Bei Wirbeltieren sieht die Sache anders aus. »Ich empfinde Lust, also bin ich« lautet die moderne Fassung des berühmten Ausspruchs von Descartes. Einige Zoologen und Tierärzte (M. Bertrand, 1983) stellten sich die Frage, auf welcher Stufe der Evolutionsleiter erstmals sexuelle Lust auftritt? Das Stichlingsmännchen besamt die bereits abgelegten, noch unbefruchteten Eizellen. Eine männliche Geburtshelferkröte (*Alytes obstetricans*) läßt sich auf dem Rücken ihrer Partnerin tragen, übernimmt die Schnüre aus befruchteten Eizellen, trägt sie mit sich herum und setzt sie nach drei Wochen selbst im Wasser ab. Die

Liebesspiele lesbischer Eidechsen erregten das Interesse der Herpetologen. Vogelpärchen kopulieren nicht; das Männchen steigt lediglich auf den Rücken des Weibchens, und beide legen ihre Kloakenöffnungen aufeinander, ohne daß es zur Einführung eines äußeren Genitals kommt.

Um Lust empfinden zu können, muß es anscheinend eine Großhirnrinde geben, selbst wenn sie, wie im Falle der Reptilien, nur angedeutet ist. Säugetiere besitzen eine vollständig ausgebildete Hirnrinde, die die von Papez seinerzeit beschriebenen Lustschaltkreise überzieht und steuert.

Bei neurochirurgischen Eingriffen, die nur unter örtlicher Betäubung erfolgten (die Patienten waren also noch ansprechbar), stellten sich »Gefühle unendlicher Lust« ein, wenn die Operateure bestimmte Punkte in diesen Schaltkreisen elektrisch reizten (R. J. Heath, 1964). Und wie man weiß, gelang es J. Olds, Neurophysiologe an der McGill-Universität in Montreal, Ratten dazu zu bringen, sich in regelmäßigen Abständen selbst zu stimulieren: Bis zu hundertmal pro Minute betätigten die Tiere einen Hebel und setzten so die Elektroden unter Strom, die in die entsprechenden Hirnregionen eingepflanzt worden waren. Sie vergaßen zu fressen und zu trinken und starben schließlich vor Erschöpfung (J. Olds, 1956, 1962). Einige Jahre später vermochte man bei Schimpansen eine echte Drogensucht zu erzeugen: Sie waren an eine Morphin-Infusion angeschlossen und durften sich das Rauschgift verabreichen, wann immer sie wollten. Dies taten sie selbst dann, wenn die Dosis von einem elektrischen Schlag begleitet war.

So, wie Aristoteles ihn verstand, war der Orgasmus (orgao: "ich strotze vor Saft und Kraft", "ich brenne vor Verlangen und Glut") anscheinend nicht nur Ausdruck sexueller, sondern auch sinnlich wahrnehmender Lust. Die ersten Aphrodisiaka (Mittel, die die Liebesglut schüren sollen) – scharfe Speisen, Gewürze, Trüffel und sogar Yohimbin (ein Alkaloid aus der Rinde des westafrikanischen Yohimbe-Baumes) – waren seinen Zeitgenossen wohlbekannt. Doch ließe sich angesichts des einen oder anderen hedonistischen Triebs nicht auch die Existenz eines "Lebensmittelorgasmus" postulieren oder eines noch viel schädlicheren "Arzneimittelorgasmus", dem jene Drogensüchtigen nachjagen, die nachts Apotheken überfallen? Vielleicht vermögen psychologische und psychiatrische Studien eines Tages Antwort auf diese Frage zu geben.

Irgendwann im Laufe der langen Geschichte der Wirbeltierneuronen trafen Lust und lustvolle Begierde aufeinander, und es entstand die lustbetonte Sexualität. Dieses Phänomen unterlag offenbar nicht den Regeln des neuronalen Darwinismus. Gewiß, der Mensch hätte seinerzeit aus verschiedenen Möglichkeiten seinen Nutzen ziehen können. Je nach Tierart, Geschlecht und Umständen kristallisierten sich unterschiedlich bevorzugte Reize heraus: visuelle (Stier, Eber, Hengst), olfaktorische (Schwein, Raubtiere, Nagetiere), akustische (Katzenartige) oder taktile (Einhufer, Wiederkäuer). An der Erzeugung von sexueller Motivation, Sexualverhalten und sexueller Lust wirken ganz offensichtlich die ursprünglichsten Strukturen des limbischen Systems mit. Im vormenschlichen Stadium der Säugetierevolution spielt die Großhirnrinde zwar eine gewisse Rolle, doch keine handfeste. So sind Ratten selbst dann noch paarungsfähig, wenn man ihnen drei Viertel ihres Neocortex entfernt hat.

Anfangs im wesentlichen neurohormonell bedingt, trug die Reaktion auf sexuelle Stimuli in der Säugerwelt zunehmend persönlicher Erfahrung und sozial Gelerntem Rechnung. »Der Mensch erscheint wie der Endpunkt einer Entwicklung, an dem das Zentralnervensystem dominiert, während das Hormonsignal, obgleich weiterhin präsent und aktiv, an Einfluß verloren und nur noch fakultative Bedeutung hat« (J.-P. Signoret, 1973).

Alle Säuger empfinden wohl sexuelle Lust; sie verleihen ihr in verschiedenen Formen Ausdruck, streben sie an und ziehen dieses Streben anderen Handlungen vor. Sie erinnern sich ihrer und geben dies durch die Früchte ihrer Erfahrung zu erkennen. Mag sich sexuelle Lust auch in Körper und Verhalten des Tieres zeigen, so kann sie doch nicht die Intensität des menschlichen Orgasmus erreichen, jenes vielgesuchte, auf die Spitze getriebene »leuchtende Aufblühen der tierischen Sexualität« (G. Zwang, 1978).

Bei allen Säugern stimulieren Partnerwechsel die sexuelle Aktivität, was Verhaltensforscher als "Coolidge-Effekt" bezeichnen. Die Anwesenheit von Artgenossen beim Liebesspiel erregt sowohl männliche Ratten als auch Stiere (E. S. E. Hafez, 1980). Dieser "Gruppeneffekt" führt zu dem Gedanken, daß Pornographie – unter diesem Gesichtspunkt betrachtet – nichts spezifisch Menschliches ist, sondern vielmehr auf Mechanismen beruht, die bei Mensch und Tier ähnlich sind (J.-P. Signoret, 1973).

Selbstbefriedigung kommt bei Hengsten und Stieren ebenso häufig vor wie Autofellatio bei Raubtieren und Homosexualität bei männlichen Tieren, die ohne Weibchen in Käfigen gehalten werden. Nymphomanie findet sich oft bei Kühen, Stuten und weiblichen Katzen, wobei die paarungsbereiten Weibchen ihre Geschlechtsgenossinnen bespringen.

Beim Menschen ist die Kunst, sich sexuelle Lust zu verschaffen, vornehmlich Sache der Großhirnrinde und damit weniger der Hormone, sondern vielmehr der Neuronen – und zwar insbesondere der Neuronen der Gegenwart: Diese Kunst ist nicht angeboren, sie ist erworben! Manche Menschen erlernen sie nie. Umgekehrt tritt die Sucht nach Lust in extremer Form bei Lebemännern und Nymphomaninnen auf. Weder die Eigenschaft, verklemmt zu sein, noch die Tatsache, der Lust zu frönen, wirkt sich auf die natürliche Selektion aus. Was soll man unter solchen Umständen von einem Frettchen (einem männlichen Iltis) halten, das seine Partnerin zuerst bewußtlos schlägt und dann sechs Stunden lang zum "Dauerorgasmus" bringt, von dem aber das Weibchen, seiner Sinne beraubt, offensichtlich gar nichts hat?

Homosexualität bei Männern ist an kein besonderes Gen gebunden. Jüngst erschien zwar ein Forschungsbericht, in dem behauptet wurde, es gebe ein Gen für Homosexualität, doch steht er aufgrund des methodischen Vorgehens aus einer Vielzahl von Gründen im Kreuzfeuer heftiger Kritik. Männliche und weibliche Homosexuelle besitzen den für ihr Geschlecht typischen Karyotyp, also 46 XY beziehungsweise 46 XX. Männliche Transsexuelle wollen häufig eine chirurgische Geschlechtsumwandlung, nehmen weibliche Geschlechtshormone ein, um das Brustwachstum zu fördern, und lassen sich manchmal am Adamsapfel operieren, wenn dieser allzu ausgeprägt ist. Auf diese Weise erreichen sie eine Entkopplung von angeborenem Geschlecht und gewähltem Erscheinungsbild, mit anderen Worten, von Genotyp und Phänotyp.

Befunde aus der Experimentalpsychologie decken sich mit einigen Vorstellungen aus der Psychoanalyse, insbesondere denen, die die zeitliche Abfolge der sexuellen Entwicklungsphasen (oral, anal, genital) betreffen: »Das Tier strebt nicht danach, sich fortzupflanzen, sondern einfach nach Wollust. Es sucht die Wollust, und durch einen glücklichen Zufall pflanzt es sich dabei fort... In der Natur läßt sich nur ein Drang zur Lust ausmachen, der mit den Notwendigkeiten zur Fortpflanzung der Art *zusammentrifft*, der sich jedoch mit ihnen genausogut nicht zu decken braucht. Griechische Liebe, Sodomie und Homosexualität sind streng voneinander zu trennen.« (A. Gide, 1925.) Von allen Lebewesen vermag allein der Mensch zu verschiedenen Zeiten seines Lebens Einklang oder Widerspruch zwischen seiner geschlechtlichen Identität und seiner geschlechtlichen Rolle zu empfinden.

Einige Forscher (R. Küss, 1982) sehen die Transsexualität als

Folge eines inadäquaten hormonellen Einflusses auf den Hypothalamus, der um die Geburt herum einsetzt, also epigenetisch ist. Simon LeVay (1991) vom Salk-Institut im kalifornischen La Jolla, der selbst homosexuell ist, sezierte und wog die Hypothalamusstrukturen von 19 homosexuellen Männern, die an AIDS verstorben waren. Als LeVay im Rahmen derselben Studien die Befunde mit einer Kontrollgruppe nachweislich heterosexueller Männer verglich, stellte er fest, daß der hypothalamische Kern INAH 3 (*interstitial nucleus of the anterior hypothalamus 3*) bei homosexuellen Männern ein viel geringeres Volumen und deutlich weniger Nervenzellen aufwies als bei heterosexuellen Männern. Dieses Ergebnis widerspricht Küss' Hypothese nicht. Doch kann man sich ebensogut vorstellen, daß diese Nervenganglien in unterschiedlicher Weise beansprucht wurden, nachdem sie bereits endgültig organisiert waren: Synaptische Schaltkreise etablieren, stabilisieren und erhalten sich nur, wenn sie benutzt werden. Wo sich die erogen Zonen befinden, ist allgemein bekannt. Die Berührungsrezeptoren, die dort auf Liebkosungen ansprechen, sind genau die gleichen, die allenthalben über die Haut verstreut sind. Nur sind sie an diesen Stellen in sehr viel größerer Zahl vorhanden. Hängt das Lustgefühl allein damit zusammen, wie dicht die Berührungsrezeptoren in bestimmten Körperregionen vorkommen? Bislang kann niemand diese Frage beantworten.

Altruismus

Den Ausdruck "Altruismus" (von lateinisch *alter*, "der andere") prägte der französische Mathematiker und Philosoph Auguste Comte (wenn auch einige Neider behaupten, er habe ihn von einem seiner Lehrer an der Polytechnischen Hochschule übernommen). Altruismus stellt das Gegenstück zum Egoismus dar.

Obwohl es sich eigentlich um einen rein philosophischen Begriff handelt, versuchen die sogenannten Spieltheoretiker ihn heutzutage zu quantifizieren (R. Axelrod, 1991). Computersimulationen, mit denen verschiedene Strategien wie »Eine Hand wäscht die andere« oder »Wie du mir, so ich dir« getestet wurden, zeigen, daß man im Zweifelsfall besser gut als böse, besser nachsichtig als nachtragend und besser empathisch als unsensibel sein sollte (J.-P. Delahaye, 1992; R. Dawkins, 1994). Angeblich wirkt sich eine derartige Zusammenarbeit in der Welt der Lebewesen günstig aus.

Einige "altruistische" Ratten hindern Artgenossen mit Gewalt daran, Köder anzufressen, von denen sie wissen, daß sie mit Strychnin vergiftet sind. Sie müssen also erkannt haben, daß zwischen dem Futter und dem schnellen Tod eines Fressers ein kausaler Zusammenhang besteht. Gar nicht rücksichtsvoll reagieren manche Affen auf den Tod ihrer Verwandten. Sie behandeln die Leichen, als seien diese noch am Leben, spielen mit ihnen, reißen sie aus Wut darüber, daß sie nicht reagieren, in Stücke und lassen sie dann liegen.

Schon im Jungpaläolithikum (dem vorletzten Abschnitt der Altsteinzeit, als in unseren Breiten schon anatomisch moderne Menschen lebten) wurden Verstorbene mit Waffen und Schmuck bestattet, und in der Mittelsteinzeit gab es echte Nekropolen ("Totenstädte"), in denen die Toten in Hockerstellung mit Grabbeigaben beigesetzt waren. Später legte man Speisen und metallene Waffen neben die Bestatteten, als ob man es den Verstorbenen ermöglichen wollte, ohne Eile "den Schritt zu wagen" und die Reise ins Reich der Toten, wie es sich fast alle traditionellen Religionen vorstellen, gefahrlos zu Ende zu bringen. Handelt es sich bei Totenkulten vielleicht auch um eine Form von Altruismus?

Schöpferische Kraft

Den Ausdruck "Kreativität" soll der amerikanische Geheim-
dienst erfunden haben, um seinen Agenten in den dunkelsten
Zeiten des Kalten Krieges einen Rat mit auf den Weg zu geben:
Enttarnte Spione waren völlig auf sich allein gestellt. Botschaften und Konsulate befreundeter oder neutraler Staaten durften
ihnen keinen Unterschlupf mehr gewähren. Sie konnten sich
nur noch auf ihre grauen Zellen verlassen – sie mußten sich
etwas einfallen lassen, sich als "kreativ" erweisen. Von diesem
Adjektiv leitet sich das zugehörige Substantiv ab, das einige Pu-
risten der französischen Sprache ablehnen, die meinen, es
könne mit dem Ausdruck *création* ("Schöpfung") verwechselt
werden.

Die Kreation oder Schöpfung – sei sie künstlerisch, literarisch
oder wissenschaftlich – ist die »Schaffung eines neuen, freien,
unabhängigen Wertes, eines Werkes der menschlichen Vorstel-
lungskraft, und ihre Vollendung ist die Genialität« (B. Bourgeois, 1990). Doch entsteht die Kunst »nur durch das Leben als
Wegbereiter der Kunst, ohne das es keine Geschichte der Kunst
gäbe, sondern nur eine natürliche Überfülle von Werken, die
nichts miteinander zu tun haben« (A. Malraux, 1951).

Das tierische Gehirn kann nur ausführen, es ist nicht schöpfe-
risch tätig. Sein Programm für dieses oder jenes Verhalten besitzt es von Geburt an. Das Tier bringt dieses Programm zur
Vollendung, indem es seine Artgenossen beobachtet und von ihnen lernt. Dabei kommt es an seine Grenzen, und wenn es doch
einmal etwas erfindet, dann geschieht dies durch Zufall. Dies
war zum Beispiel bei Imo der Fall, einem weiblichen Japanischen
Makaken (Rotgesichtmakaken, *Macaca fuscata*). Imo gehörte
zu einer Affenhorde auf der Insel Koshima, die von einer Gruppe
von Wissenschaftlern beobachtet und regelmäßig mit Süßkar-
toffeln gefüttert wurde, die die Tiere umstandslos und gerne fra-

298

ßen. Eines Tages fiel den Forschern auf, daß Imo, die damals eineinhalb Jahre alt war, ihre Kartoffeln in einem Bach säuberte. Sie hielt die Kartoffel in der einen Hand und entfernte mit der anderen Hand den Sand. Diese "Zufallsleistung" verbreitete sich im Laufe der Jahre zunächst innerhalb eines begrenzten Familienverbandes und später in der ganzen Horde. Danach wurde diese Gewohnheit immer von der Mutter auf die Nachkommen weitergegeben. Doch brauchte es fast zehn Jahre, bis drei Viertel der Affen im Alter von über zwei Jahren ihre Knollenfrüchte wuschen, bevor sie sie verspeisten (M. Kawai, 1965).

Findigkeit: ja. Fortschritt: ja. Kreativität: nein. Schöpferische Kraft erfordert ein neuronales Netz mit anderer Oberfläche und anderer Dichte. Allmählich verlieren das Wie und Warum musikalischer Kreativität ein wenig von ihrem Geheimnis – zum einen, weil die Forscher überhaupt erst begonnen haben, sich dafür zu interessieren (J. Sergent et al., 1992), zum anderen, weil neue Verfahren, etwa die Positronenemissionstomographie und die Kernspintomographie, zur Verfügung stehen, die ihnen Bilder vom lebenden Gehirn liefern. Den Ergebnissen dieser Untersuchungen zufolge wird Musikalität durch ein weitgefächertes neuronales Netz aus allen vier Hirnlappen (Stirn-, Scheitel-, Schläfen- und Hinterhauptlappen) und dem Kleinhirn vermittelt. Das Gehirn des Musizierenden muß dabei aber auch noch auf einige andere Strukturen zurückgreifen, die den vorgenannten benachbart sind, sich aber nicht mit den Sprachregionen decken. Folglich sind die gesprochene Sprache und die "Sprache der Musik" funktionell und strukturell verhältnismäßig unabhängig voneinander. Dies erklärt, warum Hirnschädigungen die eine Qualität stören, die andere hingegen unbeeinträchtigt lassen können. Mit anderen Worten, man kann infolge eines Schlaganfalls aphasisch werden, ohne gleichzeitig amusisch zu sein, und umgekehrt. Letzteres war beispielsweise bei dem französischen Komponisten Maurice Ravel der Fall, der 1933 urplötzlich aufhörte, zu schreiben und zu komponieren, sich aber bis zu seinem Tode im Jahre 1937 noch geistvoll auszudrücken vermochte und auch das, was andere zu ihm sagten, verstand (J. Sergent, 1993).

Dennoch gehen Aphasie und Amusie oft Hand in Hand. Beide Qualitäten stützen sich also auf bestimmte gemeinsame Verarbeitungsprozesse. Das läßt darauf schließen, daß deren Hirnsubstrate nah beieinander liegen und daher leicht von ein und demselben Gefäßdefekt (Verschluß oder Blutung) Schaden nehmen können (J. C. M. Brust, 1980).

Ist der schöpferische Geist zudem noch ein begnadeter Musiker (Ravel war als Musiker nur mittelmäßig, Camille Saint-Saëns hingegen galt als größter Pianist seiner Zeit), läßt sich vorstellen, welches synaptische Feuerwerk sich entzündet, wenn dieser Mensch Noten liest, lauscht, nach Themen, Melodien, Rhythmen sucht, sein Instrument virtuos spielt und dabei die erforderlichen Muskeln koordiniert. Ganz zu schweigen von wachgerufenen Erinnerungen und Gefühlen, die – beide irgendwo in den Tiefen des Hippocampus und des limbischen Systems verborgen – uns manchmal zum Weinen bringen. Ich bedaure von ganzem Herzen jene Menschen, die Rhythmus und Musik gegenüber gleichgültig bleiben.

Die schöpferische Kraft kann verkümmern, wenn sie nicht die Gelegenheit hat, sich völlig frei zu entfalten, wenn sich Ruhm oder Routine zu stark in die limbischen Schaltkreise für Belohnung/Lust oder Strafe/Unlust einmischen. Kreativität wäre nicht denkbar ohne Lust, jenes angenehme, freudige Gefühl, das »aus der Befriedigung, der Erfüllung eines Wunsches, dem Gefallen an etwas« entsteht (Duden, Deutsches Universalwörterbuch A–Z, 1989). Dann befindet sich das Gehirn im Einklang mit der Welt, und die schöpferische Kraft, die es bisweilen zu entwickeln vermag, legt Zeugnis ab über seine vollendete Meisterschaft.

300

Reize – Lebenselixier der Neuronen

Nur die Nervenzellen der Großhirnrinde können Neues erschaffen und erlernen, was dann nicht auf genetischem Wege, sondern durch Vorbild und Erziehung weitergegeben wird. Ein gewaltiges Unterfangen! M. Rosenzweig, E. L. Bennet und M. C. Diamond von der Universität Berkeley studierten zwei Jahrzehnte lang (1950 bis 1970) das Verhalten blutsverwandter Rattenstämme. Sie brachten die Tiere nach dem Zufallsprinzip in drei verschiedenen Käfigen unter: in einem angemessen großen Standardzuchtkäfig, in dem die Tiere ständig Futter und Wasser zur Verfügung hatten; in einer Art Gefängniskäfig, in dem die jeweilige Ratte strengstens von ihren Artgenossen isoliert lebte; und in einem sehr geräumigen Käfig, der verschiedene Vorrichtungen und Utensilien enthielt, mit denen sich die Nager beschäftigen konnten. Die umfangreiche Palette an Spielzeugen wechselte täglich. Um zu erfahren, ob das Leben in diesen sehr verschiedenen Umgebungen irgendwie Spuren im Gehirn hinterläßt, sezierten und analysierten die Forscher die Gehirne der Tiere. Sie stellten fest: Je abwechslungsreicher das Angebot an Reizen und je größer der "Spielraum", desto schwerer das Gehirn. Darüber hinaus wirkten sich die erworbenen Fertigkeiten und Erfahrungen auf viele strukturelle und biochemische Eigenschaften des Gehirns aus. Bei den großzügig mit Reizen versorgten Tieren waren die Kerne und Dendriten der Nervenzellen stärker entwickelt, die Synapsen zahlreicher und stabiler (M. C. Diamond, 1988).

Im Jahre 1948 erklärte der Schweizer Hospitalismusforscher René Spitz vor der *Sociéte française de psychologie*: »Mangel an Zuwendung ist für den Säugling ebenso bedrohlich wie der Mangel an Nahrung.« Vor 2000 Jahren formulierte es der Evangelist Matthäus auf seine Weise: »Nicht vom Brot allein lebt der Mensch...« (4,4). Unter dem Begriff Hospitalismus verstand Spitz eine »Veränderung der körperlichen und geistigen Gesundheit, die auf einen langen Krankenhausaufenthalt zurückzuführen ist«. Dieses für die geistige Entwicklung des Kindes schädliche Phänomen ließe sich vermeiden, so Spitz, wenn die Mutter bei ihrem Kind bliebe. Heutzutage richten die Krankenhäuser Mutter-Kind-Abteilungen ein und tun viel, um sensorische Deprivationen bei kleinen Kindern zu vermeiden. Alle modernen Säuglingsabteilungen werden unter diesem Gesichtspunkt geplant und gestaltet.

Gerade auf die Welt gekommen, saugen Säugetiere zunächst an den Zitzen ihrer Mütter. Sie lernen sehr rasch, sich fortzubewegen, zu spielen, Gefahren richtig zu begegnen. Bei ihnen besteht keinerlei Notwendigkeit, in den noch weichen Schädelknochen Spielraum in Form einer Fontanelle vorzusehen, damit sich das wachsende, lernende Gehirn ausdehnen kann. Dagegen haben die Hirnnervenzellen und die sie umgebenden Gliazellen des menschlichen Neugeborenen fast zwei Jahrzehnte vor sich, in denen sie reifen, einander suchen und erkennen und schließlich Informationen austauschen. Viele von ihnen gehen, ungenutzt und isoliert, rasch zugrunde, weil sie, nachdem die Netze einmal errichtet sind, keine Signale empfangen und keine sinnvollen Verknüpfungspartner gefunden haben. Dies ist ein ganz natürlicher Vorgang. Die Zellbiologen nennen diesen programmierten Untergang Apoptose, was "sich in sich selbst zurückziehen und körperlich verschwinden" bedeutet.

Die Gesellschaft – das Umfeld des einzelnen und seiner Nervenzellen – hat sich historisch, wirtschaftlich und politisch gemäß den ihr innewohnenden Kräften und Tendenzen entwickelt. Die Neuronen befinden sich sozusagen auf halber Strecke zwischen genetischer Bestimmung und ungewisser Selbstbestimmung. Sie suchen nach ihren Wurzeln und träumen zugleich von Selbständigkeit; sie denken, urteilen und entscheiden. Die Nervenzellen mit den Gegebenheiten des Augenblicks in Einklang zu bringen – dies wäre gewiß eine Idealvorstellung.

Literatur

Hinweis: Bücher oder Artikel, die mit * gekennzeichnet sind, wurden zusätzlich in die deutsche Ausgabe aufgenommen.

Nabokov, V. *Erinnerung, sprich: Wiedersehen mit einer Autobiographie.* Deutsch v. D. E. Zimmer. Vladimir Nabokov – Gesammelte Werke. Bd. 22. Reinbek (Rowohlt) 1991. S. 406 f.

Erstes Abenteuer
Eine Geschichte der Zellen

Eine Welt ohne Neuronen

Ceccatty, M. P. de. *La vie, de la cellule à l'homme.* (Coll. Le Rayon de la science.) Paris (Seuil) 1962.
Krieger, D. T. *Brain Peptides. What, Where and Why? Science* 222: 975 (1983).

Eine Welt ohne Wirbel

Alkon, D. L. *Primary Changes of Membrane Currents During Retention of Associative Learning.* In: *Science* 215: 693 (1982).
Aristoteles. *Physiognomika.* In: Aristoteles. *Opera.* Edidit Academia Regia Borussica. 5 Bände. Berolini: Georgium Reimerum 1831–1870. Griechisch: Bd. 2, S. 805. Lateinisch: Bd. 3, S. 391.
Barnes, R. D. *Invertebrate Zoology.* New York (Saunders) 1963.
Barrington, E. J. W. *Invertebrate Structure and Function.* London (Thomas Nelson & Sons) 1960.
Berril, N. J. *Early Chordate Evolution, Part I: Amphioxus, the Riddle of the Sands.* In: *Intern. J. Invert. Reprod. Devel.* 11: 1 (1987).

Literatur

Bottazi, F. *Untersuchungen über das viszerale Nervensystem der decapoden Crustacea.* In: *Z. Biol.* 43: 341 (1902).

Brownell, P. H. *Compressional and Surface Waves in Sand Used by Desert Scorpions to Locate Prey.* In: *Science* 197: 479 (1977).

Darbois, M. *Artikel "Araignées".* In: *Grande Encyclopédie Larousse.* Bd. 2. 1975.

Franc, A. *Artikel "Mollusques".* In: *Grande Encyclopédie Larousse.* Bd. 13. 1975.

Gaumont, R. *Artikel "Insectes". Encyclopædia Universalis.* Bd. 12. 1990. S. 365.

Gee, H. *A Backbone for the Vertebrates.* In: *Nature* 340: 596 (1989).

Jefferies, R. P. S. *The Ancestry of the Vertebrates.* London (British Museum, Natural History) 1986.

Kandel, E. R. *Cellular Basis of Behaviour.* San Francisco (Freeman) 1976.

Kenyon, C. *The Nematode Caenorhabditis elegans.* In: *Science* 240: 1448 (1988).

Laget, P. *Artikel "Intégration nerveuse et neuro-humorale".* In: *Encyclopædia Universalis.* Bd. 12. 1990. S. 412.

Masson, C.; Brossut, R. *La communication chimique chez les insectes.* In: *La Recherche* 121, 406 (1981).

Meglitsch, P. A. *Invertebrate Zoology.* Oxford University Press 1972.

Meyrand, J. et al. *Construction of a Pattern-Generating Circuit with Neurons of Different Networks.* In: *Nature* 351: 60 (1991).

Mulloney, B. *Neuronal Circuits.* In: *The Crustacean Stomato-Gastric System.* Selverston, A. J. (Hrsg.) Berlin, Heidelberg, New York (Springer) (1987). S. 57.

Pascal, B. *Über die Religion und über einige andere Gegenstände (Pensées).* Übertr. u. hrsg. v. E. Wasmuth. Heidelberg (Lambert Schneider) 1963. S. 198, Nr. 431.

Pelt, J.-M. *Evolution et sexualité des plantes.* Horizons de France 1970.

Roper, C. E.; Boss, K. J. *Der Riesenkrake.* In: *Spektrum der Wissenschaft.* Juni 1982.

Saban, R. *Les vaisseaux méningés chez l'homme fossile de Spy, d'après les moulages endocrâniens.* In: *Bull. Soc. Roy. Belge Anthrop. Préhist.* 98: 159 (1987).

Schneider, D. *Chemical Sense, Communication in Insects.* In: *Nervous and Hormonal Mechanisms of Integration.* Symposia of the Society for Experimental Biology XX. Cambridge (Cambridge University Press) 1966. S. 273.

Tetry, A. *Artikel "Cnidaires".* In: *Encyclopædia Universalis.* Bd. 6. 1990. S. 26.

Tetry, A. *Artikel "Vers"*. In: *Encyclopædia Universalis*. Bd. 23. 1990. S. 490.

Tuzet, O.; Ceccatty, M. P. de. *Les cellules nerveuses et neuro-musculaires de l'éponge Cliona celata Grant*. In: *C. R. Acad. Sci. Paris* 236: 2342 (1953).

Tuzet, O. *Artikel "Méduses"*. *Encyclopædia Universalis*, Bd. 14. 1990. S. 884.

Vachon, M.; Legendre R. *Artikel "Arthropodes"*. In: *Encyclopædia Universalis*, Bd. 3. 1990. S. 79.

Walters, E. T.; Alizadeh, H.; Castro, G. A. *Similar Neuronal Alterations Induced by Axonal Injury and Learning in Aplysia*. In: *Science* 253: 797 (1991).

Eine Welt mit Wirbel

Balaban, E.; Teillet, M. A.; Le Douarin, N. *Application of the Quail-Chick Chimera System to the Study of Brain Development and Behavior*. In: *Science* 241: 1339 (1988).

Barinaga, M. *Where Have All the Froggies Gone?* In: *Science* 247: 1033 (1990).

Beardsley, T. *Murder Mystery*. In: *Scientific American* 265, Nov. 1991.

Berthold, P.; Querner, U. *Genetic Basis of Migratory Behavior in European Warblers*. In: *Science* 212: 77 (1981).

Coates, M. J.; Clack, J. A. *Polydactyly in the Earliest Known Tetrapod Limbs*. In: *Nature* 347: 66 (1990).

Chibon, P. *Marquage moléculaire par la thymidine tritiée des dérivés de la crête neurale de l'amphibien urodèle Pleurodeles watlii*. In: *J. Embryol. Exp. Morphol.* 18: 343 (1967).

Clayton, N. S. *L'apprentissage du chant chez les oiseaux*. In: *La Recherche* 22: 464 (1991).

Descartes, R. *Über die Leidenschaften der Seele*. In: *René Descartes' philosophische Werke*. Übers. u. erläutert v. A. Buchenau. 4. Abteilung. Über die Leidenschaften der Seele. 3. Aufl. Leipzig (Felix Meiner) 1911. Reihe: Philosophische Bibliothek, Bd. 29. Artikel 31.

Dorst, J. *La vie des oiseaux*. In: *La grande encyclopédie de la nature*. Bd. 1. Lausanne (Editions Rencontre) 1971.

Forey, P. L. *Golden Jubilee for the Coelacanth Latimeria chalumnae*. In: *Nature* 336: 727 (1988).

Gans, C. *Cranio-Facial Growth. Evolutionary Questions*. In: *Development* 103, Suppl. 3 (1988).

Literatur

Gould, J. L. *The Map Sense of Pigeons.* In: *Nature* 296: 205 (1982).

Head, G.; May, R. M.; Pendleton, L. *Environmental Determination of Sex in Reptils.* In: *Nature* 329: 198 (1987).

Herrick, C. J. *Optic and Post-Optic Systems in the Brain of Amblyostoma tigrinum.* In: *J. Compar. Neurol.* 77: 191 (1942).

Hörstadius, S. *The Neural Crest: Its Properties and Derivations in Light of Experimental Research.* Oxford University Press 1950.

Janvier, P. *Le divorce de l'oiseau et du crocodile.* In: *La Recherche* 14: 1430 (1983).

Jefferies, R. P. S. *The Ancestry of the Vertebrates.* London (British Museum, Natural History) 1986. In: *La Recherche* 191: 1101 (1987).

Kappers, C. U. A. *Anatomie comparée du systéme nerveux, particulièrement de celui des mammifères et de l'homme.* Avec la collaboration de E. H. Strasburger. Paris (Masson) 1947.

Kappers, C. U. A.; Huber, G.; Crosby, E. *The Comparative Anatomy of the Nervous System of Vertebrates Including Man.* New York (Hafner) 1960.

Knudsen, E. *Comment les chouettes localisent les sons.* In: *Pour la Science* 32 (1982).

Konishi, M. *How the Owl Tracts its Prey.* In: *Americ. Scientist.* 61: 414 (1973).

Kuhlenbeck, H. *The Central Nervous System of Vertebrates.* Basel (Karger) 1978.

* Lagerlöf, S. *Wunderbare Reisen des kleinen Nils Holgersson mit den Wildgänsen.* Verschiedene Ausgaben erhältlich.

Lamers, C. H. J. et al. *An Experimental Study on Neural Crest Migration in Barbus conchonius (Cyprinidae teleostei) with Special Reference to the Origin of the Entero-Endocrine Cells.* In: *J. Embryol. Exp. Morphol.* 62: 309 (1981).

Landacre, F. L. *The Fate of the Neural Crest in the Head of the Urodeles.* In: *J. Comp. Neurol.* 33: 1 (1921).

Lebedev, O. A. In: *Dokl. Akad. Nauk. SSSR* 278: 1407 (1984).

Le Douarin, N. *The Neural Crest.* Cambridge (Cambridge University Press) 1982.

Lelung, Chebaï Dorje. *Autobiographie.* 1724.

Levine, J.; McNichol, E. *Das Farbensehen der Fische.* In: *Spektrum der Wissenschaft.* April 1982.

Lorenz, K. *Über tierisches und menschliches Verhalten.* 2 Bde. München (Piper) 1992.

Lund, R. *Ces étranges bêtes du Montana.* In: *Ann. Carnegie Mus.* 45: 161 (1974); *La Recherche* 162: 98 (1985).

Mac Farland, W. N.; Munz, F. N. *The Evolution of Photo Pigments in Fishes.* In: *Vision Research.* Teil III. 1971. S. 15.

Martin, P.; Baroin, J. Y.; Aaron, C. *La chorde dorsale des embryons humains de 3,5 mm et 17,5 mm.* In: *Arch. Ana. Path.* 9: 147 (1961).

McGinnis, W.; Krumlauf, R. *Homeobox Genes and Axial Patterning.* In: *Cell* 68: 283 (1992).

Meglasson, M. D.; Huggins, S. E. *Sleep in Crocodilian Caiman Sclerops.* In: *Comp. Biochem. Physiol* 63 A: 561 (1979).

Monod, J. *Zufall und Notwendigkeit. Philosophische Fragen der modernen Biologie.* Deutsch v. F. Griese. München (Piper) 1971.

Mountcastle, V. B. *Modality and Topographic Properties of Single Neurons of Cat's Somatic Sensory Cortex.* In: *J. Neurophysiol.* 20: 408 (1957).

Nordeen, K. W.; Nordeen, E. J. *Projection Neurons Within a Vocal Motor Pathway are Born during Song Learning in Zebra Finches.* In: *Nature* 334: 149 (1988).

Papez, J. *A Proposed Mechanism of Emotion.* In: *Arch. Neurol. Psych.* 38: 725 (1937).

Partridge, B. L. *Wie Fische zusammenhalten.* In: *Spektrum der Wissenschaft.* August 1982.

Peyrethon, J.; Susan-Peyrethon, D. *Etude polygraphique du cycle veille-sommeil chez trois genres de reptiles.* In: *C. R. Séance Soc. Biol.* 162: 181 (1968).

Ramón y Cajal, S. *Histologie du système nerveux de l'homme et des vertébrés.* 2 Bde. Paris (Maloine) 1909–1911.

Rayner, C. *Atlas of the Body and Mind.* London (Mitchell Beazley Publishers) 1976.

Robert, M. *Artikel "Freud".* In: *Encyclopædia Universalis* Bd. 9. 1990. S. 961.

Romer, A. S. *L'Evolution animale.* Bd. 2. Lausanne (Editions Rencontre) 1970. S. 392/401.

Sauer, E. G. F. *Further Studies on the Stellar Orientation of Nocturnally Migrating Birds.* In: *Psychol. Forschg.* 26: 224 (1961).

Sues, H. D. *Venom Conducting Teeth in a Triassic Reptile.* In: *Nature* 351: 141 (1991).

Tinbergen, N. *The Study of Instinct.* London (University Press) 1951.

Tinbergen, N. Zitiert nach: Eibl-Eibesfeld, I. *Ethologie. Biologie du comportement. Naturalia et biologia.* Paris (Editions Scientifiques) 1972. Vergl. Eibl-Eibesfeld, I.: *Ethologie, die Biologie des Verhaltens.* In: Gessner, F.; Bertalaffny, L. v. *Handbuch der Biologie.* 2. Aufl. Frankfurt (Athenaion) 1966. S. 341.

Literatur

Walsh, C.; Cepko, C. *Clonally Related Cortical Cells Show Several Migration Patterns.* In: *Science* 241: 1342 (1988).
Wellnhofer, P. *Archaeopteryx.* In: *Spektrum der Wissenschaft.* Sept. 1989.

Zweites Abenteuer
Eine Geschichte der Moleküle

Adams, M. D. et al. *Sequence Identification of 2375 Human Brain Genes.* In: *Nature* 355: 632 (1992).

Altar, C. A.; O'Neil, S.; Walter, R. J.; Marshall, J. F. *Brain Dopamine and Serotonine Receptor Sites Revealed by Digital Subtraction Autoradiography.* In: *Science* 228: 597 (1985).

Aoki, C.; Siekevitz, P. *Effects of Normal and Dark Rearing and Exposure to Light.* In: *J. Neurosc.* 5: 2465 (1985).

Aoki, C.; Siekevitz, P. *Die Plastizität der Hirnentwicklung.* In: *Spektrum der Wissenschaft.* Februar 1989.

Banker, G.; Goslin, K. *Culturing Nerve Cells.* Cambridge, Mass. (MIT Press) 1991.

Barinaga, M. *Is Nitric Oxide the "Retrograde Messenger"?* In: *Science* 254: 1296 (1991).

Besson, J.-M.; Lazorthes, Y. *Substances opioïdes médullaires et analgésie.* Colloque INSERM. Bd. 127. 1985.

Brissaud, E. *Angor pectoris et angoisse larnygée.* In: *Tribune Méd.* 2. Ser. 12: 181, 196 (1890).

Brassel, Y. *Essai sur les sources et étapes de la domestication.* Veterinärmed. Diss. Toulouse 1982.

Cech, T. *RNA als Enzym.* In: *Spektrum der Wissenschaft.* Januar 1987.

Changeux, J.-P.; *L'Homme neuronal.* Paris (Fayard) 1983. Deutsch: *Der neuronale Mensch. Wie die Seele funktioniert – die Entdeckungen der neuen Gehirnforschung.* Übers. v. H. Kober. Reinbek (Rowohlt) 1984.

Changeux, J.-P., Danchin, A. *Apprendre par stabilisation sélective de synapses en cours de développement.* In: Morin, E.; Piatelli, M. (Hrsg.) *L'unité de l'homme.* Paris (Seuil) 1974. S. 320.

Changeux, J.-P.; Danchin, A. *Selective Stabilization of Developing Synapses as a Mechanism for the Specification of Neural Networks.* In: *Nature* 264: 705 (1976).

Craig, S. P.; Boulatrand, S.; Darmon, M. C.; Mallet, J.; Craig, I. W. *Localization of Human Tryptrophan Hydroxylase (TPH) to Chromosome 11 p.15.3 → p.14 by in Situ Hybridization.* In: *Cytogenet. Cell Genet.* 56: 157 (1991).

308

D'Amato, R. J. In: *Proc. Natl. Acad. Sc.* (USA) 84: 4322 (1987).

Darwin, C. R. *Die Entstehung der Arten durch natürliche Zuchtwahl.* Übers. v. C. W. Neumann. Stuttgart (Philipp Reclam jun.) 1963.

Deshaies, G. *Artikel "Délire".* In: *Encyclopædia Universalis.* Bd. 7. 1990. S. 128.

Dobyns, W. B.; Curry, C. J. R.; Hoyme, H. E. et. al. *Clinical and Molecular Diagnosis of Miller-Dieker Syndrome.* In: *Am. J. Hum. Genet.* 48: 584 (1991).

Duboulé, D.; Dollé, P.; Gaunt, S. J. *Les gènes du développement des mammifères.* In: *La Recherche* 219: 294 (1990).

Duhamel, B.; Haegel, P.; Pagès, R. *Morphogenèse pathologique. Des monstruosités aux malformations.* Paris (Masson) 1966.

Elliot, T. R. *On the Action of Adrenalin.* In: *J. Physiol.* 31: 20 (1904).

Fischer, A. *Quatre familles de molécules responsables de l'adhérence intercellulaire.* In: *Médecine/Sciences* 7: 540 (1990).

Freed, C. R. et al. *Survival of Implanted Fetal Dopamine Cells and Neurologic Improvement 12 to 46 Months After Transplantation for Parkinson's Disease.* In: *New Eng. J. Med.* 327: 1549 (1993).

Frith, U. *Autism. Explaining the Enigma.* Oxford (Basil Blackwell) 1989. Deutsch: *Autismus. Ein kognitionspsychologisches Puzzle.* Übers. v. G. Herbst. Heidelberg (Spektrum Akademischer Verlag) 1992.

Giros, B.; Sokoloff, P.; Martres, M. P.; Riou, J. F.; Emorine, L. J.; Schwartz, J. C. *Alternative Splicing Directs the Expression of Two D2 Dopamine Receptors Isoforms.* In: *Nature* 342: 923 (1989).

Godin, J. *Explanted and Implanted Notochord of Amphibian Anuran Embryos Histofluorescence Study on the Ability to Synthetise Catecholamines.* In: *Anat. Embryol.* 173: 393 (1986).

Gould, S. J. *Wonderful Life: The Burgess Shale and the Nature of History.* New York (Norton) 1989. Deutsch: *Zufall Mensch. Das Wunder des Lebens als Spiel der Natur.* Übers. v. F. Griese. München (Hanser) 1991.

Gray, J. A. *The Neuropsychology of Anxiety. An Inquiry in the Functions of the Septo-Hippocampal System.* Oxford University Press 1982.

Gruss, P.; Walther, C. *Pax in Development.* In: *Cell* 69: 719 (1992).

Guillard, A. *La maladie de Parkinson. Vingt ans après.* In: *Presse Méd.* 16: 1565 (1987).

Gutmann, D. H. *Proc. Natl. Acad. Sci.* (USA) 88: 9658 (1991).

Haeckel, E. *Les preuves du transformisme, réponse à Virchow.* Paris (Baillière et Cie.) 1879.

Hatta, K.; Kimmel, C. B.; Ho, R. K.; Walker, C. *The Cyclops Mutation Blocks Specification of the Floor Plate of the Zebra Fish Central Nervous System.* In: *Nature* 350: 339 (1991).

Literatur

Herbinet, E.; Busnel, M. C. *L'aube des sens.* Paris (Stock) 1991.

Huntington, G. *On Chorea.* In: *The Medical and Surgery Reporter* (Philadelphia) 26: 317 (1872).

Iversen, L. L. *Neurotransmitters and CNS Disease.* In: *The Lancet* 2: 913 (1982).

Jouvet, M. *Le Château des songes.* Paris (Odile Jacob) 1992. S. 245. Deutsch: *Das Schloß der Träume.* Berlin (Byblos) 1993.

Joyce, G. F. *RNA Evolution and the Origins of Life.* In: *Nature* 338: 217 (1989).

Kalil, K. *Nervenverknüpfungen im jungen Gehirn.* In: *Spektrum der Wissenschaft.* Februar 1990.

Kimelberg, H.; Norenberg, M. *Astrocyten und Hirnfunktion.* In: *Spektrum der Wissenschaft.* Juni 1989.

Krauss, S.; Johansen, T.; Korzh, V.; Fjose, A. *Expression Pattern of Zebra Fish Pax Genes Suggests a Role in Early Brain Regionalization.* In: *Nature* 352: 267 (1991).

Krieger, D. T. *Brain Peptides: What, Where and Why?* In: *Science* 222: 975 (1983).

Le Douarin, M. D. *Cell Line Segregation during Peripheral Nervous System Ontogeny.* In: *Science* 231: 1515 (1986).

* Linke, D. *Hirnverpflanzung. Die erste Unsterblichkeit auf Erden.* Reinbek (Rowohlt) 1993.

Llinas, R. R. *The Intrinsic Electrophysiological Properties of Mammalian Neurons: Insights into Central Nervous System.* In: *Science* 242: 1654 (1988).

Lotter, V. *Epidemiology of Autistic Conditions in Young Children.* In: *Social Psych.* 1: 163 (1967).

Mac Mahon, A. P.; Bradley, A. *The Wnt (int. 1) Proto-Oncogene is Required for Development of a Large Region of the Mouse Brain.* In: *Cell* 62: 1073 (1967).

Magistretti, J. *VIP and Noredraline Act Synergistically to Increase Cyclic AMP in Cerebral Cortex.* In: *Nature* 308: 280 (1984).

Malgaroli, A.; Tsien, R. W. *Glutamate Induced Long-Term Potentiation of the Frequency of Miniature-Synaptic Currents in Cultured Hippocampal Neurones.* In: *Nature* 357: 134 (1992).

Masson, A. *Intérêts zoologiques et zootechniques des poèmes homériques.* Veterinärmed. Diss. Maisons-Alfort 1981.

Morgan, T. H. *Embryologie et génétique.* Übers. v. Jean Rostand. (Coll. L'Avenir de la science.) Paris (Gallimard) 1936.

Neher, E.; Sakmann, B. Die Erforschung von Zellsignalen mit der Patch-Clamp-Technik. *Spektrum der Wissenschaft.* Mai 1992.

310

Noël, R. *La dystrophie neuro-axonale.* Med. Diss. Lyon 1978.

Peters, U. H. *Wörterbuch der Psychiatrie und der medizinischen Psychologie.* 4. Aufl. München (Urban & Schwarzenberg) 1990.

Pitts, F. N.; McClure, F. N. *Lactate Metabolism in Anxiety Neurosis.* In: *New Engl. J.* 277: 1329 (1967).

Placzke, M.; Tessier-Lavigne, M.; Yamada, T.; Jessell, J.; Dodd, J. *Mesodermal Control of Neural Cell Identity: Floor-Plate Induction by the Notochord.* In: *Science* 250: 985 (1990).

Polymeropoulos, M. H. I.; Xiao, H.; Merril, C. R. *The Human D_5 Dopamine Receptor (DRD$_5$) Maps on Chromosome 4.* In: *Genomics* 11: 777 (1991).

Pugnero, V. *Détection des hybrides porc-sanglier par analyse caryotypique à partir de cultures cellulaires de membrane synoviale.* Veterinärmed. Diss. Lyon 1992.

Rakic, P. *Cell Migration and Neuronal Ectopias in the Brain. Birth Defects.* Original Article. Bd. 11. Nr. 7. The National Foundation, New York (Alan R. Liss Inc.) 1975.

Ramos, A. O.; Schmidt, B. J. *Neurokinin and Pain-Producing Substance in Congenital Generalized Analgesia.* In: *Arch. Neurol.* 10: 42–46 (1964).

Readhead, C.; Popko, B.; Takahashi, N. *Expression of Myelin Basic Protein Gene in Transgenic shiverer Mice: Correction of the Dysmyelinating Phenotype.* In: *Cell* 48: 703 (1987).

Rett, A. *Über ein eigenartiges hirnatrophisches Syndrom bei Hyperammonämie im Kindesalter.* In: *Wien. Med. Wochenschr.* 723: 116 (1966).

Rostand, J. *Les Etangs à monstres. Histoire d'une recherche (1947–1970).* Paris (Stock) 1971.

Routtenberg, A.; Santos Anderson, R. *Prefrontal Cortex in Intra-Cranial Self-Stimulation.* In: Iversen, L. L.; Iversen, S. D.; Snyder, S. H. (Hrsg.) *Handbook of Psychopharmacology.* 14 Bde. New York (Plenum) 1975 bis 1978. Hier: 1977.

Rutter, M. *Cognitive Deficits in the Pathogenesis of Autism.* In: *J. Child Osych. Psychiatr.* 24: 513 (1983).

Sacks, O. W. *Awakenings.* London (Pan Books) 1982. Deutsch: *Awakenings – Zeit des Erwachens.* Reinbek (Rowohlt) 1991.

Sadler, T. W.; Greenberg, D.; Coughlin, P. *Actin Distribution Patterns in Mouse Neural Tube during Neurulation.* In: *Science* 215: 172 (1982).

Sanders, K. *Nitric Oxide and the Nervous System.* In: *The Lancet* 1: 50 (1992).

Sarnat, H. B. *Disturbance of Late Neuronal Migrations in the Perinatal Period.* In: *Am. J. Dis. Child* 141: 969 (1987).

311

Literatur

Schalchi, L. *La capture des messages cérébraux*. In: *La Recherche* 23: 358 (1992).

Schmidt, H. H. H. W.; Warner, T. D.; Murad, F. *Double-Edges Role of Endogenous Nitric Oxide*. In: *The Lancet* 1: 986 (1992).

Schwartz, J. H. *Stofftransport in Nervenzellen*. In: *Spektrum der Wissenschaft*. Juni 1980.

Spemann, H. *Nobel-Vortrag*. In: *Les Prix Nobel en 1935*. Stockholm (Imprimerie Royale) 1937.

Ursin, H. et al. *The Amygdaloid Complex in Ben ARI*. New York (Elsevier) 1981. S. 317.

Wilkinson, D. G.; Balles, J. A.; McMahon, A. P. *Expression of the Protooncogene Int. 1 is Restricted to Specific Neural Cells in the Developing Mouse Embryo*. In: *Cell* 50: 79 (1987).

Zarifian, E. *Les jardiniers de la folie*. Paris (Odile Jacob) 1988.

Drittes Abenteuer
Das Neuron und die Außenwelt

Axelrod, R. *The Evolution of Cooperation*. New York (Basic Books). Deutsch: *Die Evolution der Kooperation*. Nachwort u. Übers. v. W. Raub u. T. Voss. 2. Aufl. (Scientia Nova). München (Oldenbourg) 1991.

Bertrand, M. *Le modèle animal dans l'étude de la fonction sexuelle humaine*. In: *Rev. Méd. Vét.* 134: 407 (1983).

Bourgeois, B. *Artikel "Création et créativité"*. In: *Encyclopædia Universalis*. Bd. 6. 1990. S. 734.

Brust, J. C. M. *Music and Language. Musical Alexia and Agraphia*. In: *Brain* 103: 367 (1980).

Bullier, J.; Salin, P.; Girard, P. In: *La Recherche* 246: 980 (1992).

Colloque international de l'Académie de médecine 1992. Referiert in: *Presse Méd.* 21: 966 (1992).

* Dawkins, R. *Das egoistische Gen*. 2. Aufl. Heidelberg (Spektrum Akademischer Verlag) 1994.

David, J. *Du génotype au phénotype*. In: *La Recherche* 9: 482 (1978).

Delahaye, J.-P. *L'altruisme récompensé*. In: *Pour la Science* 181: 150 (1992).

Diamond, M. C. *Enriching Heredity: The Impact of the Environment on the Anatomy of the Brain*. New York (Free Press) 1988.

Edelman, G. M. *Neural Darwinism. The Theory of Neuronal Group Selection*. New York (Basic Books) 1987. Deutsch: *Unser Gehirn – ein dyna-*

misches System. Die Theorie des neuronalen Darwinismus und die biologischen Grundlagen der Wahrnehmung. Übers. v. F. Griese. München (Piper) 1993.

* Engel, A. K.; König, P.; Singer, W. *Bildung repräsentationaler Zustände im Gehirn.* In: Spektrum der Wissenschaft. September 1993.

Hafez, E. S. E. *Reproduction and Breeding Techniques for Laboratory Animals.* 4. Aufl. Philadelphia (Lea & Febiger) 1980.

Heath, R. J. *The Role of Pleasure in Behaviour.* New York 1964.

Hebb, D. O. *The Organization of Behavior: A Neuropsychological Theory.* New York (John Wiley) 1949.

Kawai, M. *Newly Acquired Pre-Cultural Behaviour of the Natural Troup of Japanese Monkeys on Koshima Island.* In: *Primates* 6: 1 (1965).

Koller, C. *Ueber die Verwendung des Cocaïn zur Anästhesirung am Auge.* In: *Wien. med. Bl.* 7: 1352 (1884).

Küss, R. *Transsexualisme.* In: *Bull. Acad. Méd.* 166: 819 (1982).

Lemoine, P.; Harrousseau, M.; Borteyru, J.-P.; Menuet, J.-C. *Les enfants de parents alcooliques. Anomalies observées.* In: *Quest médical* 21: 476 (1968).

LeVay, S. *A Difference in Hypothalamic Structure between Heterosexual and Homosexual Men.* In: *Science* 253: 1034 (1991).

* LeVay, S. *Keimzellen der Lust. Die Natur der menschlichen Sexualität.* Heidelberg (Spektrum Akademischer Verlag) 1994.

Malgaroli, A.; Tsien, R. W. *Glutamate Induced Long-Term Potentiation of the Frequency of Miniature-Synaptic Currents in Cultured Hippocampal Neurones.* In: *Nature* 357: 134 (1992).

Malraux, A. *Les voix du silence.* Paris (Gallimard) 1951. Deutsch: *Stimmen der Stille.* Übers. v. J. Lauts. Baden-Baden (Klein) 1956.

McKenna, T. *Food of the Gods. The Search for the Original Tree of Knowledge.* Bantam 1992.

Olds, J. *Pleasure Centers in the Brain.* In: *Scientific American* 195 (1956).

Olds, J. *Hypothalamus Substrates of Reward.* In: *Physiol. Rev.* 42: 554 (1962).

Olievenstein, C. *Aspects psychologiques du développement et du devenir d'un toxicomane.* In: *Confrontations psychiatriques* 28: 93 (1987).

Ribstein, M. *Adolescence interminable. La naissance des dépendances toxicomaniaques.* In: *Ouvertures* 68: 7 (1992).

Sergent, J. *De la musique au cerveau par l'intermédiaire de Maurice Ravel.* In: *Médicine/Sciences* 2 (1993).

Sergent, J.; Zuck, E.; Teraiah,   McDonald, B. *Distributed Neural Network Underlying Musical Sight-Reading and Key-Board Performance.* In: *Science* 257: 106 (1992).

313

Literatur

Thomasson, H. R. *Alcohol and Aldehyde Dehydrogenase Genotypes and Alcoholism in Chinese Men*. In: *Am. J. Hum. Genet.* 48: 677 (1991).

Volk, B. *Cerebellar Histogenesis and Synaptic Maturation Following Pre- and Post-Natal Alcohol Administration. An Electron Microscopic Investigation of the Rat Cerebellar Cortex*. In: *Act. Neuropath.* (Berlin) 63: 57 (1984).

Zwang, G. *La fonction érotique*. Suppl. 3. Paris (R. Laffont) 1978.

Index

Index